全国高职高专建筑工程技术专业规划教材

工 程 经 济

主　编　常　青
副主编　刘昌平　章　喆
　　　　余金凤　娄　梅

黄河水利出版社
·郑州·

内 容 提 要

本书是全国高职高专建筑工程技术专业规划教材之一。本书主要内容包括工程经济学概论、工程经济分析方法基础——资金的时间价值、工程经济分析的基本要素、工程项目经济效果评价指标、工程项目不确定性分析、工程项目融资、工程项目财务分析、公共项目经济分析、工程项目可行性研究、价值工程、设备更新经济分析、工程项目财务分析案例等。

本书可作为建筑工程、建筑工程管理及相关专业的教材,也可供工程技术及工程管理人员参考使用。

图书在版编目(CIP)数据

工程经济/常青主编.—郑州:黄河水利出版社,2010.6

全国高职高专建筑工程技术专业规划教材

ISBN 978-7-80734-805-4

Ⅰ.①工… Ⅱ.①常… Ⅲ.①工程经济学-高等学校:技术学校-教材 Ⅳ.①F40

中国版本图书馆 CIP 数据核字(2010)第 041446 号

出 版 社:黄河水利出版社

地址:河南省郑州市顺河路黄委会综合楼 14 层 邮政编码:450003

发行单位:黄河水利出版社

发行部电话:0371-66026940、66020550、66028024、66022620(传真)

E-mail:hhslcbs@126.com

承印单位:黄河水利委员会印刷厂

开本:787 mm×1 092 mm 1/16

印张:17.75

字数:430 千字 印数:1—4 100

版次:2010 年 6 月第 1 版 印次:2010 年 6 月第 1 次印刷

定价:32.00 元

前　言

工程经济学是一门研究如何分析工程经济活动的代价以及目标实现的程度，并在此基础上分析和寻求实现目标最有效的途径，设计和选择最佳实施方案的学科。根据高职高专建筑工程技术、建筑工程管理等专业的培养目标及对工程经济课程的基本要求，为适应教学需要，本书以揭示工程技术与经济效果之间的内在联系为基本出发点，以工程项目的技术与经济分析为基本内容，较系统地阐述了工程经济学较为完整的学科体系，并结合工程实际，有针对性地在相关章节安排了案例分析和练习题，以增强本书的指导性和实用性。本书既能反映现代工程项目建设和管理的发展要求，又能突出、强化对学生应用能力和动手能力的训练，使学生掌握工程经济分析的基本原理和常用方法，初步具备从事工程项目可行性研究及分析评估的技能。

本书在编写过程中，广泛吸收了国内外优秀教材和研究成果，并将编者多年的教学和科研成果融入了教材，注意了教材内容的系统性和新颖性，特别加强了内容的实践应用性。在内容和实例分析方面，注重与我国当前工程实际相结合，以提高学生的工程经济分析与评价的实际应用能力为主要目的，重视培养学生的工程分析能力和动手能力。书中编写了较多具有工程背景的例题和实际工程项目经济分析案例，力求体现我国在工程项目建设和工程经济分析中的实际做法，具有较强的实用性和可操作性。同时，每章都编有大量思考与练习题，以加深对工程经济基础理论的理解和工程经济分析方法的应用，力求进一步缩小理论学习与实际操作之间的距离。

本书编写的具体分工是：甘肃工业职业技术学院常青负责章节设计，编写第一、六、八、十二章并设计附录，刘昌平编写第九、十章；广西水利电力职业技术学院余金凤编写第三、五章；沈阳农业大学高等职业技术学院章喆编写第二、十一章；黄河服务中心娄梅、沈阳农业大学高等职业技术学院章喆编写第四章；河南黄河勘测设计研究院吴敏、甘肃工业职业技术学院常青编写第七章。全书由常青教授任主编，并负责最后的编纂定稿。

在本书编写过程中，得到了编者所在单位和黄河水利出版社的大力支持，得到了有关专家的指导，并借鉴了大量相关文献资料，在此一并表示感谢。

本书虽经多次修改，但由于作者水平所限，难免存在不当乃至错误之处，敬请读者和同仁批评指正，我们将不断改进和完善。

编　者

2009 年 12 月

目　录

第一章　工程经济学概论

【学习要求】

通过本章的学习，了解学习工程经济学的意义和进行工程经济评价应具备的知识与能力，明确工程经济学的研究对象和出发点，理解工程经济评价的基本原理和原则，掌握工程经济学等有关概念及工程技术与经济的关系。

第一节　工程与工程经济活动概述

一、工程的概念

工程是人类综合应用科学理论和技术手段去改造客观世界的具体实践活动，以及它所取得的实际成果。在一般意义上，工程是指把自然科学的原理应用到工农业生产部门中去而形成的各学科的总称，如土木工程、水利工程、机械工程等。在实际生活中，工程也常指具体的建设项目，如三峡工程、西气东输工程、南水北调工程等。

二、技术

一般认为，技术是人类在利用自然和改造自然的过程中积累起来，并在生产劳动中体现出来的经验和知识，以及操作技巧的科学总结，它是人类改造自然的手段和方法。从广义上讲，技术是人类为实现社会需要而创造和发展起来的手段、方法与技能的总和。作为社会生产力的社会总体技术力量，包括工艺技巧、劳动经验、信息知识和实体工具装备，也就是整个社会的技术人才、技术设备和技术资料。

工程技术作为人类利用自然和改造自然的手段与方法，除技术的应用特征外，它的经济目的性也是十分明显的。对于任何一种技术，一般情况下都要考虑经济效果问题，脱离了经济效果的标准，技术是否先进就无从判断。人类发展工程技术是为了经济，因而技术不断发展的过程也就是经济效果不断提高的过程。随着技术的日新月异，人们越来越能够利用较少的人力、物力获得更多更好的产品或劳务。

三、经济

经济是个多义词，工程经济研究中的经济是指人、财、物、时间等资源的节约和有效利用。例如，在工程建设中，以较少的费用建成具有同等效用的工程，或以同样数量的费用建成更多更好的工程等。无论哪一种情况，都表现在为实现投资目标或获得单位效用而对投入费用（资源）的节约。

随着科学技术的进步和社会经济的发展，人们在生产实践中越来越体会到工程经济的重要性。因为很多重大工程技术的失误，不是科学技术上的原因，而是经济分析上的失算。如英法两国联合试制的协和号超音速客机在技术上完全达到了原来的设计要求，是世界上最先进的客机。但是,由于它耗油量太高,噪声太大,尽管速度快,但并不能吸引足够多的乘客,由此蒙受了极大的损失。这是国际上公认的重大工程技术投资决策失误的典型例子。由此可见,联系到具体的自然条件和社会条件,并不是一切先进的技术都是经济合理的。

因此,一个优秀的工程师,不仅要对他所提出方案的技术可行性负责,也必须对其经济合理性负责,这就要求他掌握工程经济学所探讨的客观规律和所体现的这种思想方法以及经济意识。

四、工程技术和经济的关系

一个工程要被人们接受必须做到有成效,即必须具备两个条件:一是技术上的先进性与可行性,二是经济上的合理性。经济是技术进步的目的和动力,技术则是经济发展的手段和方法。技术的先进性与经济的合理性是社会发展中一对相互依存、相互促进又相互制约的既有统一又有矛盾的统一体。技术与经济存在着如下关系。

(一)技术进步是经济发展的重要条件和手段

世界上不存在没有技术基础的经济发展。技术进步极大地改变了劳动手段和方式,改善了劳动条件和环境,使人们能够更加合理有效地利用资源,造就了发达的商品经济体系,推动了社会经济的发展。

(二)经济环境是技术进步的物质基础

技术是人类改造自然、改善生活的手段和方法,它的进步是有前提和条件的,它的发展不能脱离一定的社会经济基础。任何一项技术的产生和发展,都是由社会经济发展的需要而引起的,并在一定的社会经济条件下得以推广和应用。不论是一个国家,还是一个行业、一个企业,技术选择和技术发展都在很大程度上受其经济实力的制约。因此,在工程技术与经济的关系中,经济始终处于支配地位,工程技术进步是为经济发展服务的。

(三)工程技术与经济必须协调发展

工程技术与经济之间的关系可能出现两种情况:一种情况是技术进步通常能够推动社会经济的发展,这时技术与经济是协调一致的;另一种情况是先进的技术方案有时会受到自然、社会条件以及人等因素的制约,不能充分发挥作用,实现最佳经济效果,这时技术与经济之间存在着矛盾。工程经济学的任务就是研究工程技术方案的经济性问题,建立起工程技术方案的先进性与经济的合理性之间的联系桥梁,使两者能够协调发展。

(四)经济的发展为技术的进步提出了新的要求和发展方向

随着经济的发展和人类生活水平的提高,人们的需求也在不断增长,对生产和生活不断提出更高的要求。工程技术将会沿着这一方向前进,在满足人们需求和推动社会经济发展的同时,自身得到不断进步和发展。

五、工程经济活动

工程经济活动就是把科学研究、生产实践、经验积累中得到的科学知识有选择地、创造性地应用到最有效地利用自然资源、人力资源和其他资源的经济和社会活动中,以满足人们需要的过程。

在现代社会中,由于分工不同,不同专业人员工作的侧重点是不同的。科学家的任务是发现宇宙间各种自然现象的基本规律,丰富人类的知识宝库;工程技术人员的任务就是把这些知识应用于特定的系统,最有效地为社会提供商品和劳务。工程经济活动更侧重于科学知识的实际应用,对于从事工程经济活动的工程师来说,掌握知识不是目的,关键是要在解决特定问题时把知识、能力和物质手段有效地融为一个有机整体,从而更好地满足人们的需要。

人类活动由经济活动和社会活动组成。经济活动是人类的基本活动,它决定了人类生存和发展的条件。人类经济活动是使用一定的手段或工具改变自然或非自然物质,使之适合人类自身需要的有目的的活动。人类在经济活动的基础上还从事着大量的社会活动,包括文化艺术、科研与教育、组织与管理以及人际交往与沟通等方面的活动。经济活动与社会活动的基本关系是:经济活动是社会活动的基础,经济发展的水平决定着社会活动的范围和规模;社会活动一方面满足了人类非经济活动的需要,另一方面促进了经济活动的发展和水平的不断提高。由于现代社会科学技术的迅猛发展,大部分经济活动和社会活动都涉及科学技术的应用,这正是我们所称的工程经济活动。

在当今社会,社会经济的发展和人类文明的进步都是工程经济活动直接或间接的成果。反过来,人类物质文化生活水平的提高、社会经济和生态环境可持续发展的要求,又对工程经济活动提出了更为明确的目标。人类社会的一个基本任务,就是要根据对客观世界运动变化规律的认识,对自身的活动进行有效的规划、组织、协调和控制,最大限度地提高工程经济活动的价值,降低或消除负面影响,而这正是工程经济学的主要任务。

第二节　工程经济学的研究对象和出发点

一、工程经济学的概念

工程经济学(Engineering Economics)是工程技术与经济的交叉学科,是研究工程技术实践活动经济效果的学科,即以工程项目为主体,以技术—经济系统为核心,研究如何有效利用资源,提高经济效益的科学。工程经济学研究各种工程技术方案的经济效益,是指研究各种技术在使用过程中如何以最小的投入获得预期产出或者说如何以等量的投入获得最大的产出,如何用最低的寿命周期成本实现产品、作业以及服务的必要功能。就工业产品而言,寿命周期成本是指从产品的研究、开发、设计开始,经过制造和投入使用,直至报废的整个产品寿命周期内所花费的全部费用。

工程经济学的核心内容是一套工程经济分析的思想和方法,它是人类提高工程经济活动效率的基本工具。

二、工程经济学的研究对象

工程经济学的研究对象是工程项目技术经济分析的最一般方法,即研究采用何种方法、建立怎样的方法体系,才能正确评估工程项目的有效性,才能找到技术与经济的最佳结合点。工程经济学为具体工程项目经济分析提供思想和方法基础,而工程经济分析的对象则是具体的工程项目。

这里所说的工程项目,不仅仅是指固定资产建造和购置活动中能独立发挥功能的工程整体,而且更主要的是指投入一定资源的计划、规划和方案并可以进行分析与评价的独立单位。因此,工程项目的含义是十分广泛的,它可以大到一家拟建中的工厂甚至是一项巨大的水利枢纽或交通设施,也可以小到一项技术革新甚至设备中某一部件的更换。同时,任何工程项目都可以划分成更小的、便于进行经济分析和评价的子项目,每个子项目由于具有独立的功能和明确的费用投入,因此都可以作为进一步工程经济分析的对象。例如,我们可以把一个钢厂作为工程经济分析的对象,也可以将其中的炼钢车间和冷处理车间作为工程经济分析的对象。需要强调的是,不要把工程经济学的研究对象与工程经济分析的对象相混淆。

三、工程经济学研究的出发点

在以市场机制为导向的经济中,可以证明,在满足完全竞争的市场均衡、不存在外部效果和公用物品等一系列前提条件下,从企业角度出发的利润最大化的决策和从社会角度出发的资源配置效率最大化的目标是一致的。尽管这些前提假设很难得到完全满足,但从社会角度出发的经济分析,还是可以在企业角度分析的基础上进行修正。因此,工程项目的经济研究可以以从企业(或投资者)角度出发的分析作为基本平台和框架,也就是通过产出效益和投入费用的计算比较得出结论,而这些计算多数是以市场价格为基础、以货币量为单位衡量的。因为在市场经济中,我们还没有找到比价格和货币更为一般的度量尺度。

当然,作为国家和社会的目标,资源配置的效率有时不是唯一的,还有诸如公平分配、社会稳定等政治目标。即便如此,也要计算实现这些目标所付出的经济代价,还要问为实现这些目标是否还有更好的方案?为什么要选择这个方案而放弃其他技术上可行的方案?要回答这些问题,尽可能地用货币度量效益和费用是必要的。

第三节　工程经济分析的基本原理与原则

工程经济分析是帮助决策者(设计人员或管理者)做出正确决策的过程,而这一过程与工程技术的考虑紧密地联系在一起,贯穿于设计和决策的全过程。经验表明,很多决策失误往往不是具体计算的错误,而是由于分析时运用的原理、原则和方法框架选择不当。因此,有必要对这些原理、原则和方法框架作必要说明。

一、工程经济分析的基本原理

(一)工程经济分析的目的是提高工程经济活动的经济效果

任何工程经济活动,不论主体是个人还是机构,都具有明确的目标,都是为了直接或间接地满足人类自身的需要。工程经济活动的目标是通过活动产生的效果来实现的。

由于各种工程经济活动的性质不同,因而通过相应的工程经济活动会取得不同性质的效果,如艺术效果、政治效果、医疗效果、环境效果等。但是,无论哪一种工程技术实践效果,都要涉及资源的消耗,都有节约或浪费的问题。由于在特定的时期和特定的地域范围内,人们能够支配的经济资源总是有限的、稀缺的,因此工程经济分析的目的,就是在有限的资源约束条件下,对所采用的技术进行选择,对活动本身进行有效的计划、组织、协调和控制,以最大限度地提高工程经济活动的效益,降低损失或消除负面影响,最终提高工程经济活动的经济效果。

(二)工程经济分析的重点是科学地预见活动的结果

人类对客观世界运动变化规律的认识,使得人可以对自身活动结果做出一定的科学预见,根据对活动结果的预见,人们可以判断一项活动目的的实现程度,并相应地选择、修正所采用的方法。如果缺乏这种预见性就不可能了解一项活动能否实现既定的目标、是否值得去做,因而也就不可能做到有目的地从事各种工程经济活动。以三峡工程为例,如果我们不了解三峡工程建成后可以获得多少电力,能在多大程度上改进长江航运和提高防洪能力的话,那么建设三峡工程就成为一种盲目的活动。因此,为了有目的地开展各种工程经济活动,就必须对活动的效果进行慎重的估计和评价。

工程经济分析的着眼点是"未来",是对一次性工程经济活动的方案实施之前或实施中的各种预期结果进行估计和比较评价的过程。因此,工程经济分析关心的不是某方案已经花费了多少代价,只考虑从现在起为获得同样使用效果的各种机会(方案)的经济效果。

既然工程经济分析讨论的是各方案"未来"的经济效果,就要求人们面对未来,对工程经济活动可能发生的后果进行合理的预测和估计。只有提高预测的准确性,客观地把握未来的不确定性,才能提高决策的科学性。因此,工程经济学是建立在预测科学基础上的科学。工程经济活动的可行性研究工作的重要前提就是要进行周密的市场调查与预测工作,准确地估计项目的效益、费用及损失。所以,可行性研究工作方式的提出及其应用,使工程经济分析的预见性提高到一个新的水平。

当然,由于人的理性的有限性,工程经济活动过程中存在着许多不确定性因素和随机因素,使得人们不可能对所有活动的效果做出准确的估计和判断,有预测就会产生一定的偏差。正因为如此,人们才会不断地在不确定性分析中进行大量的旨在拓展人们知识范围、提高预见能力的研究工作。

(三)工程经济分析是对工程经济活动的系统评价

在现代社会经济活动中,不同利益主体追求的目标是有差异的,因此对同一工程经济活动进行工程经济评价的立场、出发点、所选评价指标等就会不同,评价的结果也就有可能不同。例如,很多地方的小造纸厂或小化工厂,从企业自身的利益出发似乎经济显著,但其生产活动却排出了大量有害废弃物,对河流、湖泊和附近的人或组织造成了直接或间接的损害,而这是国家相关法律法规不容许的。因此,为了防止一项工程经济活动在对一个利益主体产生积极效果的同时可能损害到另一些利益主体的目标,工程经济分析必须体现较强的系统性。其主要体现在如下三个方面:①评价指标的多样性和层次性,构成一个指标体系;②评价角度或立场的多样性,根据评价时所站的立场或看问题的出发点不同,分为财务分析和经济分析以及社会分析等;③评价方法的多样性,常用的评价方法可分为定量或定性分析、动态或静态分析、单指标或多指标综合分析等。

由于局部和整体、局部和局部之间存在着一定的矛盾和利益冲突,系统评价的结论总是各利益主体目标相互协调的均衡结果。需要指出的是,对于特定的利益主体,由于多目标的存在,各方案对各分目标的贡献有可能不一致,从而使得各方案在各分项效果方面表现为不一致。因此,在一定的时空和资源约束条件下,工程经济分析寻求的只能是令人满意的方案,而可能不是各分项效果都最佳的最优方案。

(四)满足可比条件是工程技术方案比较评价的前提条件

为了在对各个技术方案进行分析评价和选优时,能够全面、正确地反映实际情况,必须使各方案的条件等同化，从而使各方案可比。由于各个方案涉及的因素极其复杂，加上一些难以定量表达的不可转化因素，不可能做到各方案绝对的等同化。在实际工程经济分析中，一般只能做到使方案经济效果影响较大的主要方面达到可比性要求，包括：①产出成果使用价值的可比性；②投入相关成本的可比性；③时间因素的可比性；④价格的可比性；⑤定额标准的可比性；⑥分析评价参数的可比性。其中，时间的可比性是经济效果分析计算中通常要考虑的一个重要的因素。例如，有两个技术方案，产品种类、产量、投资、成本完全相同，但时间上有差别，如其中一个投产早，另一个投产晚，这时很难直接对两个方案的经济效果大小下结论，必须经过等值计算，将它们的效果和成本都换算到同一个时间点后，才能进行经济效果的分析评价和比较。所以，工程经济分析是建立在资金的时间价值观念之上的。

在实际工作中，工程经济活动通常以工程项目的形式出现。因此，本书对工程经济原理及方法的应用主要针对工程项目展开。

二、工程经济分析的原则

（一）形成尽可能多的备选方案

在多数情况下，设计、决策的变量不可能是连续的，只能在给定的方案中进行选择。所谓决策，就是在两个或两个以上的备选方案中做出选择。因此，形成尽可能多的备选方案是提高工程设计和决策水平的基础。如果忽略了潜在的、可行的备选方案，就有可能失去进一步优化决策的机会。工程技术人员经常要问诸如"还有没有其他可行的方案?"此类的问题，以保证不遗漏所有可行的备选方案。例如，大到发电厂方案是建火电还是水电，在火电方案中是用煤、油还是天然气，每台机组功率是 90 万 kW 还是 75 万 kW，小到在厂房结构上是用钢结构还是钢筋混凝土结构，在形成备选方案过程中，工程技术人员的创新精神是极为重要的。

在所有备选方案中，有一个方案是特殊的方案，这就是保持原有情况延续的方案，所谓"不干什么"或"无项目方案"。实际上，最终选定的项目方案都得与这个"无项目方案"进行评价比较，这就是所谓的"有、无"对比法。"有"这个方案与"没有"这个方案进行分析比较和选择，以确定项目是否实施。例如，在考虑城市交通项目时，方案一是新建干线，方案二是对原有干线拓宽。如果比较选择的结果是方案一（新建干线）较好，最后还要与既不新建也不拓宽的维持现有道路延续的"无"方案进行比较。有可能因为投资太大，暂时不建为好。需要注意的是，对"无"项目的界定要合情合理，不可有意拔高"无"项目状况以贬低项目实施的必要性。如上例，"有"项目的交通状况不能与目前的交通状况比（可能改善不大），而应与不搞这个项目以后可能出现的交通状况相比（可能会得出有较大改善的结论）。

（二）形成比较基础，着眼方案的差异比较

不同方案的使用寿命、产出效益（功能）、投资和运行费用等可能都不相同（如果都相同，就不存在比较和决策的问题，随机地选择一个方案就可以了），因此更要注意方案之间的可比性。如果两个方案的寿命期不同，就没有总费用比较的基础，要设法通过方案更新，使寿命期相同，或者采用年度费用作为比较的基础。若费用支出总量相同，而分布的时间不同，比较费用总量就没有意义。例如，功能相同的设备，投资大的项目经常性费用就比较低，投资小的项目运行费用高。由于投资是近期支出，运行费用是日后的支出，简单加总的比较是没有意义的。这就要求设法通过考虑资金时间价值的换算来比较，以后的章节中会详细

说明这种比较的方法和指标。

只有方案间产生结果的差别才对方案的比选有意义，因此我们可只注意方案结果之间有差异方面的比较。功能完全相同的，可只比较费用；投资相同的，可只比较经常性的运行费用；费用相同的，可只比较功能和效用。例如，企业内部某车间局部设备的更新和改造项目，就可以比较“有”或“无”。这种更新改造项目对企业支出和收益产生的差异，可只看收益由此增加了多少，费用又增加了多少，以这种差额进行比较和评价，这就是所谓“增量比较”，而不需太多关注企业由此产生的总量变化。

（三）选择影响正确决策的恰当的成本费用数据

成本或费用有很多不同的含义。从会计角度来说，为了保证会计数据的完整正确，按交易发生时的凭证加以记录，称为会计成本，也称历史成本或账面成本。从财务税收角度来说，考虑税收的合理性和及时性，成本是按一定时间周期（年、季度或月）、与收入相对应调整的成本费用，称为应税成本。除包含在产品内的各种物料投入费用外，还包括各种税法规定的费用分摊，如折旧和摊销等非现金成本，还有与其他用途相对应的成本，如单位产品成本、全寿命周期成本、固定成本、可变成本等。在工程经济分析中，成本费用（包括收入，下同）的界定是为今后的决策服务的，这与会计、财务或税务的成本费用不同。其主要区别是：工程经济分析中强调的是机会成本（Opportunity Cost），而避免用与此对立的沉没成本（Sunk Cost）。

1. 机会成本

机会成本是指做出一个选择后所丧失的不做其他选择而可能获得的最大利益。简单地讲，是指由于资源的有限性，把一定资源投入某一用途后所放弃的在其他用途中所能获得的利益。在所用这些其他可能被利用的机会中，把能获取的最大价值作为项目方案使用这种资源的成本，称之为机会成本。

例如，你有一间空房屋，如用于出租可收入年租金 2 万元，但若用于开店可获得年收入 3 万元，你选择了开店而放弃了出租，那么年租金 2 万元就是你开店的机会成本。这只是一个很一般的例子，有些房屋、土地等资产，机会成本有可能比沉没成本高出很多，把它们作为项目的投入时就要以机会成本作价，如果按这样的计算投资回报不理想还不如把这些资产变现。

可见，机会成本不是我们通常意义上的“成本”，它不是一种支出或费用，而是“失去”的收益。这种收益不是实际发生的，而是潜在的；通常是隐性的，而不是显性的或账面的。例如，某企业拟上项目要用到原有空置仓库，作为新项目的这笔投入，可能没有账面显性支出。但是，如果这个仓库有出租的机会，正常最高租金收入为 50 万元，就应该把这笔最大可能的出租收入 50 万元作为新项目的占用仓库的费用。又如，投资者用自有资金来投资，尽管项目没有为此支付资金占用的利息，但这笔资金被占用肯定会牺牲其他获利的机会。这就要求新项目的投资回报不应低于其他投资机会的投资回报，如至少不应低于存银行或买国债的利息。这种对资金要求的回报就是资金占用的机会成本。

作为决策，采用机会成本是合理的。只有把有可能实现的、最大的效益牺牲作为成本，才能保证决策具有现实性而又不浪费资源。

2. 沉没成本

沉没成本是指已经发生不可收回的支出，如时间、金钱、精力等。在工程经济分析中，是指过去已经发生的、与以后的方案选择无关的成本费用，也就是说这些费用对所有的备选方案都是相同的、无法改变的。因此，工程经济分析中应不予考虑。

例如，一名毕业生准备在校外租一间为期一个月的房子撰写论文，租期为一个月。该毕业生看中了一套，月租金 2 200 元，支付定金 100 元，无论租与否定金都不退。过了几天，他又发现了一套房，位置、面积和使用条件都相同，月租金只有 2 110 元，不收定金。从月租金看，似乎后者便宜了 90 元(2 200 - 2 110 = 90)，但正确的决策是选择前面那个方案。因为已经支付的定金 100 元是沉没成本，无论租还是不租那套房子，这笔钱已经花了，是无法挽回的。正确的比较应是第一方案的 2 100 元(2 200 - 100 = 2 100)与第二方案的 2 110 元相比。按费用最小的判据，应选择第一方案。

再如，某企业在 3 年前投资 50 万元购买了一台设备(原值)，扣除三年累计折旧 30 万元，该设备现在账面净值为 20 万元，而这台旧设备现在的市场价值为 15 万元。如果现在考虑是否对该设备进行更新的决策，“无”方案(不更新)的设备价值既不是 50 万元，也不是 20 万元，而应该是 15 万元。设备的减值 5 万元(20 - 15 = 5)是沉没成本，这个减值损失不能作为设备更新决策的基础数据。

(四)选择恰当的评价量纲和评价判据

如前所述，进行经济分析时，在市场导向的经济中，用货币来度量工程项目的效果是最普遍的。有些效果不直接表现为货币的量纲，但是为了比较，也希望尽可能地转化为货币单位，如环境、教育、安全和卫生等的效果，由于治理资源的有限性以及与经济协调发展的必要性，这些效果通过权衡也有可能转化为货币度量。实在不行，也应尽可能转化为物理量等量化形式，将其与所付出的代价进行比较。

本书的中心内容是介绍工程经济分析中的各种判据，也就是通过一个或几个指标的比较来判断选择项目方案。同时，本书着重从企业(或组织)所有者的长期经济利益角度选择这些判据。这是基于这样的假设：所有者以一定投资资本，通过工程项目的实施，取得最大的投资回报。这种分析也叫财务分析，因为这种分析都是以货币为量纲的数据。

(五)充分揭示和估计项目的不确定性

工程项目经济分析涉及对未来可能发生结果的预测和估计，这些可能发生结果都具有不确定性。这种不确定性是无法避免的，即使不搞工程项目、按现状延续的“无”项目，其将来可能出现的变化也是不确定的。因此，分析人员的任务，就是尽可能事先揭示和估计这种不确定性有多少以及对项目的影响程度。

第四节　学习工程经济学的意义与工程经济分析人员应具备的知识和能力

一、学习工程经济学的意义

工程经济学是由美国的工程师惠灵顿(Arther M. Wellington)提出的。1887 年，惠灵顿发表了《铁路布局的经济理论》一书，首次把成本分析方法应用于铁路最佳长度和曲率选择，突破了技术与经济两大学科互不相干的界限，为工程经济学的产生奠定了基础。很明显，铁路的线路选择是一个包含有多条线路的建设方案的选择问题。然而，作为铁路工程师的惠灵顿却注意到，许多线路工程师几乎完全忽视了他们所做的决策对未来铁路运营费用和收益的影响。他在著作中辛辣地写道："……月薪150美元的少数低能之辈（因选线错误）可以使为数众多的镐、铲和机车头干着徒劳无益的活。"而提出相对价值的福利模型的戈尔德曼教授，在他的著作《财务工程学》中也提到"有一种奇怪而遗憾的现象，就是许多作者在他们的工程学书籍中没有或很少考虑成本问题。实际上，工程师的最基本责任是分析成本，以达到真正的经济性，即赢得最大可能数量的货币，获得最佳财务效益。"曾任世界生产力联合会主席的J. L. 里格斯教授，在他的著作《工程经济学》中写道："工程师的传统工作是把科学家的发明转变为有用的产品。而今，工程师不仅要提出新颖的技术发明，还要能够对其实施的结果进行熟练的财务评价。现在，在密切而复杂地联系着的现代工业、公共部门和政府之中，成本和价值的分析比以往更为细致、更为广泛（如工人的安全、环境影响、消费者保护）。缺少这些分析，整个项目往往很容易成为一种负担，而收益不大。"显然，工程经济学家们是把工程经济学作为一门为工程师准备的经济学而创立的一门独立的学科。这就是工程类专业的学生要学习工程经济学的原因。

工程师不同于其他从业者，他所从事的工作是以技术为手段，把自然资源（矿物、能源、农作物、信息、资金等）转变为有益于人类的产品或服务，满足人们的物质和文化生活的需要。这里，技术的应用性十分明显。此外，技术具有明显的经济目的性，而技术生存的基础又是经济性的（资源的稀缺性），正如前文强调的工程技术与经济之间的关系那样。工程师的任何工程技术活动，包括工程管理者的决策和管理职能等，都离不开经济，任何计划和生产都应被财务化，最终都导向经济目标，并由经济尺度去检查工程技术和工程管理活动的效果。因此，工程师必须掌握基本的工程经济学原理并付诸实践。要求工科专业的学生学习工程经济学，其目的是帮助他们掌握技术方案的经济分析和决策方法，使他们在工作中始终具有经济意识。

二、工程经济分析人员应具备的知识与能力

工程经济学的理论和方法具有很强的综合性、系统性和应用性。为有效地对工程项目进行经济分析，工程经济分析人员应具备以下知识与能力。

（一）了解经济环境中人的行为和动机

工程项目建设的目的是满足人们的需求，因此技术分析人员应掌握心理学和行为学等知识，了解人们需求层次的多样性，熟悉人们的需求变化受哪些因素的影响，掌握需求变化的规律。

（二）具备市场调查研究的能力

在市场经济条件下，产品和服务的价值取决于其效用的大小，而效用的大小往往要用人们愿意为此付出的金钱来衡量，无论技术系统的设计多么精良，如果生产出的产品在市场上销路不畅，那么这种技术系统的经济效用就会很小。因此，作为工程经济分析人员，必须获取国内外市场供需信息，把握市场显现的和潜在的需求，了解产品所处的生命周期，清楚现有企业的生产能力和可挖掘的生产潜力。

（三）掌握科学的预测方法和预测工具

如前所述，工程经济分析具有很强的预见性，需要面对未来，对工程经济活动可能发生

的后果进行合理的预测和估计。因此,工程经济分析人员应掌握科学的预测方法,尽可能对未来的发展状况做出准确的估计和推测,提高决策的科学化水平。

(四)坚持客观公正的原则

在工程经济分析过程中,工程经济人员应实事求是,始终坚持诚实信用、客观公正的原则,保证评价结果经得起时间和实践的检验。

(五)遵守国家法律、法规

有关工程建设的法律、法规和部门规章,对具体工程项目的建设起规范和导向作用,只有正确理解国家有关法律、法规和政策,才能正确评价技术方案,并不断减少工程项目与投资目标的偏差,才可能得出正确的评价结论。

小 结

工程经济学中的工程,通常是指投入一定资源的计划、规划和方案等可以进行分析与评价的独立系统。技术是人类为实现社会需要而创造和发展起来的手段、方法和技能的总和。工程技术作为人类利用和改造自然的手段与方法,除技术的应用特征外,还具有明显的经济目的性。工程经济学研究中的经济是指人、财、物、时间等资源的节约和有效使用。因此,工程技术的先进性、可行性与经济的合理性是社会发展中一对相互依存、相互促进又相互制约的既有统一又有矛盾的统一体。工程经济活动就是把科学研究、生产实践、经验积累中得到的科学知识有选择地、创造性地应用到最有效地利用自然资源、人力资源和其他资源的经济活动和社会活动中,以满足人们需要的过程。

工程经济学是以工程项目为主体,以技术—经济系统为核心,研究如何有效利用资源,提高经济效益的科学。工程经济学的研究对象是工程项目技术经济分析的最一般方法,并以从企业(或投资者)角度出发的分析作为经济分析的出发点,运用工程经济分析的基本原理和坚持工程经济分析的原则进行工程经济分析。

工科专业的学生学习工程经济学,其目的是帮助他们掌握技术方案的经济分析和决策方法,使他们在工作中始终具有经济意识。为有效地对工程项目进行经济分析,工程经济分析人员应当具备相应的知识与能力。

思考与练习题

1-1 工程经济学的概念是什么?

1-2 试述工程技术与经济的内涵及其相互关系。

1-3 工程经济学的研究对象是具体的工程项目还是一般工程项目的分析方法?

1-4 简述工程经济学的研究对象和出发点。

1-5 工程经济分析的基本原理和原则有哪些内容?

1-6 什么是机会成本和沉没成本?试举例说明。

1-7 工程技术人员学习工程经济学有何意义?

1-8 进行工程经济分析应具备哪些知识和能力?

第二章　工程经济分析方法基础

——资金的时间价值

【学习要求】

通过本章的学习，熟悉现金流量的概念、资金的时间价值的含义，掌握资金等值计算的基本公式和计算方法。

第一节　现金流量

一、现金流量的概念

现金流量是指将一个独立的经济项目(或投资项目、技术方案等)视为一个独立的经济系统的前提下，在一定时期内的各个时间点(时点)上发生的现金流入或现金流出以及现金流入与现金流出的差额(又称为净现金流量)在该系统的现金活动。

"一定时期内"是指该系统的整个寿命期，即从第一笔资金活动的发生时刻起，到最后一笔资金活动结束时止。以建设项目系统为例，其可分为建设期、投产期、稳产期、回收处理期四个阶段，如图 2-1 所示。建设期是指项目开始投资至项目开始投产获得收益之间的一段时间；投产期是指项目开始投产至项目达到预定的生产能力的阶段；稳产期是指项目达到生产能力后持续发挥生产能力的阶段；回收处理期是指项目完成预计的寿命周期后停产，并进行善后处理的时期。

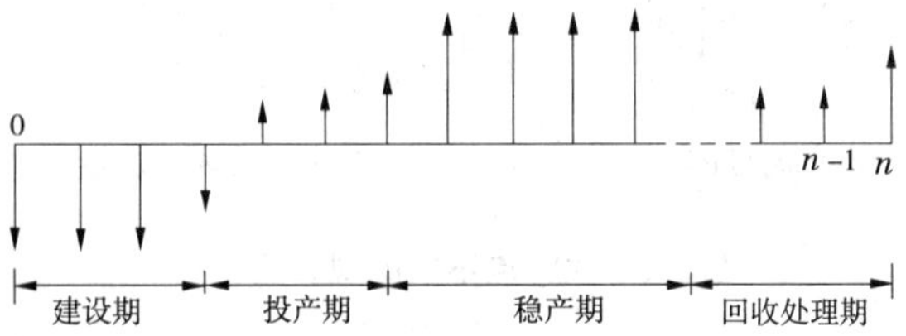

图 2-1　建设项目的四个阶段

通常把某一个时间点流入系统的资金收入叫现金流入，把某一个时间点流出系统的资金支出叫现金流出，并把同一个时间点现金流入与现金流出的差额叫净现金流量。现金流入量主要有产品的销售收入、回收固定资产的残值、回收流动资金等。现金流出量主要有固定资产投资、流动资金、生产成本、税金及附加税、借款本金的偿还等。通常规定，现金流入为正值，现金流出为负值。

如果净现金流量是大于零的正值，现金流入与现金流出的代数和为正值则为正净现金流量，是现金流入，是净收入；如果净现金流量是小于零的负值，现金流入与现金流出的代数和为负值则为负净现金流量，是现金流出，是净支出。

现金流量一般以计息期(年、季、月等)为时间量的单位,用现金流量图来表示。

二、现金流量图

(一)现金流量图的概念

现金流量图是表示项目系统在整个寿命周期内各时间点的现金流入和现金流出情况的一种图示。现金流量图包括三大要素:大小、流向和时间点。其中大小表示资金的数额,流向是指项目的现金流入或流出,时间点是指现金流入或流出所发生的时间。它是用纵向箭线表示现金流量,用横轴表示时间坐标的直角坐标图,简称为现金流量图。

现金流量图的构成包括横轴(代表时间)、时点(代表时间单位)、纵向箭线(代表现金流量的性质)、金额(代表现金流量的大小)。

(二)现金流量图的绘制方法

(1)横轴表示时间标度,时间自左向右推移,每一格代表一个时间单位(年、季、月、周等)。横轴的数字表示该期的期末数,如3表示第3期期末,第 n 期的终点是第 $n+1$ 期的始点,即第3期期末与第4期期初恰好重合。

(2)箭头表示现金流动的方向:向上的箭头表示现金流入(现金的增加,包括收入、收益和借入的现金),流入为正现金流量;向下的箭头表示现金流出(现金的减少,包括支出、亏损或借出的现金),流出为负现金流量。箭线的长度与流入或流出的金额成正比,金额越大,其相应的箭线长度就越长。

(3)现金流量图与立脚点有关。例如,以年利率6%借入资金1 000元,借期4年,从借款人和贷款人的角度,其现金流量图是不同的,如图2-2所示。

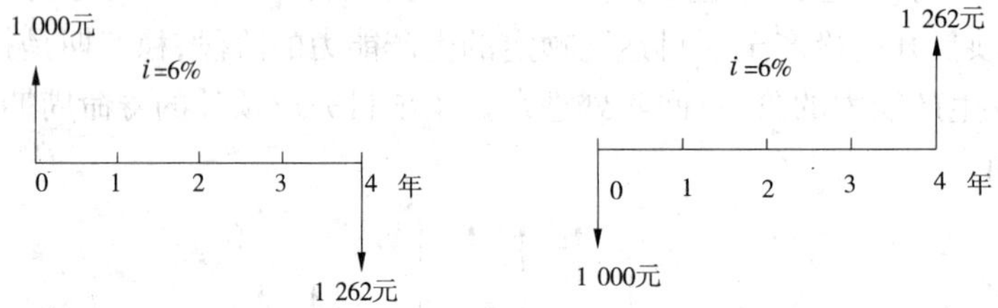

(a)借款人的现金流量图　(b)贷款人的现金流量图

图2-2　立脚点不同的现金流量图

(三)现金流量图的说明

(1)横坐标代表时间,时间单位可根据需要取年、季、月、周、日等,且时间间隔相等,是计息期,不是年度。

(2)各横坐标点上的纵向箭线是该计算周期期末的现金流量值,向上箭线为正现金流量(收入),向下箭线为负现金流量(支出),单位为元、万元。

(3)时点即时间(坐标的)点。时间坐标的原点通常取在建设期开始的时点,也可取在投产期开始点,而分析计算的起始时间一般都规定在时间坐标的原点。

(4)为了统一绘制方法和便于比较,通常规定投资发生在各时期的期初,而销售收入、经营成本、利润、税金等,则发生在各个时期的期末,回收固定资产净残值与回收流动资金在项目经济寿命周期终止时发生。

(5)现金流量图可以分解或叠加,以便于计算。

第二节　资金的时间价值

一、资金的时间价值的概念

(一)资金的时间价值的含义

资金的时间价值是指资金在生产经营及其循环、周转过程中,随着时间的推移能产生新的价值,其表现就是资金的利息或纯收益。

对于资金的时间价值,可以从以下两个方面理解:

首先,资金随着时间的推移,其价值会增加,这种现象称为资金的增值。增值的原因是资金的投资和再投资。从投资者的角度来看,资金的增值特性使资金具有时间价值。

其次,资金一旦用于投资,就不能用于现期消费。牺牲现期消费是为了能在将来得到更多的消费,个人储蓄的动机和国家积累的目的都是如此。从消费者的角度来看,资金的时间价值体现为对放弃现期消费的损失所应做的必要补偿。从使用角度来看,放弃资金的即时使用的机会,在一定时间后可以换取一定的报酬。而使用他人的资金,则是需要付出代价的。从生产角度来看,投入的人力、物力和财力(资金)在一定的时间之后会发挥经济效益。

(二)影响资金的时间价值的主要因素

影响资金的时间价值的主要因素有资金的使用时间、资金数量的大小、资金投入和回收的特点、资金周转的速度等。

1. 资金的使用时间

在单位时间的资金增值率一定的情况下,资金使用时间越长,则资金的时间价值越大。

2. 资金数量的大小

在其他条件不变的情况下,资金数量越大,则资金的时间价值就越大。

3. 资金投入和回收的特点

在总投资一定的情况下,前期投入的资金越多,则资金的负效益越大。在资金回收额一定的情况下,离现在越近的时间回收的资金越多,资金的时间价值就越大。

4. 资金周转的速度

资金周转越快,在一定的时间内等量资金的时间价值越大。

总之,资金的时间价值是客观存在的,投资经营就是要充分利用资金的时间价值并最大限度地获得其时间价值,这就要加速资金周转,尽早回收资金,不断进行高利润的投资活动,不能白白地损失资金的时间价值。

(三)资金的时间价值的意义

(1)充分体现时间因素对经济效益的影响,提高决策的质量。

(2)树立时间就是金钱的观念,提高资金的利用效率和投资效益。

(3)有利于资源的优化配置,使资源向效益高(增值快)的地方流动,提高国民经济的整体实力。

(4)用于缩短项目建设周期,早日发挥投资效益。

二、资金的时间价值的衡量尺度

资金的时间价值的衡量尺度有两种:一种是绝对尺度,即利息、利润或收益;另一种是相对尺度,即利率、盈利率或收益率。

(一)利息

利息或收益是指资金的使用者将资金投入某项经营活动,经过一定周期后的资金总额减去原投入的折旧总额所产生的差额;或者说,利息是货币资金借贷关系中借方付给贷方的报酬。

利润是指资金投入生产过程后,获得的超过原有投入部分的收益。

利息与利润的区别是来源不同:利息来源于信贷,利润来源于经营。利息与利润的相同点是它们都是资金的时间价值的表现。本学科不予区分。

(二)利率

利率是指一定时期内(一年、半年、季、月,即一个计息期),所得的利息额与借贷金额(本金)之比。它反映了资金随着时间的变化的增值率,是衡量资金的时间价值的相对尺度。通常用百分数来表示,即

$$利率=\frac{单位时间利息额}{本金}\times 100\%$$

式中,“单位时间”是用于表示计算利息的时间单位,称为计息周期,如年、季、月等,一般用年表示。以年为计息周期的利率称为年利率,以月为计息周期的利率称为月利率。

三、资金的等值原理

(一)资金等值的概念

资金等值是指在时间因素的作用下,不同时点发生的绝对值不等的资金而具有相同的价值。如在年利率为6%的条件下,目前10 000元和三年后的11 910元具有相等的价值。

某一时点的资金,可按一定的利率换算至另一时点,换算后其绝对值虽然不等,但其价值是相等的。这一原理叫做资金等值原理,这一过程叫做等值换算。

影响资金等值的因素有三个:资金金额的大小、资金发生的时间、利率(或折现率)的大小。三者缺一不可,其中利率是一个关键因素,一般等值计算中是以同一利率为依据的。

(二)资金等值计算的有关概念

为了计算资金的时间价值,利用现金流量图对现金流量进行分析与计算,需要掌握时间的相关概念。

1. 时值与时点

资金的数值由于计算利息和随着时间的延长而增加,在每个计息期期末的数值是不同的,在某个资金时间节点上的数值称为时值。现金流量图上,时间轴上的某一点称为时点。

2. 现值

现值又称为初值,是指发生在时间序列起点处的资金值,或将来时点上的资金折现后的资金金额。时间序列的起点通常是评价时刻的点,即现金流量图的零点处。

3. 折现

把将来某一时点的资金金额换算成现在时点的等值金额的过程称为折现或贴现。实际

上，折现是求资金等值的一种方法。

4. 终值

与现值等价的将来某时点的资金金额称为终值或将来值。

5. 年金

年金是指一定时期内每期都有相等的金额收付款项，如折旧、租金、保险金、养老金等通常都采取年金的形式。年金有普通年金、预付年金和延期年金之分。

第三节　资金的等值计算

资金等值计算是利用等值的原理，把在一个时点发生的资金金额换算成另一个时点的等值金额的过程。

一、利息的计算方法

利息与利率、收益与收益率是衡量资金的时间价值的尺度，因此在计算资金的时间价值时主要是计算利息。利息的计算方法有两种，即单利法和复利法。

(一) 单利法

单利法是以本金为计算基数来计算资金的时间价值(即利息)，仅用本金计算利息，利息不再生息，即通常所说的"利不生利"的计息方法。

单利计息时的利息计算式为：

n 个计息周期后的利息为

$$I = F - P = Pni \tag{2-1}$$

n 个计息周期后的本利和为

$$F = P(1 + in) \tag{2-2}$$

式中　i——利率；

n——计息期数；

P——本金；

I——利息；

F——本利和，即本金与利息之和。

单利法在一定程度上考虑了资金的时间价值，但不够完善。在我国，国库券的利息就是以单利计算的。

(二) 复利法

复利法是在单利法的基础上发展起来的，它克服了单利法存在的缺点，其主导思想是用本金和前期累计利息总额之和作为下一期的本金来计算下一期的计息，也称"利滚利"。

复利计算的本利和公式为

$$F = P(1 + i)^n \tag{2-3}$$

通常，商业银行的贷款是按复利计息的。复利计息比较符合资金在社会再生产过程中运动的实际状况，在工程经济分析中，一般采用复利计息。

【例 2-1】　某人现有 10 000 元，购买 3 年期国债，年利率为 4%，试分别用单利法和复利法计算到期的本利和。

解　单利法为 $F=P(1+in)=10\ 000\times(1+4\%\times3)=11\ 200$(元)

复利法为　$F=P(1+i)^3=10\ 000\times(1+4\%)^3=11\ 248.64$(元)

在例 2-1 中,单利法到期的本利和为 11 200 元,而复利法到期的本利和为 11 248.64 元。从中可以看出:

(1)当单利计算和复利计算的利率相等时,资金的复利值大于单利值,且时间越长,差别越大。

(2)由于利息是资金的时间价值的体现,而时间是连续不断的,所以利息也是不断产生的。从这个意义上来说,复利计算比单利计算更能反映资金的时间价值。因此,在经济分析中,绝大多数情况是采用复利计算的。

二、资金等值计算的基本公式

由于现金支付的方式不同,资金等值计算的基本公式可分为三类:一次支付类型、等额支付类型和等差支付类型。

(一)一次支付类型

一次支付又称整付,是指所分析系统时间序列的现金流量,无论是流入还是流出,均在一个时点上一次发生。

1. 一次支付终值公式(已知 P,求 F)

一次支付终值公式表示为:现有一笔资金 P,在年利率 i 的条件下,复利计算,n 年末该笔资金的本利和 F 为多少?其现金流量图如图 2-3 所示。所以,一次支付终值公式就相当于复利计算中本利和计算公式,即计算公式为

$$F=P(1+i)^n=P(F/P,i,n) \tag{2-4}$$

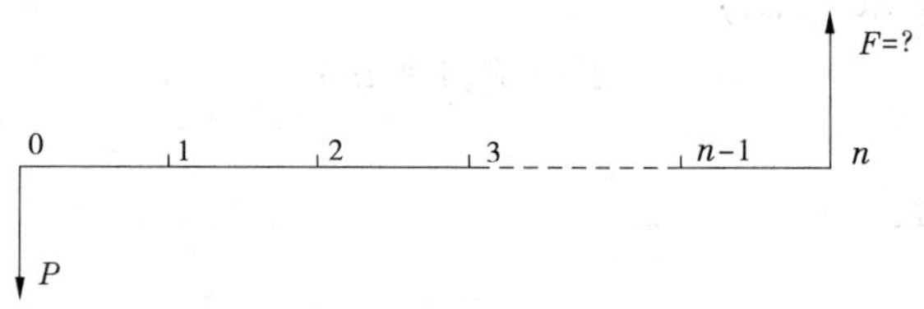

图 2-3　一次支付终值现金流量图

式中,$(1+i)^n$ 称为一次支付终值系数,又叫一元钱的复利本利和。这个系数也可以用符号 $(F/P,i,n)$ 表示,其中斜线下的 P 以及 i 和 n 为已知条件,而斜线上的 F 是所求的未知条件。系数 $(F/P,i,n)$ 可由复利系数表查到。

【例 2-2】　某工程项目需要投资,现在向银行借款 200 万元(现值),年利率为 10%,借款期 5 年,一次还清。问 5 年末一次偿还银行的本利和是多少?

解　由公式(2-4)可直接求得

$$F=P(1+i)^n=200\times(1+10\%)^5=322.1\text{(万元)}$$

也可查复利系数表(见本书附表),得 $(F/P,10\%,5)=1.610\ 5$,故可求得

$$F=P(F/P,i,n)=200(F/P,10\%,5)=200\times1.610\ 5=322.1\text{(万元)}$$

答:5 年末一次偿还银行本利和 322.1 万元。

根据一次支付终值计算公式可知:在 P 一定、n 相同的情况下,若 i 越大,则 F 越大;在 P

一定、i 相同的情况下，若 n 越长，则 F 越大。

2. 一次支付现值公式（已知 F，求 P）

这是已知终值 F 求现值 P 的等值公式，它的经济含义是，如果想在未来的第 n 期期末一次收入 F 数额的现金流量，在年利率为 i 的复利计息条件下，求现在应一次投入的本金 P 是多少。该公式是一次支付终值公式的逆运算。由式(2-4)可直接导出，其现金流量图如图 2-4 所示。

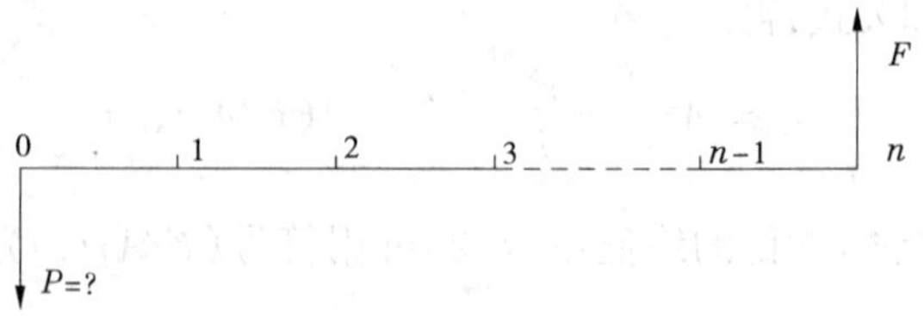

图 2-4　一次支付现值现金流量图

一次支付现值公式为

$$P = F\frac{1}{(1+i)^n} = F(P/F,i,n) \tag{2-5}$$

式中，$\frac{1}{(1+i)^n}$称为一次支付现值系数，或称贴现系数，并可用符号$(P/F,i,n)$表示，其系数值可查复利系数表求得。

【例 2-3】　某企业拟在今后第 5 年年末能从银行取出 2 万元购置一台设备，若年利率为 10%，那么现在应存入银行多少钱？

解　由公式(2-5)可直接求得

$$P = F\frac{1}{(1+i)^n} = 2\times\frac{1}{(1+10\%)^5} = 2\times 0.620\,9 = 1.241\,8(\text{万元})$$

也可查复利系数表得$(P/F,10\%,5)=0.620\,9$，故求得

$$P = F(P/F,i,n) = 2\times(P/F,10\%,5) = 2\times 0.620\,9 = 1.241\,8(\text{万元})$$

答：现在应存入银行的现值为 1.241 8 万元。

根据一次支付现值计算公式可知：在 F 一定、n 相同的情况下，若 i 越大，则 P 越小；在 F 一定、i 相同的情况下，若 n 越长，则 P 越小。

（二）等额支付类型

等额支付是多次支付形式中的一种，是指所分析的系统时间序列中现金流入和现金流出在多个时点上发生，而不是集中在某个时点上，形成一个序列现金流量，并且这个序列现金流量数额的大小是相等的。等额支付包括以下四个基本公式。

1. 等额支付序列年金的终值公式（已知 A，求 F）

等额支付序列年金的终值公式的经济含义是：在一个时间序列中，在年利率为 i 的情况下连续每个计息期期末等额支付的现金流量 A，求其第 n 期期末的终值 F，即本利和。也就是已知 A、i、n，求 F，这类似我们平时储蓄中的零存整取。其现金流量图如图 2-5 所示，在推导过程中可把等额支付视为 n 个一次支付的组合，利用一次支付终值公式推导出等额支付的终值公式为

$$F = A + A(1+i) + A(1+i)^2 + \cdots + A(1+i)^{n-2} + A(1+i)^{n-1}$$

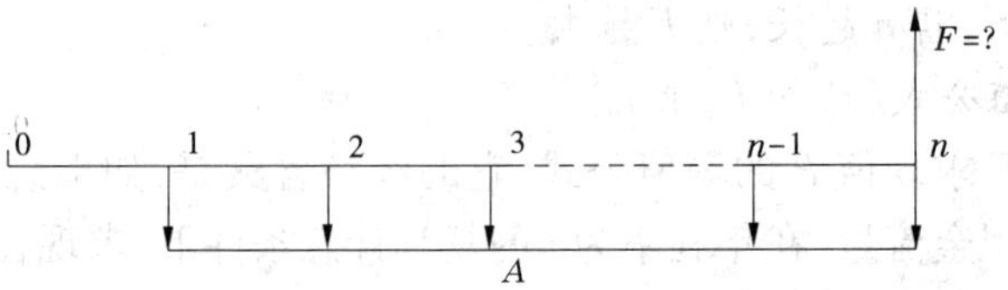

图 2-5　等额支付年金终值现金流量图

利用等比级数求和公式,得

$$F = A\frac{(1+i)^n - 1}{i} = A(F/A,i,n) \tag{2-6}$$

式中,$\frac{(1+i)^n-1}{i}$称为等额支付的终值系数,亦可用符号($F/A,i,n$)表示,其数值可从复利系数表中查得。

【例 2-4】　某企业准备设立一项奖励基金,每年年末存入银行 2 万元,若存款利率为 10%,第 5 年年末该基金总额为多少?

解　由式(2-6)可得出

$$F = A\frac{(1+i)^n - 1}{i} = 2 \times \frac{(1+0.1)^5 - 1}{0.1} = 2 \times 6.105\,1 = 12.21(\text{万元})$$

也可查复利系数表得(F/A,10%,5)=6.105,故求得

$$F = A(F/A,i,n) = 2(F/A,10\%,5) = 2 \times 6.105\,1 = 12.21(\text{万元})$$

答:第 5 年年末该基金总额为 12.21 万元。

根据等额支付终值计算公式可知:在 A 一定、n 相同的情况下,若 i 越大,则 F 越大;在 A 一定、i 相同的情况下,若 n 越长,则 F 越大。

2. 等额支付偿债基金公式(已知 F,求 A)

等额支付偿债基金公式也叫等额支付序列投入基金(或基金存储)公式。这个公式的经济含义是,在利率为 i 的情况下,如果要在第 n 期期末能一次收入 F 数额的现金流量,那么在这 n 期内连续每期期末等额偿债基金值 A 应是多少?它是等额支付终值公式的逆运算,也就是已知 F、i、n,求 A,相当于我们日常商业活动中的分期付款业务,其现金流量图如图 2-6 所示。

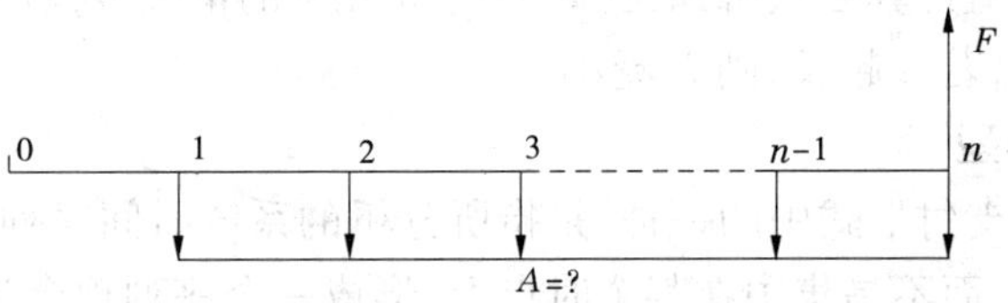

图 2-6　等额支付偿债基金公式现金流量图

由公式(2-6)可直接导出

$$A = F\frac{i}{(1+i)^n - 1} = F(A/F,i,n) \tag{2-7}$$

式中,$\frac{i}{(1+i)^n-1}$称为等额支付偿债基金系数,亦用符号($A/F,i,n$)表示,它与等额支付的终值系数互为倒数,其系数值可从复利系数表中查得。

【例 2-5】　某企业准备自筹资金在 5 年后新建一个生产车间,预计需要投资 1 000 万

元。若年利率为5%，从现在起每年年末应等额存入银行多少钱？

解 由公式(2-7)可直接求得

$$A = F\frac{i}{(1+i)^n - 1} = 1\ 000 \times \frac{5\%}{(1+5\%)^5 - 1} = 1\ 000 \times 0.181 = 181.0(\text{万元})$$

答：每年年末应等额存入银行181.0万元。

根据等额支付偿债基金计算公式可知：在F一定、n相同的情况下，若i越大，则A越小；在F一定、i相同的情况下，若n越长，则A越小。

3. 等额支付现值公式（已知A，求P）

等额支付现值公式，也叫等额年金现值公式。这个公式的经济含义是，在利率为i的情况下，n年内每年年末等额收支一笔资金A，求此等额年金的现值总额P，即已知A、i、n，求P，相当于实际商务活动中整存零取，其现金流量图如图2-7所示。

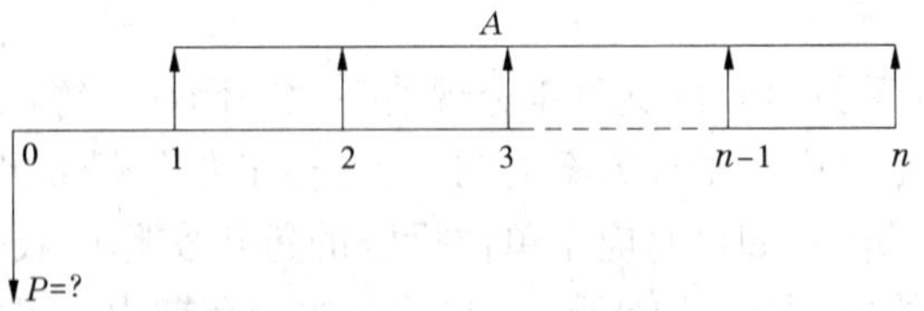

图2-7 等额支付现值公式现金流量图

等额支付现值公式的推导类似于等额支付年金的终值公式的计算推导，年金现值的计算仍然可以利用等差数列求和公式得出，也可以利用年金终值公式与折现的概念，直接由年金终值公式推导得出。

由公式(2-5)以及公式(2-6)可得

$$P = A\frac{(1+i)^n - 1}{i} \times \frac{1}{(1+i)^n} = A\frac{(1+i)^n - 1}{i(1+i)^n} = A(P/A,i,n) \qquad (2\text{-}8)$$

式中，$\frac{(1+i)^n - 1}{i(1+i)^n}$称为等额支付现值系数，也叫等额支付年金现值系数，亦可用符号$(P/A,i,n)$表示，其系数值可从复利系数表中查得。

【例2-6】 如果某工程项目1年建成并投产，寿命期为10年，每年净收益为2万元，按10%的折现率计算，恰好能够在寿命期内把期初投资全部收回。问该工程期初所投入的资金为多少？

解 由式(2-8)得出

$$P = A\frac{(1+i)^n - 1}{i(1+i)^n} = 2 \times \frac{(1+0.1)^{10} - 1}{0.1 \times (1+0.1)^{10}} = 2 \times 6.144\ 6 = 12.29(\text{万元})$$

答：该工程期初所投入的资金为12.29万元。

根据等额支付现值计算公式可知：在A一定、n相同的情况下，若i越大，则P越小；在A一定、i相同的情况下，若n越长，则P越大。

4. 等额支付资金回收公式（已知P，求A）

等额支付资金回收公式的经济含义是，在期初一次投入资金数额为P，欲在n年内全部收回，则在年利率为i的情况下，求每年年末等额收回的资金，即已知P、i、n，求A。其现金流量图如图2-8所示。

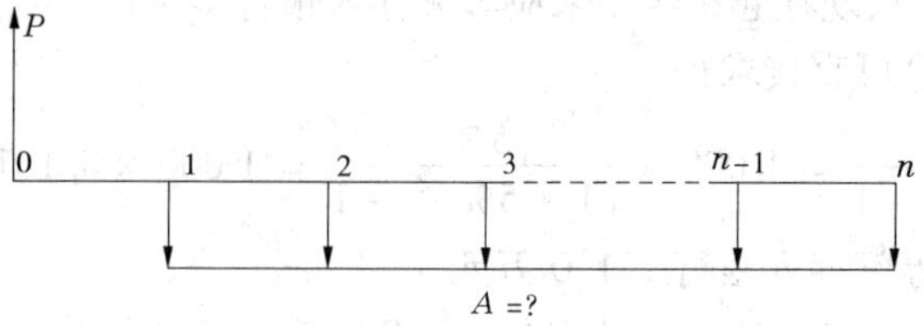

图 2-8　等额支付资金回收公式现金流量图

资金回收公式可由等额支付偿债基金公式与一次支付终值公式推导得出

$$A = F\frac{i}{(1+i)^n-1} = P(1+i)^n \times \frac{i}{(1+i)^n-1} = P\frac{i(1+i)^n}{(1+i)^n-1} = P(A/P,i,n) \quad (2\text{-}9)$$

式中，$\frac{i(1+i)^n}{(1+i)^n-1}$称为等额支付资金回收系数，用符号$(A/P,i,n)$表示，其系数值可从复利系数表中查得。

等额支付资金回收系数是等额支付年金现值系数的倒数。等额支付资金回收系数是一个重要的系数，其含义是对应于工程方案的初始投资，在方案寿命期内每年至少要回收的金额。在工程方案经济分析中，如果对应于单位投资的每年实际回收金额小于相应的预计资金回收金额，就表示在给定利率 i 的情况下，在方案的寿命期内不可能将全部投资回收。

【例 2-7】　某企业欲建一工程项目向银行贷款 3 000 万元，银行贷款利率为 6%，贷款期限为 5 年，如果采用每年年末等额本息进行偿还银行贷款，问该企业每年年末等额偿还银行多少资金？

解　由公式(2-9)可直接求得

$$A = P\frac{i(1+i)^n}{(1+i)^n-1} = 3\,000 \times \frac{0.06\times(1+0.06)^5}{(1+0.06)^5-1} = 3\,000 \times 0.237\,4 = 712.2(\text{万元})$$

答：该企业每年等额偿还银行 712.2 万元。

根据等额支付资金回收公式可知：在 P 一定、n 相同的情况下，若 i 越大，则 A 越大；在 P 一定、i 相同的情况下，若 n 越长，则 A 越小。

(三)等差序列现金流量的等值计算——等差支付类型

有些工程项目的收支额是按每期期末等额递增或递减的，它的现金流量形成了一个等差级数。等差序列现金流量的等值计算公式也叫均匀梯度序列公式，这个公式的经济含义是，在利率为 i 的情况下，对 n 期内现金流量呈逐期等差递增变化或等差递减变化的序列，进行资金的时间价值计算。假设某投资项目，第一年年末的金额为 A_1，然后从第二年年末开始逐期等差递增或逐期等差递减。因此，等差序列起始时间为第二年年末，等差序列的等值换算就是在此前提下推导出来的。推导等差序列公式的现金流量图如图 2-9 所示。

显而易见，图 2-9 的现金流量可分解为两部分：第一部分是由第一年年末现金流量 A_1 构成的等额支付现金流量图，如图 2-10 所示；第二部分是由等差变额 G 构成的递增等差序列现金流量图，如图 2-11 所示。

第一部分，如图 2-10 所示等额支付序列值为 A_1 的将来值 F_1 的计算式为

$$F_1 = A_1\frac{(1+i)^n-1}{i} = A_1(F/A,i,n)$$

式中　F_1——等额支付序列值为 A_1 的第 n 期期末的将来值；

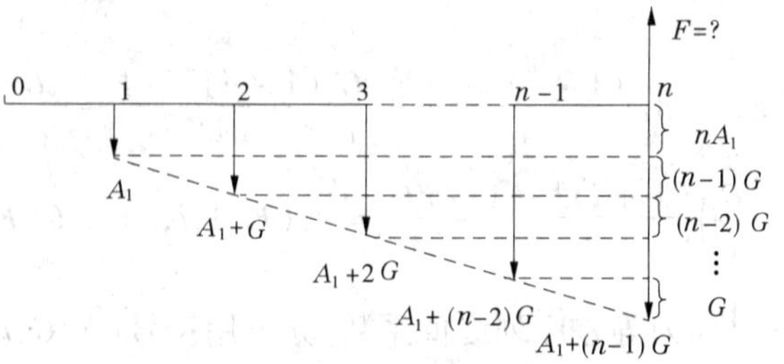

图 2-9　逐期递增等差序列现金流量图

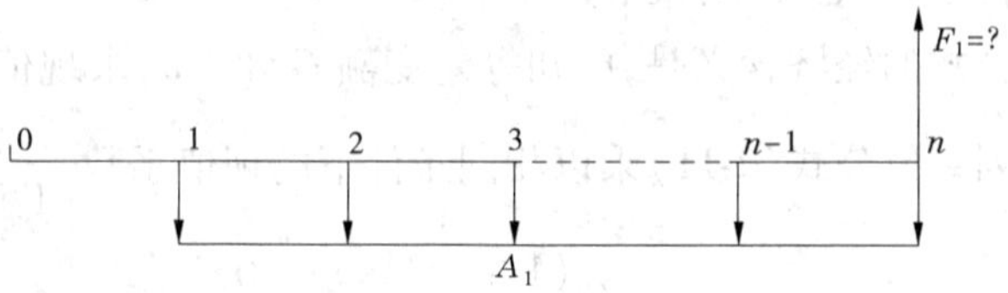

图 2-10　等额值为 A_1 的等额支付序列现金流量图

A_1——等额支付序列值,即等差序列第 1 期期末的现金流量值。

第二部分,如图 2-11 所示等差变额为 G 的等差序列现金流量。其中,G 为两个相邻周期的现金流量的等差额。n 期的现金流量 A_n 为

$$A_n = (n-1)G \tag{2-10}$$

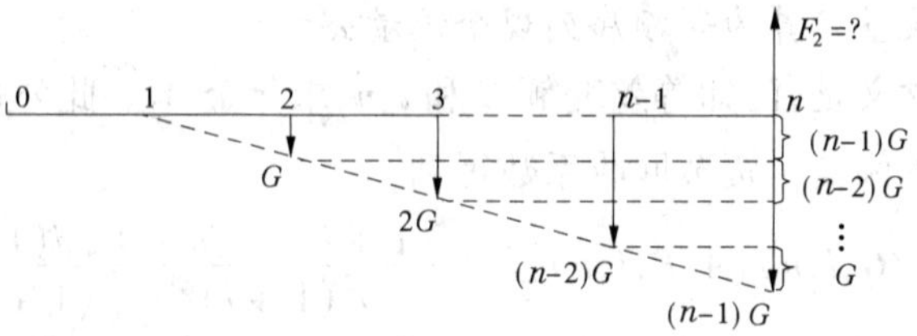

图 2-11　等差变额为 G 的递增等差序列现金流量图

等差序列终值、现值、等差序列现金流量与等额序列现金流量之间的关系分以下三种。

1. 等差序列终值公式(已知 G,求 F)

等差序列终值公式,关键是寻求图 2-11 梯度序列的解决途径。设等额支付序列的终值为 F_1,梯度序列的终值为 F_2,由图 2-11 可知梯度序列的终值 F_2 为

$$
\begin{aligned}
F_2 &= G(F/A,i,n-1) + G(F/A,i,n-2) + \cdots + G(F/A,i,2) + G(F/A,i,1) \\
&= G\frac{(1+i)^{n-1}-1}{i} + G\frac{(1+i)^{n-2}-1}{i} + \cdots + G\frac{(1+i)^2-1}{i} + G\frac{(1+i)-1}{i} \\
&= \frac{G}{i}\left[(1+i)^{n-1} + (1+i)^{n-2} + (1+i)^{n-3} + \cdots + (1+i)^2 + (1+i) - (n-1)\right] \\
&= \frac{G}{i}\left[(1+i)^{n-1} + (1+i)^{n-2} + (1+i)^{n-3} + \cdots + (1+i)^2 + (1+i) + 1\right] - \frac{nG}{i} \\
&= \frac{G}{i}\frac{(1+i)^n-1}{i} - \frac{nG}{i}
\end{aligned}
$$

故
$$F=F_1+F_2=A_1\frac{(1+i)^n-1}{i}+\frac{G}{i}\frac{(1+i)^n-1}{i}-\frac{nG}{i}$$
$$=\left(A_1+\frac{G}{i}\right)\frac{(1+i)^n-1}{i}-\frac{nG}{i}=A_1(F/A,i,n)+G(F/G,i,n) \tag{2-11}$$

式中，$\frac{1}{i}\left[\frac{(1+i)^n-1}{i}-n\right]$称为等差序列终值系数，亦可用符号$(F/G,i,n)$表示，其系数值可从复利系数表中查得。

2. 等差序列现值公式(已知G，求P)

等差序列现值公式的经济含义是，已知等差变额G和i、n，求现值P。等差序列现值公式可直接由等差序列终值公式(2-11)乘以相同条件下的现值系数$\frac{1}{(1+i)^n}$得到

$$F_2\frac{1}{(1+i)^n}=G\frac{(1+i)^n-ni-1}{i^2}\frac{1}{(1+i)^n}$$

或
$$P=G\frac{(1+i)^n-in-1}{i^2(1+i)^n}=G(P/G,i,n) \tag{2-12}$$

式中，$\frac{(1+i)^n-in-1}{i^2(1+i)^n}$，称为等差序列现值系数，也可用符号$(P/G,i,n)$表示，其系数可从复利系数表查得。

3. 等差序列现金流量换算为等额序列现金流量公式

这个公式的经济含义是，已知等差变额G和i、n，求年金A_2。此公式可直接由等差序列现值公式(2-12)乘以等额支付资金回收系数得到

$$A_2=G(P/G,i,n)(A/P,i,n)=G\frac{(1+i)^n-in-1}{i^2(1+i)^n}\frac{i(1+i)^n}{(1+i)^n-1}$$
$$=G\frac{(1+i)^n-in-1}{i[(1+i)^n-1]}=G(A/G,i,n) \tag{2-13}$$

式中，$\frac{(1+i)^n-in-1}{i[(1+i)^n-1]}$称为等差序列年值系数，亦可用符号$(A/G,i,n)$表示，其系数可从复利系数表中查得。

应当指出，在实际工作中，既有递增型等差序列，又有递减型等差序列，其分析处理方法与上述方法基本相同。

【例 2-8】 某工厂投产 1 台设备，其年收益额第一年年末为 10 000 元，此后直至第 8 年年末逐年递增 300 元，设年利率为 15%。试求该设备 8 年的收益现值及等额序列收益年金。

解 根据题意知，这是递增型等差序列，等差变额$G=300$元，其现金流量图如图 2-12 所示。

(1)计算递增等差序列收益现值。

$$P_1=A_1(P/A,i,n)=10\ 000(P/A,15\%,8)=10\ 000\times\frac{(1+15\%)^8-1}{15\%\times(1+15\%)^8}$$
$$=10\ 000\times4.487\ 3=44\ 873(元)$$

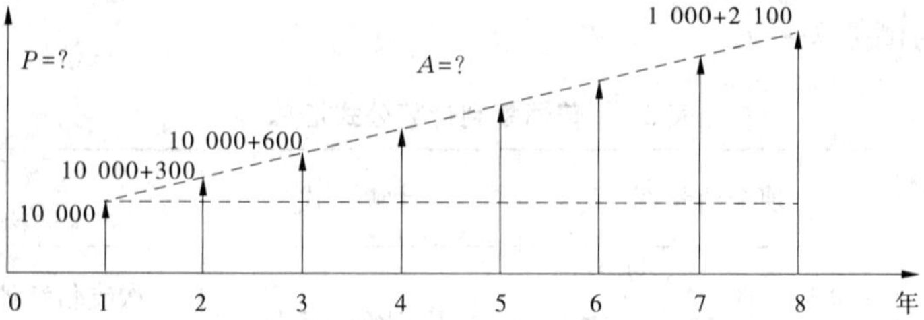

图 2-12　递增等差序列现金流量图

$$P_2 = G(P/G,i,n) = 300 \times (P/G,15\%,8) = 300 \times \frac{(1+15\%)^8 - 1 - 15\% \times 8}{15\%^2 \times (1+15\%)^8}$$

$$= 300 \times 12.481 = 3\ 744.3(\text{元})$$

$$P = P_1 + P_2 = 44\ 873 + 3\ 744.3 = 48\ 617.3(\text{元})$$

即该设备 8 年内收益现值为 48 617.3 元。

(2)计算等额序列收益年金值。

$$A_1 = 10\ 000\ \text{元}$$

$$A_2 = G(A/G,i,n) = 300(A/G,15\%,8)$$

$$= 300 \times \frac{(1+15\%)^8 - 15\% \times 8 - 1}{15\% \times [(1+15\%)^8 - 1]} = 300 \times 2.78 = 834(\text{元})$$

$$A = A_1 + A_2 = 10\ 000 + 843 = 10\ 843(\text{元})$$

即该设备 8 年内等额序列收益年金值为 10 834 元。

(四)公式小结及注意事项

1. 资金的时间价值公式汇总表

在上面我们主要介绍了复利计算的一次支付、等额支付和均匀梯度支付序列的基本公式,为便于对复利公式进行比较、分析和查阅,将公式的类型、已知条件、应求的未知量、现金流量图、计算公式、复利系数及其符号等汇总于表 2-1 中。

2. 应用公式时注意的有关问题

(1)方案的初始投资,假设发生在寿命期初。

(2)寿命期内各项收入或支出,均假设发生在各期的期末。

(3)本期的期末是下一期的期初。

(4)P 是在计算期的期初发生的。

(5)寿命期末发生的本利和 F,记在第 n 期期末。

(6)等额支付序列 A 发生在每一期的期末。

(7)当问题中包含 P、A 时,P 发生在第一期的期初,A 发生在第一期的期末。

(8)当问题中包含 F、A 时,F 和 A 同时在最后一期期末发生。

(9)均匀梯度序列中,第一个 G 发生在第二期期末。

3. 公式分析

上述基本公式存在以下关系。

1)倒数关系

(1)一次支付终值系数为 $(F/P,i,n) = (1+i)^n$,一次支付现值系数为 $(P/F,i,n) =$

$\frac{1}{(1+i)^n}$，二者互为倒数关系。

表 2-1 普通复利计算公式汇总

类别		已知	求	现金流量图	计算公式	复利系数名称与符号
一次支付	终值	P	F	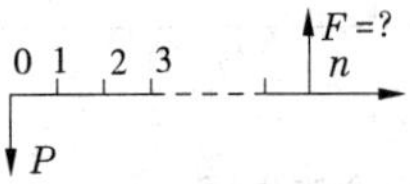	$F=P(1+i)^n$	一次支付终值系数为$(1+i)^n$ 符号为$(F/P,i,n)$
	现值	F	P	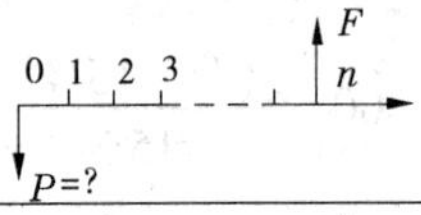	$P=F(1+i)^{-n}$	一次支付现值系数为$\frac{1}{(1+i)^n}$ 符号为$(P/F,i,n)$
等额支付	终值	A	F	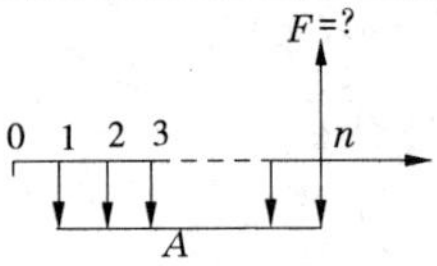	$F=A\frac{(1+i)^n-1}{i}$	等额支付终值系数为 $\frac{(1+i)^n-1}{i}$ 符号为$(F/A,i,n)$
	偿债基金	F	A	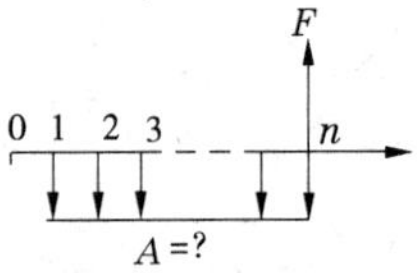	$A=F\frac{i}{(1+i)^n-1}$	等额支付偿债基金系数为 $\frac{i}{(1+i)^n-1}$ 符号为$(A/F,i,n)$
	现值	A	P	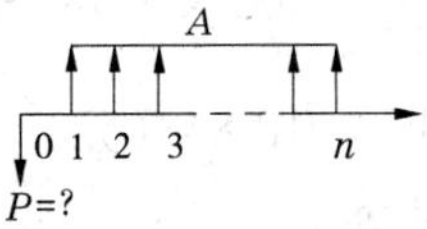	$P=A\frac{(1+i)^n-1}{i(1+i)^n}$	等额支付现值系数为 $\frac{(1+i)^n-1}{i(1+i)^n}$ 符号为$(P/A,i,n)$
	资本回收	P	A	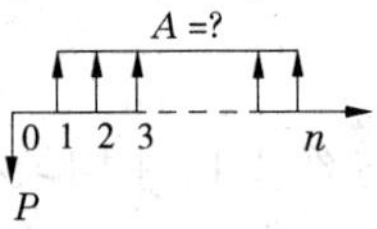	$A=P\frac{i(1+i)^n}{(1+i)^n-1}$	等额支付资本回收系数为 $\frac{i(1+i)^n}{(1+i)^n-1}$ 符号为$(A/P,i,n)$
等差序列	终值	G	F	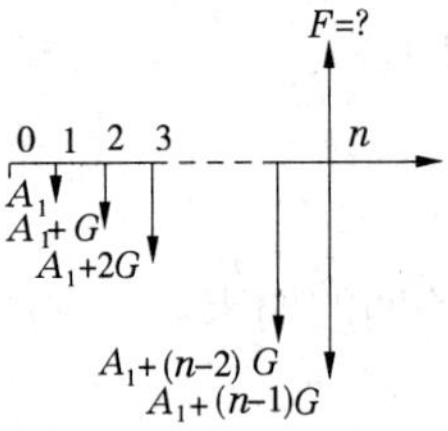	$F=F_1+F_2$ $F_1=A_1\frac{(1+i)^n-1}{i}$ $F_2=G\frac{(1+i)^n-in-1}{i^2}$	等差序列终值系数为 $\frac{(1+i)^n-in-1}{i^2}$ 符号为$(F/G,i,n)$
	现值	G	P	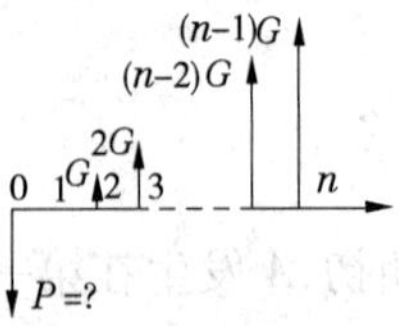	$P=G\frac{(1+i)^n-in-1}{i^2(1+i)^n}$	等差序列现值系数为 $\frac{(1+i)^n-in-1}{i^2(1+i)^n}$ 符号为$(P/G,i,n)$
	等额年金	G	A	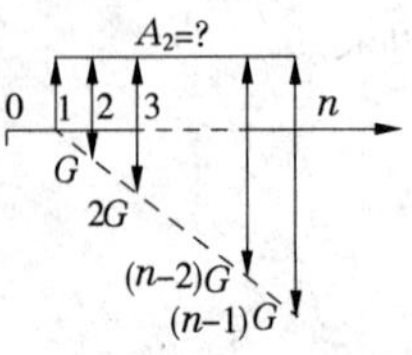	$A_2=G\frac{(1+i)^n-in-1}{i[(1+i)^n-1]}$	等差序列等额年金系数为 $\frac{(1+i)^n-in-1}{i[(1+i)^n-1]}$ 符号为$(A/G,i,n)$

(2) 等额支付终值系数为 $(F/A,i,n)=\frac{(1+i)^n-1}{i}$，等额支付偿债基金系数为 $(A/F,i,n)=\frac{i}{(1+i)^n-1}$，二者互为倒数关系。

(3) 等额支付现值系数为 $(P/A,i,n)=\frac{(1+i)^n-1}{i(1+i)}$，等额支付资金回收系数为 $(A/P,i,n)=\frac{i(1+i)^n}{(1+i)^n-1}$，二者互为倒数关系。

2) 置换关系

(1) 等额支付现值系数的置换。

$$(P/A,i,n)=\frac{(1+i)^n-1}{i(1+i)^n}=\frac{(1+i)^n-1}{i}\cdot(1+i)^{-n}=(F/A,i,n)\cdot(P/F,i,n)$$

(2) 等额支付资金回收系数的置换。

$$(A/P,i,n)=\frac{i(1+i)^n}{(1+i)^n-1}=\frac{i}{(1+i)^n-1}\cdot(1+i)^n=(A/F,i,n)\cdot(F/P,i,n)$$

(3) 等额支付资金回收系数与等额支付偿债基金系数的置换。

【例 2-9】 某企业向银行贷款 800 万元，银行贷款年利率为 6%，还款期为 4 年，有下列四种还款方式，试计算各种还款方式的还款总额。

(1) 第一种：在 4 年中每年年末归还相等的金额。

(2) 第二种：在第 4 年年末一次归还全部的本利和。

(3) 第三种：在 4 年中每年年末归还利息，最后在第四年年末付息的同时将本金一并归还。

(4) 第四种：将所借本金分期均匀归还，每年年末归还本金 200 万元及当年欠款所发生的利息。

解 (1) 采用第一种还款方式时，每年年末还款为

$$A=P\frac{i(1+i)^n}{(1+i)^n-1}=800\times\frac{6\%(1+6\%)^4}{(1+6\%)^4-1}=230.87(\text{万元})$$

则还款总额为

$$4\times230.87=923.48(\text{万元})$$

(2) 采用第二种还款方式时，还款总额为

$$F=P(1+i)^n=800\times(1+6\%)^4=1\,009.98(\text{万元})$$

即第 4 年年末一次归还 1 009.98 万元。

(3) 采用第三种还款方式时，有

$$\text{每年利息}=800\times6\%=48(\text{万元})$$

即第 1、2、3 年年末各还利息 48 万元。

第 4 年还款 800 + 48 = 848(万元)，则

$$\text{还款总额}=48\times3+848=992(\text{万元})$$

(4) 采用第四种还款方式时，有

第一年利息 = 800 × 6% = 48(万元)　还款 = 200 + 48 = 248(万元)

第二年利息 = (800 − 200) × 6% = 36(万元)　还款 = 200 + 36 = 236(万元)

第三年利息 = (600 - 200) × 6% = 24(万元)　还款 = 200 + 24 = 224(万元)

第四年利息 = (400 - 200) × 6% = 12(万元)　还款 = 200 + 12 = 212(万元)

第四年末欠款额 = 200 - 200 = 0

还款总额 = 248 + 236 + 224 + 212 = 920(万元)

虽然这四种还款方式不同,计算的还款总额也不相同,但其经济效果是相同的,所以这四种方式在资金的时间价值上是等值的。

三、名义利率与实际利率

在普通复利计算以及工程经济分析中,所给定或采用的利率一般都是年利率,即利率的时间单位是年,而且在不特别指明时,计算利息的计息周期也是以年为单位,即一年计息一次。

但在实际工作中,所给定的利率虽然还是年利率,由于计息周期可能是比年还短的时间单位,如计息周期可以是半年、一个季度、一个月、一周或者一天等,一年内的计息次数就相应为 2 次、4 次、12 次、52 次或 365 次等。因此,同样的年利率,由于计息期的不同,本金所产生的利息也不同,因而有名义利率和实际利率之分。

(一)名义利率和实际利率的概念

名义利率是指按年利率计息的利率,即计息周期为一年。名义利率等于每一计息周期的利率与每年的计息周期数的乘积。它是采用单利计算的方法,把各种不同计息期的利率换算为以年为计息期的利率。如月利率为 1%,则名义利率为 1% × 12 = 12%

实际利率又称为有效利率,是指按实际计息期计息的利率。它可以是计息周期的利率,也可以不是计息周期的利率。例如,每月存款月利率为 1%,则有效年利率为 12.68%,即 $(1+1\%)^{12}-1=12.68\%$。前述的资金等值计算公式中所采用的利率都是指实际利率。如果计息期为一年,名义利率与实际利率是相等的,因此说它们两者之间的差异主要是由实际计息期与名义计息期的差异所决定的。

【例 2-10】 设本金为 1 000 元,年利率为 12%,一个季度计息一次,求年实际利率。

解　名义利率为 12%,计息期为一个季度的利率为 $\frac{12\%}{4}=3\%$,则年末的本利和为

$$F = P(1+i)^n = 1\,000 \times (1+3\%)^4 = 1\,125.51(\text{元})$$

年利息为　$I = F - P = 1\,125.51 - 1\,000 = 125.51(\text{元})$

则年实际利率为　$i = \frac{\text{年利息额}}{\text{本金}} = \frac{125.51}{1\,000} = 12.55\%$

即实际利率为 12.55%。由此可见,年实际利率比名义利率要大些。

(二)名义利率与实际利率的关系

设名义利率为 r,一年中计息次数为 m,则每一个计息期的利率为 $\frac{r}{m}$,则一年后本利和的计算公式为

$$F = P\left(1+\frac{r}{m}\right)^m$$

其利息 I 为　$I = F - P = P\left(1+\frac{r}{m}\right)^m - P$

实际年利率是一年的利息额与本金之比，故年利率为

$$i_{实际} = \frac{I}{P} = \frac{P(1+\frac{r}{m})^m - P}{P} = (1+\frac{r}{m})^m - 1 \quad (2\text{-}14)$$

从式(2-14)可以看出，名义利率与实际利率存在着下列关系：

(1)名义利率是指年利率，而实际利率并不一定是年利率，在没有特殊说明的情况下，年利率一般都是指名义利率。

(2)当 $m=1$(一年计息一次)时，名义利率 r 等于实际利率 $i_{实际}$。实际计息周期短于一年时，即 $m>1$，实际利率 $i_{实际}$ 大于名义利率 r。

(3)名义利率不能完全反映资金的时间价值，实际利率才能真正反映资金的时间价值。

(4)名义利率越大，实际计息周期越短，实际利率 $i_{实际}$ 与名义利率 r 的差值就越大，年实际利率越高。

总之，名义利率是非有效利率，是指按单利方法计算的年利息与本金之比。实际利率是有效利率，是指按复利方法计算的年利息与本金之比。

【例 2-11】 如果年利率为 6%，每季度计息一次，问名义利率和实际利率各为多少？

解 名义利率 $r=6\%$

实际利率 $i_{实际} = (1+\frac{r}{m})^m - 1 = (1+\frac{6\%}{4})^4 - 1 = 6.14\%$

即名义利率为 6%，实际利率为 6.14%。

(三)资金等值计算的应用

资金的时间价值是工程经济分析的基本原理，资金的等值计算是这个原理的具体应用。进行资金等值计算时需要用到前面介绍的几个基本公式，在应用公式时要注意“死套活用”。所谓“死套”，是指严格按照公式中的 F、A、P、i、n 的含义、相互关系、基本公式应用的条件进行套用；所谓“活用”，就是指灵活应用公式，不能直接采用公式时，可以进行适当的变换，使其符合基本公式，在变换过程中，名义利率与实际利率的关系是常常用到的方法。

1. 计息期与支付期相同时的计算

【例 2-12】 有一笔投资，打算从第 17 年至第 20 年的年末收回 1 000 万元。若 $i=10\%$，问此投资的现值是多少？

根据题意，现金流量图如图 2-13 所示。

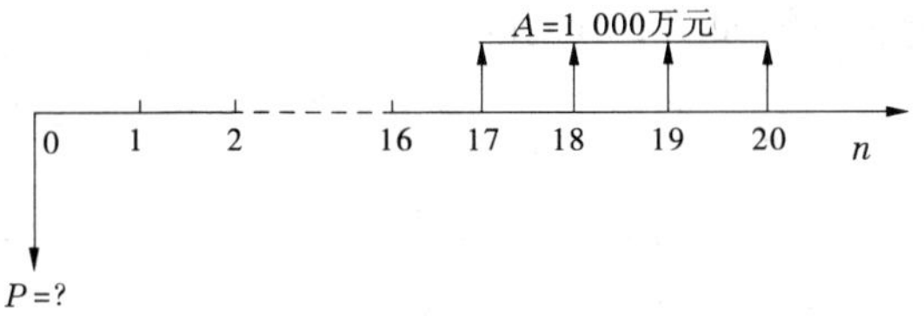

图 2-13 现金流量图

已知：$A=1\ 000$ 万元，$n=20$ 年，$i=10\%$，求 A 为多少。

解 方法一：根据一次支付现值公式 $P=F\frac{1}{(1+i)^n}$，有

$$P = 1\,000 \times (1+10\%)^{-17} + 1\,000 \times (1+10\%)^{-18} + 1\,000 \times (1+10\%)^{-19} + 1\,000 \times (1+10\%)^{-20} = 689.8(\text{万元})$$

方法二：根据等额支付现值公式 $P = A\dfrac{(1+i)^n - 1}{i(1+i)^n}$ 和一次支付现值公式 $P = F\dfrac{1}{(1+i)^n}$。先将年金折到16年年初，再折算成0年年初的现值，如图2-14所示。

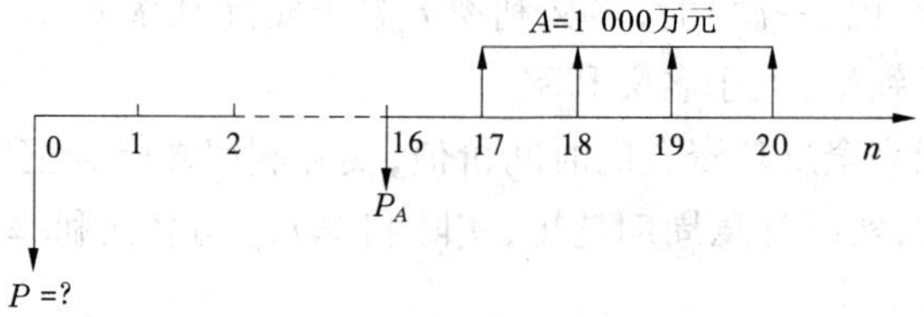

图2-14　现金流量图

$$P = 1\,000 \times \frac{(1+10\%)^4 - 1}{10\% \times (1+10\%)^4} \times (1+10\%)^{-16} = 689.8(\text{万元})$$

方法三：根据等额分付终值公式 $F = A\dfrac{(1+i)^n - 1}{i}$ 和一次支付现值公式 $P = F\dfrac{1}{(1+i)^n}$。先将年金折成第20年年末的终值，再折到第0年年初的现值，如图2-15所示。

$$P = (1+10\%)^{-20} \times 1\,000 \times \frac{(1+10\%)^4 - 1}{10\%} = 689.8(\text{万元})$$

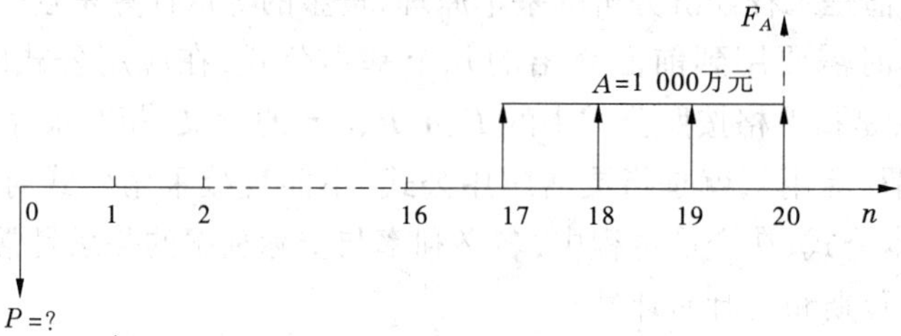

图2-15　现金流量图

【例2-13】　某企业5年内每年末投资1 000万元于某项目，贷款利率8%，若每年计息4次，问此项投资在第5年年末的本利和是多少？其现值又是多少？

解　根据题意，现金流量图如图2-16所示。

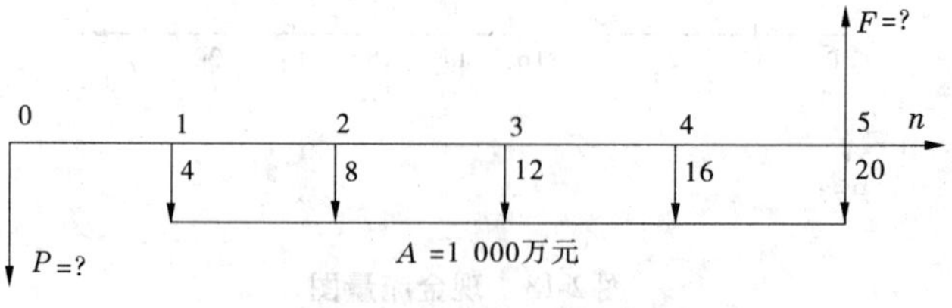

图2-16　现金流量图

每年计息4次，则每次利率 $i = 8\% \div 4 = 2\%$。

方法一：根据一次支付终值公式 $F = P(1+i)^n$ 和一次支付现值公式 $P = F\dfrac{1}{(1+i)^n}$，有

$$F=1\ 000\times(1+2\%)^{16}+1\ 000\times(1+2\%)^{12}+1\ 000\times(1+2\%)^{8}+1\ 000\times(1+2\%)^{4}+1\ 000=5\ 895(\text{万元})$$

$$P=F\times(1+i)^{-n}=5\ 895\times(1+2\%)^{-20}=3\ 967(\text{万元})$$

方法二：根据等额支付偿债基金公式 $A=F\dfrac{i}{(1+i)^n-1}$，等额支付终值公式 $F=A\dfrac{(1+i)^n-1}{i}$，以及一次支付现值公式 $P=F\dfrac{1}{(1+i)^n}$，有

$$A=1\ 000\times\frac{2\%}{(1+2\%)^4-1}=242.62(\text{万元})$$

$$F=242.62\times\frac{(1+2\%)^{20}-1}{2\%}=5\ 895(\text{万元})$$

$$P=F(1+i)^{-n}=5\ 895\times(1+2\%)^{-20}=3\ 967(\text{万元})$$

方法三：如果用实际利率计算，根据公式(2-14)，有

$$i_{\text{实际}}=(1+\frac{r}{m})^m-1=(1+\frac{8\%}{4})^4-1=8.24\%$$

再根据等额支付终值公式 $F=A\dfrac{(1+i)^n-1}{i}$ 和一次支付现值公式 $P=F\dfrac{1}{(1+i)^n}$，有

$$F=1\ 000\times\frac{(1+8.24\%)^5-1}{8.24\%}=5\ 895(\text{万元})$$

$$P=5\ 895\times(1+2\%)^{-20}=3\ 967(\text{万元})$$

2. 计息期短于支付期的计算

【例 2-14】 年利率为 10%，每半年计息一次，从现在起连续 3 年的年末等额支付 500 元，求与其等值的第 3 年年末的现值是多少？

解 方法一：先求支付期的实际利率，支付期为 1 年，则年实际利率为

$$i_{\text{实际}}=(1+\frac{r}{m})^m-1=(1+\frac{10\%}{2})^2-1=10.25\%$$

$$P=A\frac{(1+i)^n-1}{i(1+i)^n}=500\times\frac{(1+10.25\%)^3-1}{10.25\%\times(1+10.25\%)^3}=1\ 237.97(\text{元})$$

方法二：把每一笔资金收付看做是一次独立的资金收付，利用一次支付的终值公式进行计算，如图 2-17 所示。

$$P=500\times(1+5\%)^{-2}+500\times(1+5\%)^{-4}+500\times(1+5\%)^{-6}=1\ 237.97(\text{元})$$

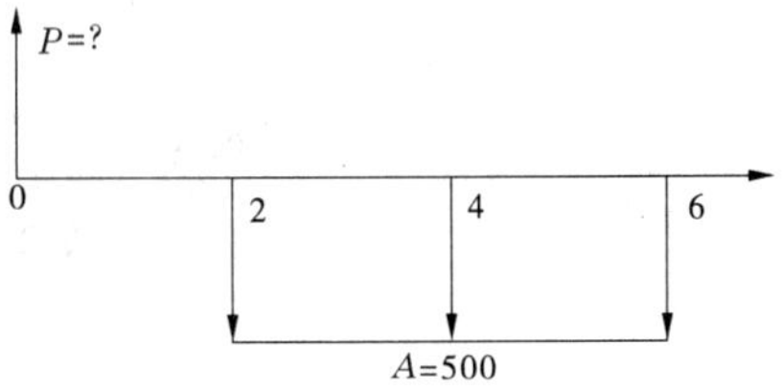

图 2-17 现金流量图

方法三：取一个循环周期，使这个周期的年末支付变成等值的计息期末的等额支付序列，从而使计息期和支付期完全相同，则可将实际利率直接代入公式进行计算，如图 2-18 所示。

在年末存款 500 元的等效方式是每半年年末存入等额资金为

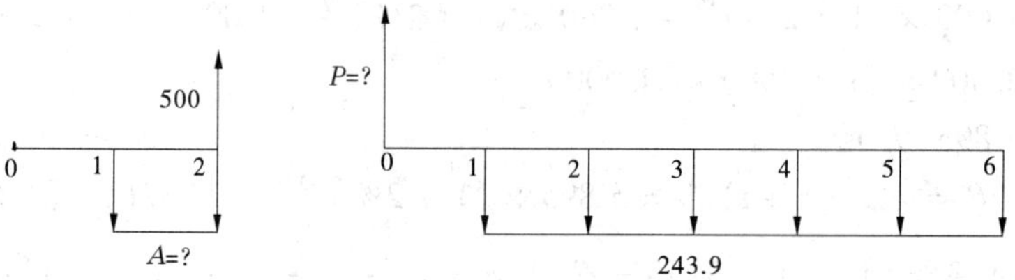

图 2-18　现金流量图

$$A = F\frac{i}{(1+i)^n - 1} = 500 \times \frac{5\%}{(1+5\%)^2 - 1} = 243.9(\text{元})$$

则
$$P = A\frac{(1+i)^n - 1}{i(1+i)^n} = 243.9 \times \frac{(1+5\%)^6 - 1}{5\% \times (1+5\%)^6} = 1\,237.97(\text{元})$$

3. 计息期长于支付期的计算

当计息期长于支付期时，由于计息期内有不同时刻的支付，通常规定存款必须是存满一个计息期，方可计算利息，因此在计息期内存入的资金在该计息期内不计算利息，要在下一个计息期计算利息。所以，原现金流量图应按下列原则进行调整：对于投资方来说，计息期的存款放在本计息期的期末，计息期内的提款放在本计息期的期初，计息期分界点处的支付保持不变。

【例 2-15】 现金流量图如图 2-19 所示，年利率为 12%，每季度计息一次，求年末终值为多少？

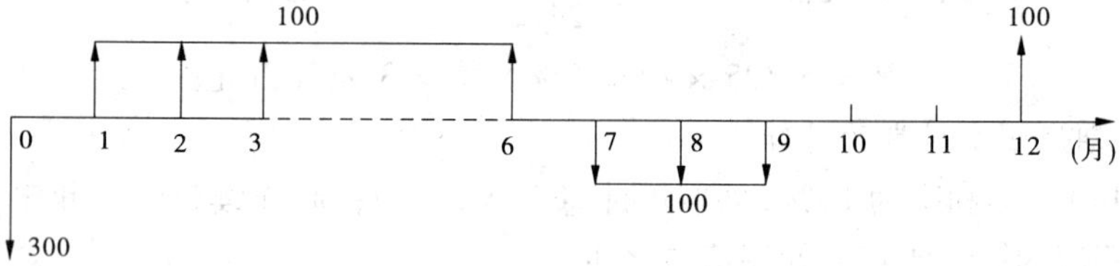

图 2-19　现金流量图

解　按上述的原则进行整理，得到等值的现金流量图如图 2-20 所示。根据整理过的现金流量图(见图 2-20)求得其终值为

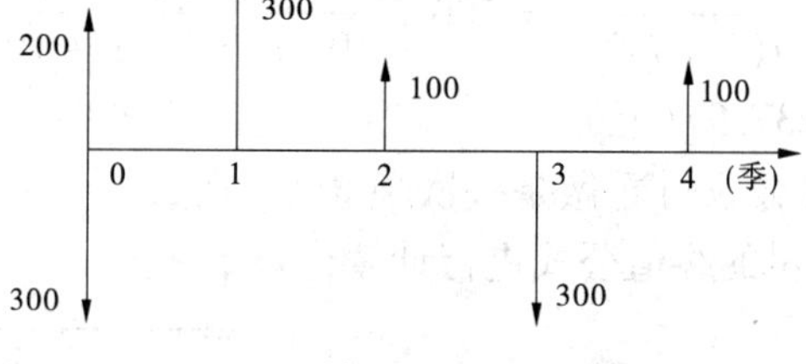

图 2-20　等值的现金流量图

$$F = (-300 + 200) \times \left(1 + \frac{12\%}{4}\right)^4 + 300 \times \left(1 + \frac{12\%}{4}\right)^3 + 100 \times \left(1 + \frac{12\%}{4}\right)^2 - 300 \times \left(1 + \frac{12\%}{4}\right) + 100 = 112.36(\text{元})$$

小　结

现金流量是指将一个独立的经济项目(或投资项目、技术方案等)视为一个独立的经济系统的前提下,在一定时期内的各个时间点(时点)上发生的现金流入或现金流出以及现金流入与现金流出的差额(又称为净现金流量)在该系统的现金活动。现金流量分为现金流入量、现金流出量和净现金流量,通常用现金流量图来描述项目在整个寿命周期内各时间点的现金流入和现金流出情况。

资金的时间价值是对建设项目、投资方案进行动态分析的出发点和依据,所以项目的经济评价都是基于资金的时间价值这一原理。研究资金的时间价值具有十分重要的现实意义,衡量资金的时间价值的绝对尺度是利息和利润,衡量资金的时间价值的相对尺度是利率和收益率,而利息的计算分为单利和复利两种方法。

资金的时间价值计算常用的基本公式有9个,可用计算公式和复利系数的形式表示,复利系数可以通过相应的复利系数表查得。如果某个工程项目的现金流量与基本公式建立的假设条件不符,则不能直接利用公式进行计算。当计息期与利率的时间单位不一致时,就出现了名义利率与实际利率。实际利率是指按实际计息期计息的利率,而实际利率与一年中的计息次数的乘积即是名义利率。名义利率一般不能计算利息(一年计息一次除外),可通过换算,得出年实际利率才能应用利息公式来进行运算。

资金等值是指在不同时点发生的绝对数额不等的资金具有相等的价值。利用资金等值的原理,可以把一个时点发生的资金等值转换成另一时点上的资金。因此,资金等值计算是项目经济分析的前提和基础。

思考与练习题

2-1　何为资金的时间价值?货币增值的实质是什么?

2-2　利息的计算方法有几种?如何计算?

2-3　什么是现金流量、现金流入量、现金流出量?

2-4　现金流量图的绘制方法是什么?现金流量图的三要素是什么?

2-5　资金等值的含义是什么?

2-6　什么是名义利率、实际利率?两者的关系如何?

2-7　现有两个存款机会:一是投资2万元,期限为3年,年利率7%,单利计息;二是同样投资及年限,年利率为6%,复利计息。应选择哪种方式?

2-8　某人以8%单利借出1 500元,借期3年,然后以7%复利把所得的本利和再借出,借期10年,求此人在第13年年末共可获得的本利和。

2-9　下列一次支付的终值和现值各是多少?

(1)年利率为10%,10 000元借款借期8年。

(2)年利率为9%,第6年年末为5 500元。

(3)年利率为12%,每季度计息一次,存款5 000元,存期10年。

(4)年利率为12%,每月计息一次,第5年年末为8 000元。

2-10　下列等额支付的年金终值和年金现值各为多少？

(1)年利率为6%，每年年初借款5 000元，连续借款12年。

(2)年利率为9%，每年年初借款4 200元，连续借款16年。

(3)年利率为8%，每季度计息一次，每季度末借款1 400元，连续借款10年。

(4)年利率为10%，每半年计息一次，每月月末借款500元，连续借款8年。

2-11　某人每月末存款100元，期限5年，年利率10%，每半年复利一次。计息周期内存款试分别按单利和复利计算，求第5年年末可得本利和多少？

2-12　某设备单价为55万元，合同签订时付了10万元，然后采用分期付款方式。第1年末付款14万元，从第2年初起每半年付款4万元。设年利率为12%，每半年复利一次。问多少年能付清价款？

2-13　某人每年末存款100元，期限为5年，年利率为10%，每半年计息一次。计息周期内存款试分别按单利和复利计算，求第5年年末可得本利和。

2-14　现有一项目，其现金流量为：第1年年末支付1 000万元，第2年年末支付1 500万元，第3年收益200万元，第4年收益300万元，第5年收益400万元，第6年到第10年每年收益500万元，第11年收益450万元，第12年收益400万元，第13年收益350万元，第14年收益450万元。设年利率为12%，求：(1)现值；(2)终值；(3)第2年年末项目的等值。

2-15　如果整个时期，以名义利率为6%的半年复利计算利息，储户账户中剩余的1 000元，多少年后可增值到1 500元？

2-16　某家庭以住房抵押贷款方式购买了一套住宅，住房抵押贷款期限为20年，年利率为6%，以每月2 500元等额还款。该家庭于第9年初一次性偿还贷款本金10万元，余额在以后的5年内用按月等额还款的方式还清，则最后5年内的月等额还款额为多少？

2-17　某企业为了购买设备，以12%的利率贷到40万元款，答应按15年还清本利，在归还了10次后，该企业想把余额一次性还清，问在10年末应准备多少才能将余款还清？

2-18　连续8年每年年末支付一笔款项，第1年20 000元，以后每年递增1 500元，若年利率为8%，问全部支付款项的现值是多少？

2-19　某大学生为减轻家庭经济负担，申请了助学贷款，每年银行贷给学生6 000元，年利率为6%，按半年计息，则他在4年后毕业时，需还款总额为多少？若该生毕业后找到工作，每月的净收入预计为1 000元，每月月末按等额还款，还款额按净收入的50%计。问几年后该大学生可还清贷款？

2-20　某工程项目建设期为6年，每年年初贷款100万元，年利率为8%，第6年年末应偿还多少？第1年年初一次性贷款多少？相当于期末等额支付的年金是多少？

第三章　工程经济分析的基本要素

【学习要求】

掌握建设项目投资的概念和投资构成及固定资产的概念以及折旧费的计算方法，熟悉费用、成本的概念以及收入、税金、利润的关系。

在工程经济学中，项目的投资、成本、收入、税金和利润等经济要素是构成项目经济现金流量的基本要素，也是进行经济分析的最重要的基础数据。

第一节　投　资

一、投资的基本概念和构成

投资一般是指经济主体为获取投资收益，而将货币资金转化为固定资产、无形资产、流动资产，形成生产能力或工程效益的经济活动。

建设项目投资是指项目的投资主体，以建造固定资产为主要目的，为实现项目所规划的目标或为取得项目未来的收益而把资金用于建设项目的经济活动，所用资金就是建设项目投资。

由于建设项目一般投资数额较大，在进行投资建设过程中，除投资者认缴的项目资本金及接受捐赠外，一般还需要借入一定量的资金，支付建设过程中的有关费用，这种借款需要支付借款利息。在工程项目竣工后，为实现项目的作用，还必须垫付一定量的流动资金，才能使建设项目投入生产运营。因此，建设项目总投资一般包括固定资产投资、建设期借款利息和流动资金，投资构成如图 3-1 所示。

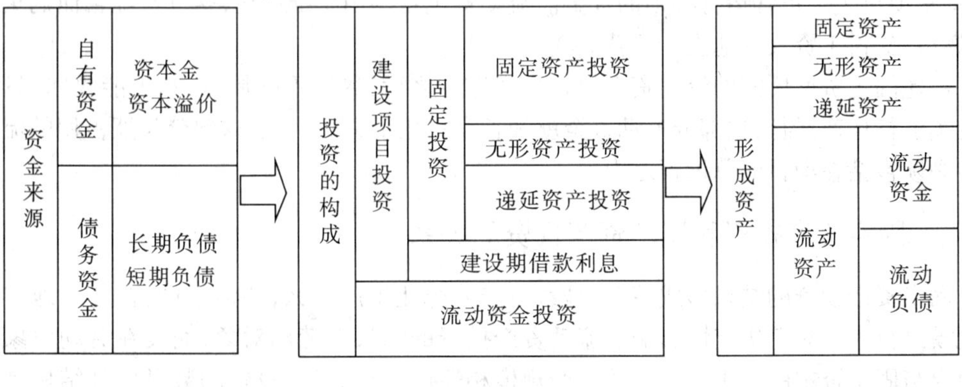

图 3-1　投资构成图

(一) 固定资产投资

固定资产投资是指用于建设或购置固定资产所投入的资金，包括项目自前期工作开始至工程建成投产达到设计标准时所需要的全部费用，是形成企业固定资产、无形资产和递延资产的投资。一般的建设项目的固定资产投资包括工程费用、预备费用及其他费用，其中工程费用包括建筑工程费、设备购置费、安装工程费等；预备费用包括基本预备费和涨价预备费。

固定资产是指使用期超过一年，单位价值在规定标准以上，并且在使用过程中保持原有物质形态的资产，包括房屋、建筑物、机器设备、运输设备、工具和器具等。

无形资产是指能长期使用但是没有实物形态的资产，包括专利权、商标权、著作权、土地使用权、非专利权、商誉等的投入。

递延资产是指不能计入工程成本，应当在生产经营期内分期摊销的各项费用，包括筹建期间的人员工资、办公费、培训费、差旅费、印刷费和注册费等开办费。

固定资产投资活动按其工作内容和实现方式可分为建筑安装工程，设备、工具、器具购置，其他费用三个部分。固定资产投资按建设性质进行分类，建设项目的性质一般分为新建、扩建、改建、迁建和恢复。基本建设按建设项目划分建设性质，更新改造、国有单位其他固定资产投资及城镇集体投资等按整个企业、事业单位的建设情况确定建设性质，房地产开发单位、农村投资、城镇工矿区私人建房等投资不划分建设性质。

（二）建设期借款利息

建设期借款利息是指筹集建设项目资金而需支付的项目债务资金在建设时期的利息。此项利息要计入项目总投资。

（三）流动资金投资

1. 流动资产

流动资产是指可以在一年内或超过一年的一个营业周期内能变现或者运用的资产。流动资产包括各种必要的现金、各种存款、应收及应付款项、存货，其构成见图3-2。

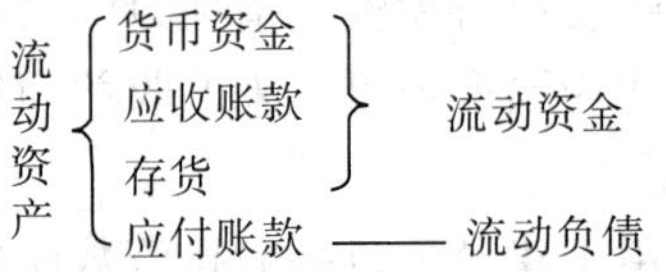

图3-2　流动资产构成图

2. 流动资金

流动资金是指维持项目正常生产所占用的周转资金。建设项目建成投入运行时，都垫付与其相配套的流转资金，它虽属短期周转性质的资金，却是项目生产正常运行必须的资金。流动资金主要用于维持正常生产、经营而购买原材料、燃料、支付工资及其他生产经营。

新建固定资产所需的流动资金投入生产运行之后，尽管不断周转，却不能收回，只要项目继续进行生产运行，这部分流动资金就被长期占用下去。因此，这部分长期占用的流动资金也必须包括在项目的总投资之内。

二、固定资产投资和流动资产投资的关系

固定资产投资的结果形成劳动手段，对未来企业生产什么，如何生产，在什么地方以多大规模进行生产有着决定性影响。流动资产投资的结果是劳动对象，而投在劳动对象上的价值要与固定资本的大小所决定的生产规模相适应，流动资产投资的数量及其结构是由固定资产投资的规模及其结构所决定的。

固定资产和流动资产都是生产过程中不可缺少的生产要素，固定资产投资必须有流动资产投资的配合。

固定资产投资从项目动工上马到建成交付使用,往往要经历较长的时间。在这期间,只有投入,不能产出,固定资产价值的回收依赖于流动资产的顺利周转。这是因为,固定资产的转移价值以折旧的形式,只能在列入生产成本以后,作为产品销售成本的一部分,通过产品销售,从销售收入中得到实现。而流动资产投资一般时间短,只要流动资产投资的规模与固定资产投资的规模相适应,产品适销对路,流动资产投资很快就可以回收。假如流动资产不能顺利周转,意味着存货不能顺利地转化为货币资金,也就难以实现销售收入。

因此,固定资产投资和流动资产投资是相互依存、密不可分的。

第二节　成本费用

成本是指在一定时期内企业为生产和销售产品以及提供劳务所需支出的各项费用。费用是指企业在生产经营过程中发生的各项耗费。

一、总成本费用

现行的财务会计制度计算成本采用只计与生产经营有直接关系和关系密切的费用,而将与生产经营没有直接关系和关系不密切的费用计入当期损益。总成本费用包括直接费用、间接费用和期间费用,总费用成本构成如图 3-3 所示。

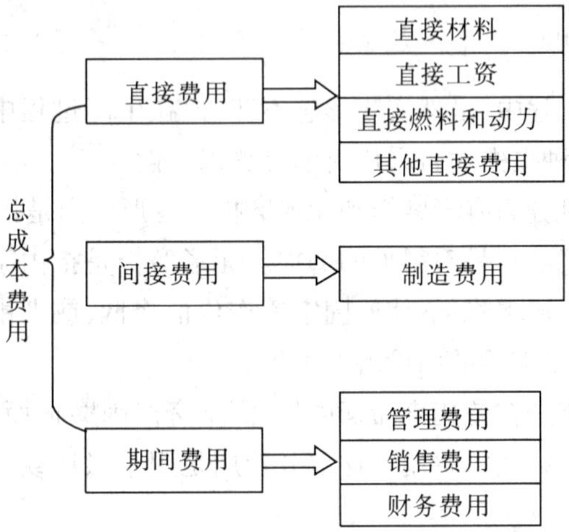

图 3-3　总费用成本构成

二、经营成本费用

经营成本是为项目评价的实际需要专门设置的,是从投资方案本身考察的,在一定期间(通常为一年)内由于生产和销售产品及提供劳务而实际发生的现金支出。它不包括虽计入产品成本费用中,但实际没发生现金支出的费用项目。经营成本按下式计算

经营成本费用 = 总成本费用 − 折旧费 − 维检费 − 摊销费 − 借款利息支出　(3-1)

式(3-1)中,维检费指项目的维检费,折旧费和摊销费是建设期或设备更换时固定资产、无形资产和递延资产投资的分摊。

三、变动成本和固定成本

为了进行项目的成本结构分析和不确定分析，将成本分为变动成本和固定成本两种。

变动成本是指总成本中随产量变动而变动的费用，如直接原材料、直接人工费、直接燃料和动力费及包装费等。变动成本的特点是：其总额将随产量的增加而增加，就单位产品成本而言，变动成本部分是固定不变的。

固定成本是指在一定产量范围内不随产量变动而变动的费用，如固定资产折旧费、管理费用等。固定成本的特点是：其总额在一定时期和一定业务量范围内不随产量的增加而变动，但就单位产品成本而言，其中的固定成本部分与产量的增减成反比，即产量增加时，单位产品的固定成本减少。

$$总成本费用 = 变动成本 + 固定成本 \tag{3-2}$$

$$固定成本 = 折旧费 + 摊销费 + 工资及福利费 + 修理费 \tag{3-3}$$

$$变动成本 = 外购原材料、燃料、动力费 + 维检费 + 利息支出 + 其他费用 \tag{3-4}$$

第三节　折旧与摊销

一、固定资产折旧

固定资产在使用过程中，虽然实物形态不变，但在生产过程中，将受到磨损而使固定资产的价值发生损失，这种损失通常采用折旧方法来补偿。

固定资产的磨损可分为有形磨损和无形磨损。有形磨损是指生产因素或自然因素引起的磨损，如设备不断的陈旧，是看得见的磨损。无形磨损是指由于技术进步，使得修建同等工程或生产同种设备的成本降低，使原固定资产价值降低，或者由于出现新技术、新设备引起原来效率降低的、技术落后的旧设备贬值等。

折旧费是指固定资产在使用寿命期内，将固定资产因磨损而转移到产品中的价值从产品的总成本中逐年取得补偿的费用。这部分费用是用来偿还或重新购置、建造固定资产的费用，保证再生产的顺利进行。

折旧费的计算包括以下三个因素：

(1)固定资产的原值。它指用于提取折旧的固定资产一次性支出的价值。

(2)折旧年限。固定资产从使用到失去使用价值的时间段称为固定资产的折旧年限。通常固定资产的折旧年限是根据工程或机械设备的经济寿命以及其他因素来确定的。所谓经济寿命，是指工程或机械设备在使用到一定的年限，平均年费用(年运行费和年折旧费之和)为最小的年份。一般情况下，取折旧年限等于或接近经济寿命，工业固定资产分类折旧年限详见表3-1。

(3)固定资产净残值。固定资产在完成了它的使用价值以后，余下的实物残值，称为固定资产净残值。固定资产净残值是指固定资产残值减去清理费用后的余额。一般，净残值率按照固定资产原值的3% ~5%确定，中外合资项目规定为10%。

表 3-1　工业固定资产分类折旧年限

固定资产名目	折旧年限	固定资产名目	折旧年限
一、通用设备部分		15. 建材工业专用设备	5～10 年
1. 机械设备	10～14 年	16. 纺织、轻工专用设备	6～12 年
2. 动力设备	11～18 年	17. 矿山、煤炭及森工专用设备	7～15 年
3. 传导设备	15～28 年	18. 造船工业专用设备	15～22 年
4. 运输设备	6～12 年	19. 核工业专用设备	20～25 年
5. 动化控制及仪器仪表		20. 公用事业企业专用设备	
自动化、半自动化控制设备	8～12 年	自来水	15～25 年
电子计算机	4～10 年	燃气	16～25 年
通用测试仪器设备	7～12 年		
二、专用设备部分			
9. 冶金工业专用设备	9～15 年	三、房屋、建筑物部分	
10. 电子工业专用设备		21. 房屋	
发电及供热设备	12～20 年	生产用户	30～40 年
输电线路	30～35 年	受强腐蚀生产用房	10～15 年
配电线路	14～16 年	受腐蚀生产用房	20～25 年
变电配电设备	18～22 年	非生产用房	35～45 年
核电发电设备	20～25 年	简易房	8～10 年
11. 机械工业专用设备	20～25 年	22. 建筑物	
12. 石油工业专用设备	8～12 年	水电站大坝	45～55 年
13. 化工、医药工业专用设备	8～14 年	其他建筑物	15～25 年
14. 电子仪表电信工业专用设备	7～14 年		

二、固定资产折旧费的计算方法

根据固定资产的原值、净残值、折旧年限来计算固定资产的折旧费用，折旧费计算方法有多种，这里介绍以下比较常用的几种。

（一）平均年限法

平均年限法又称直线折旧法，是我国企业常用的固定资产折旧方法。其相关计算公式如下

$$\text{年折旧率} = \frac{1-\text{净残值率}}{\text{折旧年限}} \times 100\% \tag{3-5}$$

$$\text{年折旧额} = \text{固定资产原值} \times \text{年折旧率} = \frac{\text{固定资产原值}-\text{预计净残值}}{\text{折旧年限}} \tag{3-6}$$

$$\text{净残值} = \text{固定资产原值} \times \text{净残值率} \tag{3-7}$$

【例 3-1】　一台设备原值 14 000 元，预计使用年限为 5 年，寿命终止时净残值收入预计

为 600 元,试用平均年限法计算设备年折旧费。

解

$$年折旧额 = \frac{14\ 000 - 600}{5} = 2\ 680(元)$$

(二)工作量法

工作量法是以固定资产的使用状况为依据计算折旧的方法。它适用于企业专业车队的客货运汽车及某些大型设备的折旧。

$$工作量折旧额 = 固定资产原值 \times \frac{1 - 净残值率}{规定的总工作量} \tag{3-8}$$

(1)按照行驶里程计算折旧

$$单位里程折旧额 = 原值 \times \frac{1 - 净残值率}{总行驶里程} \tag{3-9}$$

(2)按照工作小时计算折旧

$$每工作小时折旧额 = 原值 \times \frac{1 - 净残值率}{总工作小时} \tag{3-10}$$

$$年折旧额 = 每工作小时折旧额 \times 年工作小时 \tag{3-11}$$

(三)递减费用法

递减费用法是指固定资产每年计提的折旧率数额不等,在固定资产使用初期计提的多,而在后期计提的少,是一种相对加快折旧速度的方法。

双倍余额递减法是以平均年限法残值为零的折旧率的两倍为该方法的折旧率,计算每年折旧额。其计算公式如下

$$年折旧率 = \frac{2}{折旧年限} \times 100\% \tag{3-12}$$

$$年折旧额 = 固定资产净值 \times 年折旧率 \tag{3-13}$$

$$固定资产净值 = 固定资产原值 - 累计年折旧额 \tag{3-14}$$

(四)年数总和法

年数总和法是指用固定资产原值减去净残值后的余额,按照逐年递减的年折旧率计算折旧的方法。

$$年折旧率 = \frac{折旧年限 + 1 - 已使用年限}{折旧年限 \times (\frac{1}{2}折旧年限 + 1)} \times 100\% \tag{3-15}$$

$$年折旧额 = (固定资产原值 - 预计净残值) \times 年折旧率 \tag{3-16}$$

(五)余额递减法

余额递减法是指用固定资产的折旧率乘以固定资产净值,作为该年的折旧额。折旧额随着固定资产净值的逐年递减而减少。其计算公式为

$$折旧率 = 1 - \sqrt[T]{\frac{净残值}{固定资产原值}} \tag{3-17}$$

式中 T——折旧年限,年。

$$年折旧额 = 固定资产原值 \times (1 - 折旧率)^{t-1} \times 折旧率 \tag{3-18}$$

式中 t——已经使用的年限,年。

应该注意的是,该方法的固定资产净残值不得为零。

三、摊销费

摊销费是指无形资产和递延资产等一次性投入的费用在使用中损耗的价值在一定期间分期平均分摊的费用。

(一)无形资产摊销费估算

无形资产摊销费从开始使用之日起,在摊销年限内平均计算。摊销年限由按照法律或合同或企业申请书固定的有效使用期限和受益期限的长短来确定,取两者较短者为摊销年限。如果法律或合同或企业申请书均未规定有效期限或受益年限,应按照不少于10年确定摊销年限。

(二)递延资产摊销估算

递延资产摊销费包括开办费和以经营租赁方式租入的固定资产改良支出,应在生产经营期内分期摊销。摊销年限一般从企业开始生产经营起不短于5年的期限平均分摊,其中以经营租赁方式租入的固定资产改良工程支出应以租赁有效期限作为摊销年限。

第四节　销售收入、税金与利润

一、销售收入

销售收入是企业生产经营阶段的主要收入来源,是指企业向社会出售商品或提供劳务的货币收入。销售收入是工程经济分析中现金流入的一个重要项目,其计算公式为

$$销售收入 = 产品销售量 \times 价格 \tag{3-19}$$

销售收入与成本、费用的关系如图3-4所示。

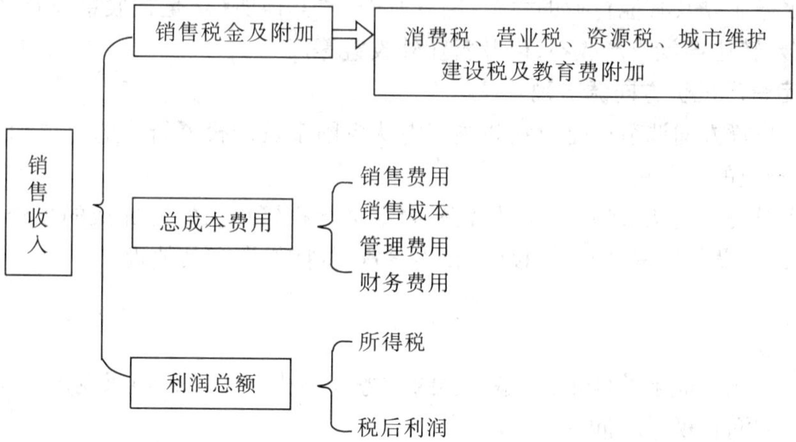

图3-4　销售收入与成本、费用的关系

二、税金

税金是国家依据法律对有纳税义务的单位和个人征收的财政资金,是国家凭借政治权力参与国民收入分配和再分配的一种形式,具有强制性、无偿性和固定性的特点。

现行的税收制度包含有数十个税种，现将几种主要的税种简述如下。

(一)增值税

增值税是就商品生产、流通和加工、修理、修配等各个环节的增值额征收的一种流转税。其纳税人为在中国境内销售货物或者提供加工、修理、修配劳务以及进口货物的单位和个人。增值税是价外税，其既不计入成本费用，也不计入销售收入中，因此销售价格内不含增值税款。

(二)营业税

营业税是对在我国境内提供应税劳务、转让无形资产或者销售不动产的单位和个人，就其营业额征收的一种税。凡在我国境内从事交通运输、建筑业、金融保险业、邮电通信业、文化体育业、娱乐业、服务业、转让无形资产和销售不动产等业务，都属于营业税的征收范围。

(三)资源税

资源税是对以被开发或占用的资源为征收对象的各种税，包括资源税、土地使用税等。资源税的征收范围，目前只包括矿产品和盐。

(四)城乡维护建设税

城乡维护建设税是对一切有经营收入的单位和个人，就其经营收入征收的一种税。其收入专用于城乡公用事业和公共设施的维护建设。

(五)教育费附加

教育费附加是向缴纳增值税、消费税、营业税的单位和个人征收的一种附加费用。它是以纳税人实际缴纳的上述三种税的税额为附征依据。

(六)企业所得税

企业所得税是对我国境内企业(不包括外资企业)的生产、经营所得和其他所得征收的一种税。“生产、经营所得”是指从事制造业、采掘业、交通运输业、建筑安装业、农林渔牧业、金融业、服务业以及其他行业的生产、经营所得。“其他所得”是指股息、利息(不包括国债利息)、租金、转让各类资产收益，以及营业外收益等。

(七)固定资产投资方向调节税

固定资产投资方向调节税是对在我国境内从事固定资产投资行为的单位和个人(不包括外资企业)征收的一种税。

固定资产投资方向调节税的计税依据是固定资产投资项目实际完成的投资额，包括建筑安装工程投资、设备投资、应核销投资、转出投资、待摊投资和其他投资。

三、利润

利润是企业经营成果的体现，也是主要的财务经济指标。工程项目投产后所获得的利润可分为销售利润和税后利润。

销售利润是销售收入扣除成本、费用和各种流转税及附加费后的余额。利润总额是企业在一定时期内实现盈亏的总额，税后利润是企业利润总额扣除应交所得税后的利润。其计算公式如下

$$\text{销售利润} = \text{产品销售净额} - \text{产品销售成本} - \text{产品销售税金及附加} - \text{销售费用} - \text{管理费用} - \text{财务费用} \tag{3-20}$$

$$\text{产品销售净额} = \text{产品销售总额} - (\text{销货退回} + \text{销货折扣与折让})$$

$$利润总额 = 销售利润 + 投资净收益 + 营业外收入 - 营业外支出 \quad (3\text{-}21)$$

$$税后利润 = 利润总额 - 应交所得税 \quad (3\text{-}22)$$

小　结

本章主要介绍建设项目的投资以及费用构成，对建设项目的投资概念和构成、固定资产的概念及其折旧费的计算方法、流动资金、费用成本、税金、利润等内容进行阐述。通过学习主要掌握以下内容：

(1)投资的概念和构成；

(2)固定资产的概念、折旧费的计算方法；

(3)流动资金的概念，无形资产、递延资产及摊销费计算；

(4)费用成本、收入、税金和利润的关系。

思考与练习题

3-1　简述建设项目投资的概念和构成。

3-2　固定资产的含义是什么？提取固定资产折旧费的目的是什么？

3-3　流动资金的含义是什么？

3-4　总成本费用由哪些部分组成？

3-5　销售收入、税金、利润的含义和关系各是什么？

3-6　某单位购买机器设备一台，价值20万元，预计其经济寿命为14年，到使用期末残值为1万元，试用直线折旧法计算每年的折旧费。

3-7　某一机械设备的资产原值为2 800万元，折旧年限为10年，净残值率为5%，试计算分别按平均年限法、双倍余额递减法、年数总和法的折旧额。

3-8　某工程项目的寿命期为8年，期初投资150万元，年销售收入为100万元，年折旧费用为20万元，销售税金为6万元，年经营成本为60万元，所得税税率为33%，不考虑固定资产的净残值。试计算该工程项目的年净现金流量。

第四章　工程项目经济效果评价指标

【学习要求】

通过本章的学习，了解不同类型投资方案适用的评价指标和方法，熟悉经济效果评价指标体系，掌握静态指标、动态指标、投资回收期、净现值、内部收益率等评价指标的基本含义、计算方法及判别准则，掌握互斥方案和独立方案的比较和选择方法。

第一节　经济评价指标体系

一、经济评价指标

经济评价指标是工程项目经济效果定量化的表现形式，它是通过对投资项目当中所涉及的经济效益的量化分析和比较来确定的。因此，正确理解和适当地采用各个评价指标的含义及判别准则，才能对投资项目进行可靠的经济分析，对投资方案做出正确的决策。

由于经济效益是一个综合性的指标，单纯一个评价指标只能反映投资项目的某一个方面，不能全面评价投资方案的经济效益，所以采用多个评价指标，从多个方面进行分析考察。评价指标按是否考虑资金的时间价值，分为静态评价指标和动态评价指标。

二、方案计算期的确定

方案计算期又称为方案的经济寿命周期，它是指对拟建方案进行现金流量分析时应确定的项目服务年限。工程项目的计算期包括拟建项目的建设期和生产期两个阶段。

项目建设期是指从开始施工阶段到全部建成投产所需要的时间。其长短与投资规模、行业性质及建设方式有关，应根据实际情况确定。项目建设期内只有投资，很少有产出，从投资成本及获利的角度来看，项目建设期应在保证工程质量的前提下，尽可能缩短。

项目生产期是指项目从建成到主要设备报废为止所经历的时间。项目生产期不能等同于项目投资后的服务期（物理寿命期），而应根据项目的性质、技术水平、技术进步及实际服务的长短合理确定。项目寿命期的确定，主要是考虑主体结构的经济性、维护的可行性、关键设施的实用性、经济计划管理的适应性及预测精度等方面综合确定。

项目计算期确定的是否合理，对方案的经济分析有很大的影响。对于不同的投资项目，其现金流量的分布、资金的回收、时间安排往往会有差异。若项目的计算期确定的太短，就有可能在决定项目的取舍或投资方案比较和选择时，错过一些具有很大潜在盈利机会的投资项目；若项目的计算期确定的过长，由于经济变化的可能性会变大，则计算的误差就变大。另外，按折现法计算时，将几十年后的收益金额折现为现值，数额较小，不会对评价结论发生关键性的影响。所以，在投资项目的经济分析中，要合理地确定项目的计算期。

第二节　静态评价指标

静态评价指标是指不考虑资金的时间价值的经济效益评价指标。这类指标简单明了、易于计算,适用于对投资方案的初步分析和粗略评价。由于静态评价指标没有考虑资金的时间价值的缺点,所以不符合实际情况。

静态评价指标主要包括静态投资回收期和投资收益率两种。

一、静态投资回收期

(一)静态投资回收期的定义

静态投资回收期是指不考虑资金的时间价值的回收期,是考察项目在财务投资上投资回收能力的一个重要指标。

静态投资回收期的起点一般应从项目投资建设之日算起,有时也从投产之日算起,其单位通常用“年”来表示。

静态投资回收期表达式为

$$\sum_{t=0}^{P_t}(CI-CO)_t=0 \tag{4-1}$$

式中　P_t——静态投资回收期;

CI——现金流入量;

CO——现金流出量;

$(CI-CO)_t$——第 t 年的净现金流量。

(二)静态投资回收期的计算

1. 直接计算法

项目建成投产后,各年的净收益是相同的,则静态投资回收期的计算公式如下

$$P_t=\frac{K}{A} \tag{4-2}$$

式中　K——项目的全部投资;

A——每年的净收益。

由公式(4-2)计算出来的投资回收期是从投产年开始算起的,如果要求从项目建设期开始计算,则回收期应加上建设期。

【例4-1】　某项目的投资方案净现金流量图如图4-1所示,求该方案的静态投资回收期。

解　根据现金流量图可知,该投资方案的年净收益是等额的,其全部投资为

$$K=10+6=16(\text{万元})$$

则利用公式(4-2)可得

$$P_t=\frac{K}{A}=\frac{16}{4}=4(\text{年})$$

即从投产年算起项目的投资回收期为 4 年，自项目建设期开始的投资回收期为 4 + 1 = 5（年）。

2. 累计法

项目建成投产后，由于各年的净收益不同，则静态投资回收期可根据累计净现金流量求得。其计算公式为

$$P_t = \text{累计净现金流量开始出现正值的年份} - 1 + \frac{\text{上一年的累计净现金流量的绝对值}}{\text{当年的净现金流量}} \tag{4-3}$$

【例 4-2】 某投资方案的净现金流量如图 4-2 所示，试计算其静态投资回收期。

解 列出该投资方案的累计净现金流量情况，如表 4-1 所示。

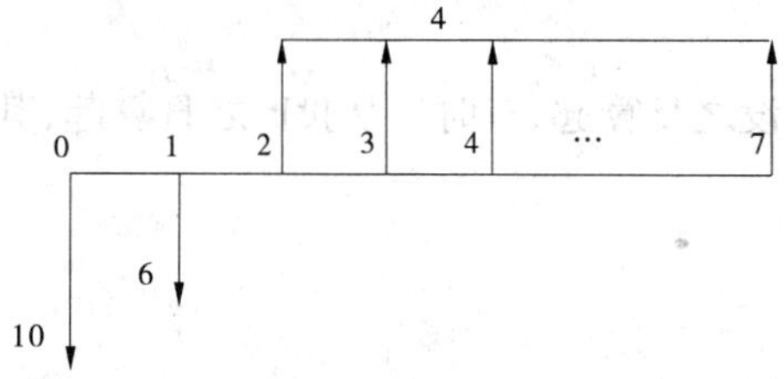

图 4-1 例 4-1 图

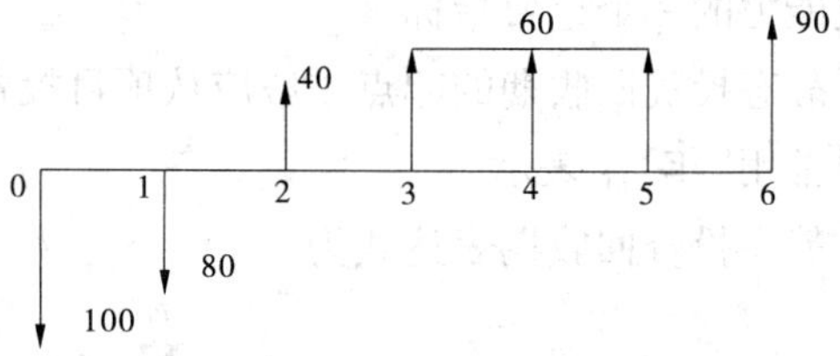

图 4-2 例 4-2 图

表 4-1 某投资方案的净现金流量 （单位：万元）

年份	0	1	2	3	4	5	6
净现金流量	-100	-80	40	60	60	60	90
累计净现金流量	-100	-180	-140	-80	-20	40	130

根据式（4-3）得

$$P_t = 5 - 1 + \frac{|-20|}{60} = 4.33(\text{年})$$

即静态投资回收期为 4.33 年。

采用静态投资回收期对投资方案进行评价时，主要有以下的做法：

（1）确定行业的基准投资回收期（P_c）。不同地区、不同行业和不同时期，P_c 都有所区别。很明显，P_c 一般在 10 年左右。不同行业的基准折现率与回收期如表 4-2 所示。

（2）计算项目的静态投资回收期（P_t）。

（3）比较 P_t 与 P_c：若 $P_t \leq P_c$，则项目可以考虑接受；若 $P_t > P_c$，则项目是不可行的。

3. 静态投资回收期的特点

1）静态投资回收期的优点

静态投资回收期的优点是：概念清晰，简单易行，直观，宜于理解；不仅在一定程度上反映了技术方案的经济性，而且反映了投资方案的风险大小；既可判定单个方案的可行性，也可用于方案间的比较（判定优劣）。

表 4-2　不同行业的基准折现率与回收期

行业	i_c(%)	P_c(年)
冶金	9 ~ 15	8.8 ~ 14.3
煤炭	10 ~ 17	8 ~ 13
有色金属	8 ~ 15	9 ~ 15
油田开采	12	6 ~ 8
机械	7 ~ 12	8 ~ 15
化工	9 ~ 14	9 ~ 11
纺织	8 ~ 14	10 ~ 13
建材	8 ~ 10	11 ~ 13

2)静态投资回收期的缺点

静态投资回收期的缺点是:没有反映资金的时间价值;由于它舍弃了方案在回收期以后的收入和支出情况,故不能全面反映投资方案在整个寿命期内的真实效益;无法正确地判断项目的优劣程度。

二、投资收益率

(一)投资收益率的定义

投资收益率又称投资效果系数,是反映投资方案盈利水平的评价指标,是投资方案达到设计生产能力后正常年份的年净收益与方案投资总额的比率。其一般表达式为

$$ROI = \frac{R}{I} \times 100\% \qquad (4\text{-}4)$$

式中　ROI——投资收益率(%);

R——正常年份的净收益(或平均年收益);

I——项目的总投资额。

(二)投资收益率的特点

投资收益率未考虑资金的时间价值,而且舍弃了项目建设期、寿命期等众多经济数据,故一般仅用于工程经济数据尚不完整的项目初步研究阶段。

投资收益率具有简单明了、综合性强的特点,它表明了单位投资每年的正常净收益。

(三)判别准则

用投资收益率评价投资方案的经济效果,需要与基准投资收益率作比较。设基准投资收益率为 R_c,判别准则为:若 $ROI \geq R_c$,则项目可以接受;若 $ROI < R_c$,则项目应予以拒绝。

【例 4-3】　某工程项目总投资额为 3 500 万元,工程投产后平均年净收益为 1 400 万元,正常生产年份的净收益为 1 500 万元,设基准投资收益率 $R_c = 35\%$,试计算平均年份的投资收益率和正常生产年份的投资收益率,并对投资项目进行判断。

解 设年平均投资收益率为 ROI_1，正常生产年份的投资收益率为 ROI_2，则

$$ROI_1 = \frac{R_1}{I} \times 100\% = \frac{1\ 400}{3\ 500} \times 100\% = 40\%$$

$$ROI_2 = \frac{R_2}{I} \times 100\% = \frac{1\ 500}{3\ 500} \times 100\% = 42.9\%$$

由于 $ROI_1 > R_c$，$ROI_2 > R_c$，故该项目是可以接受的。

第三节　动态评价指标

动态评价指标不仅考虑了资金的时间价值，而且与静态评价指标相比，动态评价指标考虑了项目在整个寿命期内各年现金流量的具体情况，因而能够更加直观地反映项目的盈利能力，所以动态评价指标比静态评价指标更全面、更科学。

动态评价指标常用的一般有动态投资回收期、净现值与净现值率、净年值、净将来值、内部收益率等。

一、动态投资回收期

为了克服静态投资回收期未考虑资金的时间价值的缺点，在投资项目评价中有时采用动态投资回收期。

（一）动态投资回收期的定义

动态投资回收期考虑了资金的时间价值，以项目每年净收益的现值来回收项目全部投资现值的时间。

动态投资回收期表达式如下

$$\sum_{t=0}^{P_t'} (CI - CO)_t (1 + i_c)^{-t} = 0 \tag{4-5}$$

式中　P_t'——动态投资回收期；

i_c——基准折现率。

（二）动态投资回收期的计算

1. 直接计算法

如果项目在期初一次性投资，各年的净收益相等，则动态投资回收期可用式(4-6)计算

$$K = R \times (P/A, i_c, P_t') \tag{4-6}$$

2. 累计法

项目建成投产后，由于各年的净收益不同，则动态投资回收期常用累计净现金流量现值求得。其计算公式为

$$P_t' = \text{累计折现值出现正值的年数} - 1 + \frac{\text{上年累计折现值的绝对值}}{\text{当年净现金流量的现值}} \tag{4-7}$$

用动态投资回收期 P_t' 评价投资项目的可行性，需要与基准投资回收期 P_c' 相比较。判别准则为：若 $P_t' \leq P_c'$，则项目可以被接受，否则应予以拒绝。

【例 4-4】　某投资项目的净现金流量系列见表 4-3，已知 $i_c = 10\%$ 时，基准投资回收期

$P'_c=6$ 年。试计算动态投资回收期,并判断该项目的可行性。

表 4-3 某项目的净现金流量及累计折现值 (单位:万元)

年份	0	1	2	3	4	5	6	7
投资	20	500	100					
经营成本				300	450	450	450	450
销售收入				450	700	700	700	700
净现金流量	-20	-500	-100	150	250	250	250	250
净现金流量现值	-20	-454.5	-82.6	112.7	170.8	155.2	141.1	128.3
累计净现金流量现值	-20	-474.5	-557.1	-444.4	-273.6	-118.4	22.7	151

解 各年累计折现值列于表 4-3 中。

累计折现值出现正值的年份为 6 年,由公式(4-7)可知

$$P'_t=\text{累计折现值出现正值的年数}-1+\frac{\text{上年累计折现值的绝对值}}{\text{当年净现金流量的现值}}$$

$$=6-1+\frac{|-118.4|}{141.1}=5.84(\text{年})$$

由于 $P'_t<P'_c=6$ 年,故该项目是可行的。

与静态投资回收期指标相比较,动态投资回收期考虑了资金的时间价值,但计算较为复杂,通常只宜用于辅助性评价。

二、净现值(*NPV*)与净现值率(*NPVI*)

(一)净现值(*NPV*)

净现值指标是对投资项目进行动态评价的最重要指标之一,该指标要求考察项目寿命期内每年发生的现金流量。

1. 净现值(*NPV*)的定义

所谓净现值,是指按一定的折现率将方案计算期内各时点的净现金流量折现到计算期初的现值累加之和。

净现值是考察项目在其计算期内盈利能力的主要动态评价指标,其表达式为

$$NPV=\sum_{t=0}^{n}(CI-CO)_t(1+i_c)^{-t} \tag{4-8}$$

式中 NPV——净现值;

$(CI-CO)_t$——第 t 年的净现金流量;

n——项目寿命年限(或计算期);

i_c——基准折现率。

若工程项目只有初始投资 I,以后各年均获得相等的净收益 A,则此时式(4-8)可简化为

$$NPV = A(P/A, i_c, n) - I \quad (4\text{-}9)$$

式中 $(P/A, i_c, n)$——年金现值系数。

2. 判别准则

对单一项目方案而言：若 $NPV \geq 0$，则项目应予以接受；若 $NPV < 0$，则项目应予以拒绝。

【例 4-5】 某项目的各年现金流量如表 4-4 所示，试用净现值指标判断项目的经济性（$i_c = 10\%$）。

表 4-4 某项目的现金流量表 （单位：万元）

年份	0	1	2	3	4~19	20
投资	40	10				
年经营费			17	17	17	17
年收入			25	25	30	50
净现金流量	-40	-10	8	8	13	33

解 利用式(4-8)，将表 4-4 中各年净现金流量代入得

$$\begin{aligned} NPV &= -40 - 10 \times (1+10\%)^{-1} + 8 \times (1+10\%)^{-2} + 8(1+10\%)^{-3} + \\ &\quad 13 \times \frac{(1+10\%)^{16} - 1}{10\% \times (1+10\%)^{16}} \times (1+10\%)^{-3} + 33 \times (1+10\%)^{-20} \\ &= -40 - 9.09 + 6.61 + 6.01 + 76.41 + 4.9 \\ &= 44.84(\text{万元}) \end{aligned}$$

由于 $NPV > 0$，故该项目在经济上是可以接受的。

3. 净现值与折现率的关系

从净现值的基本公式可以看出，对于具有常规现金流量的工程项目投资方案，其净现值的大小与折现率的高低有直接的关系。如某项目投资方案的净现金流量是已知的，那么该方案的净现值的大小就完全取决于所选用的折现率。折现率越大，净现值就越小；折现率越小，净现值就越大。随着折现率的逐渐增加，净现值将由大变小，由正变负。净现值（NPV）与折现率（i）的关系如图 4-3 所示。

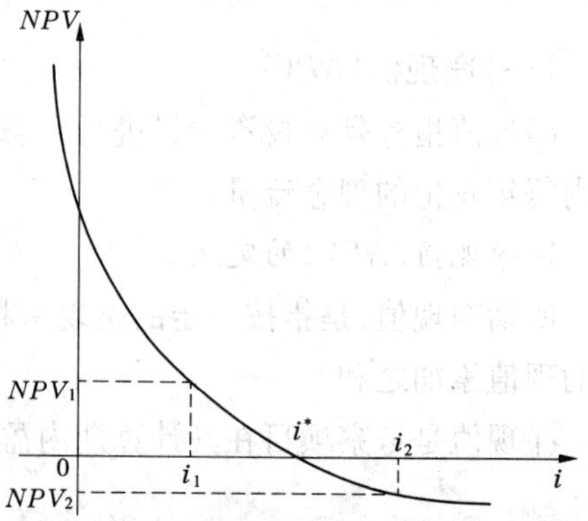

图 4-3 净现值与折现率的关系

从图 4-3 可以发现，净现值（NPV）随着折现率（i）的增大而减少，在净现值（NPV）与折现率（i）的关系曲线上，有一点 i^* 在该处，曲线与横轴相交，该点处净现值等于零。在 i^* 的左边，即 $i < i^*$，净现值大于零（$NPV > 0$）；在 i^* 的右边，即 $i > i^*$，净现值小于零（$NPV < 0$）。

由于 $NPV = 0$ 是净现值判别准则的一个分水岭，因此说 i^* 是折现率的一个临界值，被称为内部收益率，将在以后进行详细分析。

4. 净现值(*NPV*)的优点与不足

1)净现值法的优点

(1)计算较简便,考虑了资金的时间价值和项目在整个寿命期内的现金流量,全面、科学。

(2)计算结果稳定,不会因现金流量的换算方法不同而带来任何差异。

(3)经济意义明确、直观,能够直接反映投资与收益之间的关系。

2)净现值法的不足

(1)需要预先给定折现率,这给项目决策带来了困难。

(2)不能直接说明项目运营期间各年的经营成果。

(3)不能真正反映项目投资中单位投资的使用效率。

(二)净现值率(*NPVI*)

1. 净现值率的含义与计算

由于投资额往往是有限的,如果投资者很重视项目的投资效果,就要依据每单位投资的盈利性来衡量投资方案。

净现值率(*NPVI*)又称净现值指数,是按设定折现率求得的方案计算期的净现值与其全部投资现值的比率。一般情况下,净现值率定义的表达式为

$$NPVI = \frac{NPV}{I_P} \tag{4-10}$$

式中　*NPVI*——净现值率;

I_P——投资总额的现值。

【例4-6】 某企业准备购置一台设备,需要购置费用35 000元,使用寿命为4年,第4年年末的残值是3 000元,在使用期内,每年的收入均为19 000元,经营成本为6 500元,假设基准收益率为10%,计算该设备购置方案的净现值率。

解　根据公式(4-8)可得

$$NPV = -35\,000 + (19\,000 - 6\,500) \times (P/A, 10\%, 3) + (19\,000 - 6\,500 + 3\,000) \times (P/F, 10\%, 4) = -35\,000 + 31\,086.25 + 10\,586.5$$
$$= 6\,672.75(\text{元})$$

根据公式(4-10)可以求出该方案的净现值率为

$$NPVI = \frac{NPV}{I_P} = \frac{6\,672.75}{35\,000} = 0.19$$

即该设备购置方案的净现值率为0.19。

2. 净现值率法的判别准则

净现值率克服了净现值有利于投资额大的方案的偏差。对于单个方案来说与净现值相同。即当 $NPVI \geqslant 0$ 时,方案可行,可以考虑接受;当 $NPVI < 0$ 时,方案不可行,应予以拒绝。

三、净年值(*NAV*)

(一)净年值的含义与计算

净年值(*NAV*)是指通过资金的时间价值的计算将项目的净现值换算为项目计算期内各

年等额年金,是考察项目投资盈利能力的指标。其表达式为

$$NAV = NPV(A/P, i_c, n) \tag{4-11}$$

式中 $(A/P, i_c, n)$——资本的回收系数。

其现金流量图如图 4-4 所示。

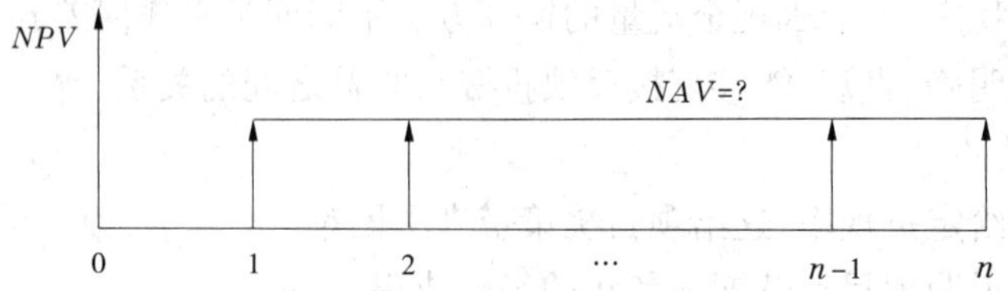

图 4-4 净年值与净现值的现金流量关系图

(二)净年值的判别准则

由式(4-11)可以看出,净年值(NAV)与净现值(NPV)的指标是等价的,对于单个投资方案来说,用净年值(NAV)指标进行评价与净现值(NPV)指标进行评价的结论是一致的。其评价准则为:若 $NAV \geqslant 0$,则方案是可以接受的;若 $NAV < 0$,则方案是不可行的。

【例 4-7】 某投资方案的净现金流量如图 4-5 所示,试计算其净年值,并分析投资的可行性(基准折现率 $i_c = 15\%$)。

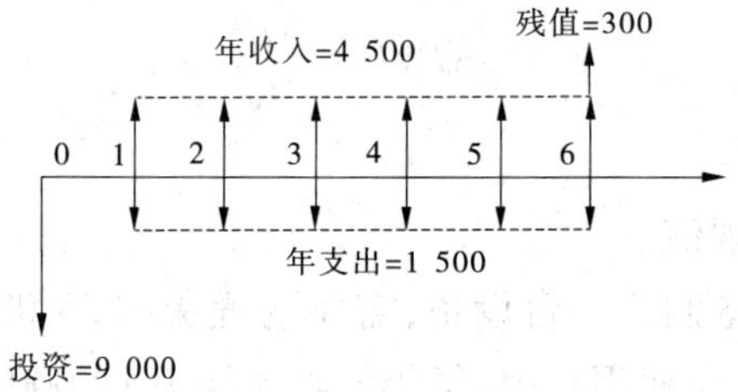

图 4-5 某投资方案的净现金流量图 (单位:万元)

解 根据公式(4-11)得

$$\begin{aligned} NAV &= -9\,000(A/P, 15\%, 6) + 4\,500 - 1\,500 + 300(A/F, 15\%, 6) \\ &= -9\,000 \times 0.264\,2 + 4\,500 - 1\,500 + 300 \times 0.114\,2 \\ &= 656.46(\text{万元}) \end{aligned}$$

由于 $NAV = 656.46$ 万元 > 0,则该投资方案是可行的。

四、净将来值(NFV)

净将来值(NFV)也称为净终值指标,是指在按基准收益率计算的项目寿命期内净现金流量的终值之和。其表达式为

$$NFV = \sum_{t=0}^{n} (CI - CO)_t (1 + i_c)^{n-t} \tag{4-12}$$

或

$$NFV = NPV(F/P, i_c, n) = NAV(F/A, i_c, n) \tag{4-13}$$

【例 4-8】 某投资方案现金流量见表 4-5,若基准收益率为 10%,试计算该投资方案的净将来值。

表 4-5　某投资方案的现金流量表　　（单位：元）

年末	收入	支出	净现金流量
0	0	-5 000	-5 000
1	4 000	-2 000	2 000
2	5 000	-1 000	4 000
3	0	-1 000	-1 000
4	7 000	0	7 000

解　由公式(4-12)可以求出该方案的净将来值为

$$NFV = \sum_{t=0}^{n}(CI - CO)_t(1 + i_c)^{n-t}$$

$$= -5\,000 \times (F/P,10\%,4) + 2\,000 \times (F/P,10\%,3) + 4\,000 \times (F/P,10\%,2) - 1\,000 \times (F/P,10\%,1) + 7\,000$$

$$= -5\,000 \times 1.464\,1 + 2\,000 \times 1.331\,0 + 4\,000 \times 1.210\,0 - 1\,000 \times 1.100\,0 + 7\,000$$

$$= 6\,081.5(\text{元})$$

如果项目投资在期初一次性投入为 I，各年的净现金流量相等均为 A，则净将来值可用下式计算

$$NFV = -I(F/P,i_c,n) + A(F/A,i_c,n) \tag{4-14}$$

需要说明的是：

(1)从形式上看，式(4-12)与式(4-13)只是不同的表达形式。因此，净将来值(NFV)指标是净现值(NPV)指标或是净年值(NAV)指标的替代。净将来值(NFV)指标立足于未来的时间基准点，在某种程度上有些夸大事实的作用。因此，当投资方案可能会遇到高通货膨胀率时，净将来值(NFV)指标比较容易显示出通货膨胀的影响效果，应用它较佳。

(2)有些策划人员为了说服决策者投资于某个特定的方案，常应用净将来值(NFV)指标来夸大该方案较其他方案的优越程度。

五、内部收益率(IRR)指标

(一)内部收益率的定义及判别准则

内部收益率(IRR)又称内部报酬率。在所有的经济评价指标中，内部收益率是最重要的评价指标之一，它是对项目进行盈利能力分析时采用的主要方法。在进行财务评价、分析项目的财务盈利能力时，主要计算和考察项目财务内部收益率；在进行国民经济评价、分析项目的国民经济盈利能力时，主要计算和考察项目经济内部收益率。

1. 内部收益率的定义

内部收益率(IRR)是指项目在整个计算期内各年净现金流量的现值累计等于零(或净年值等于零)时的折现率。由于它所反映的是方案所能达到的收益率水平，它的大小完全取决于方案本身，所以称它为内部收益率。

内部收益率反映项目所占用资金的盈利率，是考察项目资金使用效率的重要指标。其计算公式为

$$\sum_{t=0}^{n}(CI - CO)_t(1 + IRR)^{-t} = 0 \tag{4-15}$$

式中　IRR——内部收益率,由上述概念及计算式可以看出,内部收益率法实质上也是基于现值计算方法的;

其余符号意义同前。

2. 内部收益率的判别准则

当 $IRR \geqslant i_c$ 时,则 $NPV \geqslant 0$,表明项目的收益率已达到或超过设定折现率水平,项目可行,可以考虑接受;当 $IRR < i_c$ 时,则 $NPV < 0$,表明项目的收益率未达到设定折现率水平,项目不可行,应予以拒绝。

(二)内部收益率的计算

由计算公式(4-15)可以看出,内部收益率的计算是求解一个高次方程,不容易直接求解,通常采用“试算内插法”求内部收益率(IRR)近似解。基本步骤如下:

(1)首先根据经验,预先选定一个适当的折现率 i_0。

(2)根据项目投资方案的现金流量情况,利用选定的折现率 i_0,求出项目投资方案的净现值 NPV。

(3)若 $NPV > 0$,则适当继续增大 i_0;若 $NPV < 0$,则适当继续减小 i_0。

(4)重复步骤(3)直到找到这样的两个折现率 i_1 和 i_2,它们所对应的净现值 $NPV_1 > 0$,$NPV_2 < 0$,且 $2\% < |i_1 - i_2| < 5\%$。

(5)采用线性插值的方法确定内部收益率(IRR)的近似值。其计算公式为

$$IRR = i_1 + \frac{NPV_1}{NPV_1 + |NPV_2|}(i_2 - i_1) \tag{4-16}$$

【例 4-9】 某项目净现金流量如表 4-6 所示。当基准折现率 $i_c = 10\%$ 时,试计算内部收益率指标,并判断该项目在经济效果上是否可以接受。

表 4-6　某项目的净现金流量表　　(单位:万元)

时点	0	1	2	3	4	5
净现金流量	-2 000	300	500	500	500	1 200

解　第一步:绘制现金流量图,如图 4-6 所示。

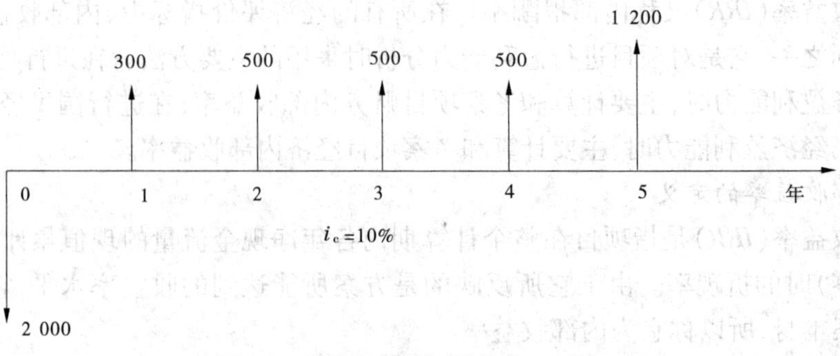

图 4-6　现金流量图　(单位:万元)

第二步:用内插法求算 IRR。列出方程如下

$$NPV = -2\,000 + 300(1+i)^{-1} + 500(1+i)^{-2} + 500(1+i)^{-3} + 500(1+i)^{-4} + 1\,200(1+i)^{-5} = 0$$

第一次试算,依经验先取一个收益率,取 $i_1 = 12\%$,代入方程求得

$$\begin{aligned} NPV &= -2\,000 + 300(1+i_1)^{-1} + 500(1+i_1)^{-2} + 500(1+i_1)^{-3} + 500(1+i_1)^{-4} + 1\,200(1+i_1)^{-5} \\ &= -2\,000 + 300 \times 0.892\,9 + 500 \times 0.797\,2 + 500 \times 0.711\,8 + 500 \times 0.635\,5 + 1\,200 \times 0.567\,4 = 21(\text{万元}) > 0 \end{aligned}$$

第二次试算,取 $i_2 = 14\%$,代入方程求得

$$\begin{aligned} NPV &= -2\,000 + 300(1+i_2)^{-1} + 500(1+i_2)^{-2} + 500(1+i_2)^{-3} + 500(1+i_2)^{-4} + 1\,200(1+i_2)^{-5} \\ &= 2\,000 + 300 \times 0.877\,2 + 500 \times 0.769\,5 + 500 \times 0.675\,0 + 500 \times 0.592\,1 + 1\,200 \times 0.519\,4 \\ &= -95.26(\text{万元}) < 0 \end{aligned}$$

可见,内部收益率(IRR)必然在 12% ~14% 之间,代入内插法计算式可求得

$$\begin{aligned} IRR &= i_1 + \frac{NPV_1}{NPV_1 + |NPV_2|}(i_2 - i_1) \\ &= 12\% + \frac{21}{21 + |-95.26|}(14\% - 12\%) = 12.4\% \end{aligned}$$

第三步:分析判断方案可行性。

因为 $IRR = 12.4\% > i_c = 10\%$,所以该方案是可行的。

(三)内部收益率的经济含义

内部收益率的经济含义是,在项目的整个寿命期内,如果按利率 $i = IRR$ 计算各年的净现金流量,会始终存在着未能收回的投资,只有到了寿命期末投资才能被全部收回,此时的净现金流量刚好等于零。

换句话说,在寿命期内各个时点,项目始终处于“偿还”未被收回的投资的状态,只有到了寿命期结束的时点,才偿还完全部投资。将项目内部收益率的这种投资“偿还”过程和结果按某一折现率折现为净现值时,则项目的净现值必然等于零。由于项目的这种“偿付”能力完全取决于项目内部,故有“内部收益率”之称谓。

一般地讲,根据内部收益率方程式求得的使项目净现值为零的折现率,只有当它符合内部收益率的经济含义时才是项目的内部收益率,否则将不是项目的内部收益率。

(四)内部收益率的优点与不足

1. 内部收益率指标的优点

(1)考虑了资金的时间价值及项目在整个寿命期内的经济状况。

(2)内部收益率法比较直观,概念清晰、明确,并可直接表明项目投资的盈利能力和反映投资使用效率的水平。

(3)内部收益率是内生决定的,即是由项目的现金流量系统特征决定的,不是事先外生给定的,只需要知道基准收益率的大致范围。

2. 内部收益率指标的不足

(1)内部收益率指标计算烦琐,对于非常规项目有多解和无解问题,分析、检验和判别

比较复杂。

(2)内部收益率指标虽然能明确表示出项目投资的盈利能力,但实际上当项目的内部收益率过高或过低时,往往失去实际意义。

(3)内部收益率法适用于独立方案的经济评价和可行性判断,但多方案分析时,一般不能直接用于比较和选优。

第四节　工程项目方案的比较与选择

一、互斥方案的比选

(一)互斥方案的概念

互斥方案是指各个方案之间存在着互不相容、互相排斥的关系。进行方案比选时,在多个备选方案中只能选择一个,其余的必须放弃,不能同时存在。如新厂址应设在北京、上海还是深圳?互斥方案的评价特点是在诸多方案中只选一个最好的方案。

按服务寿命长短不同,投资方案可分为:

(1)相同服务寿命的方案,即参与对比或评价方案的服务寿命均相同;

(2)不同服务寿命的方案,即参与对比或评价方案的服务寿命均不相同;

(3)无限寿命的方案,在工程建设中永久性工程即可视为无限寿命的工程,如大坝、运河工程等。

(二)寿命期相同的互斥方案的比选

对于寿命相同的互斥方案,其计算期通常设为寿命周期,这样才能满足在时间上的可比性的要求。寿命期相同的互斥方案的比选方法一般常用净现值法、净年值法、差额内部收益率法、最小费用法等。

1.净现值法

净现值法就是通过计算各个备选方案的净现值并比较其大小来判断方案的优劣,是多方案比选中最常用的一种方法。

净现值法的计算步骤如下:

(1)分别计算各个备选方案的净现值,并用判别准则加以鉴别,剔除 $NPV<0$ 的方案;

(2)对所有 $NPV \geqslant 0$ 的方案比较其净现值;

(3)根据净现值最大准则,选择净现值最大的方案为最优方案。

【例4-10】　现有A、B、C三个互斥方案,其寿命期均为10年,各个方案的净现金流量如表4-7所示,试用净现值法选择最佳方案,已知 $i_c=15\%$。

表4-7　各方案现金流量表　(单位:元)

方案	初始投资	年净收益	寿命
A	10 000	2 800	10年
B	16 000	3 800	10年
C	20 000	5 000	10年

解　各方案的净现值计算结果如下

$$NPV_A = -10\,000 + 2\,800(P/A,15\%,10)$$

$$= -10\,000 + 2\,800 \times 5.018\,8 = 4\,052.64(\text{元}) > 0$$

$$NPV_B = -16\,000 + 3\,800(P/A,15\%,10)$$

$$= -16\,000 + 3\,800 \times 5.018\,8 = 3\,071.44(\text{元}) > 0$$

$$NPV_C = -20\,000 + 5\,000(P/A,15\%,10)$$

$$= -20\,000 + 5\,000 \times 5.018\,8 = 5\,094(\text{元}) > 0$$

三个方案的净现值均大于零且方案 C 的净现值最大，则选择方案 C 为最优方案。

2. 净年值法

净年值法也是通过计算各个方案的净年值并比较其大小来判断方案的优劣，是多方案比选中最常用的一种方法。

净年值的计算步骤与净现值法相同。

【例 4-11】　用净年值法对例 4-10 进行方案的比选。

解　各方案的净年值计算结果如下

$$NAV_A = -10\,000(A/P,15\%,10) + 2\,800 = 807.5(\text{元})$$

$$NAV_B = -16\,000(A/P,15\%,10) + 3\,800 = 612(\text{元})$$

$$NAV_C = -20\,000(A/P,15\%,10) + 5\,000 = 1\,015(\text{元})$$

根据计算结果，可知方案 C 最优，与净现值法的结论一致。

3. 差额内部收益率法

内部收益率是衡量项目综合能力的一个重要指标，也是项目进行经济评价时经常应用到的指标之一，但在进行互斥方案的比选时，如果单纯直接用各个方案的内部收益率的高低来作为衡量方案优劣的标准，往往会导致错误的判断和结论，我们从以下的例子得到证实。

【例 4-12】　某建设项目有三个投资方案，其寿命期均为 10 年，各方案的初始投资和年净收益如表 4-8 所示，试选择最佳方案，已知 $i_c = 10\%$。

表 4-8　各个方案的净现金流量　（单位：万元）

方案	初始投资	年净收益
	0	1 ~ 10
A	170	44
B	260	59
C	300	68

解　先用净现值法对方案进行比选，可得

$$NPV_A = -170 + 44(P/A,10\%,10) = 100.36(\text{万元})$$

$$NPV_B = -260 + 59(P/A,10\%,10) = 102.53(\text{万元})$$

$$NPV_C = -300 + 68(P/A,10\%,10) = 117.83(\text{万元})$$

由于 NPV_C 最大，因此根据净现值法的结论，应选择 C 方案为最佳方案。

如果采用内部收益率指标进行比选，结果又会如何呢？我们来进行计算一下。根据内部收益率的定义可得

$$-170+44(P/A,IRR_A,10)=0 \qquad IRR_A=22.51\%$$
$$-260+59(P/A,IRR_B,10)=0 \qquad IRR_B=18.59\%$$
$$-300+68(P/A,IRR_C,10)=0 \qquad IRR_C=18.55\%$$

从 IRR 的结果可以看出，IRR_A、IRR_B、IRR_C 均大于 i_c，且 $IRR_A>IRR_B>IRR_C$，似乎方案 A 最优。这个结论与净现值法结果相矛盾。究竟是哪种方法正确？下面通过图 4-7 加以说明。

图 4-7 中两条曲线分别是方案 A 和方案 C 的净现值函数曲线，由两条曲线的形状可以看出，两条曲线在 $i=13.11\%$ 处相交，即在折现率小于 13.11% 时，方案 C 的净现值大于方案 A 的净现值（$NPV_C>NPV_A$）；当折现率大于 13.11% 时，方案 A 的净现值大于方案 C 的净现值（$NPV_A>NPV_C$）。当取定的折现率大于 13.11% 时，采用净现值指标与采用内部收益率指标对方案进行比选时结论是一致的；当取定的折现率小于 13.11% 时，采用净现值指标与采用内部收益率指标对方案进行比选时结论是相反的。产生这种现象的根本原因是净现值与内部收益率这两个评价指标的经济含义是有区别的。

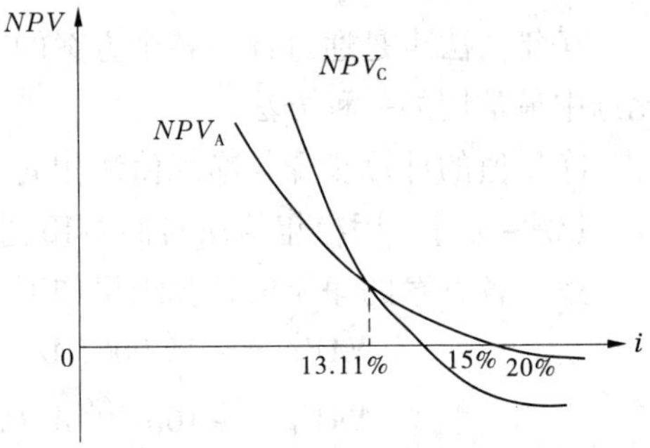

图 4-7　方案 A、C 的净现值与折现率的关系

由于互斥方案的比选实质是分析投资大的方案所增加的投资能否用其增量收益率补偿，也就是对增量的现金流量的经济合理性作出判断，因此我们可以通过计算增量净现金流量即差额内部收益率来进行比选，这样才能保证比选方案的结论的正确性。

差额内部收益率的表达式为

$$\sum_{t=0}^{n}[(CI-CO)_2-(CI-CO)_1]_t(1+\Delta IRR)^{-t}=0 \qquad (4\text{-}17)$$

式中　ΔIRR——差额内部收益率；

　　其他符号意义同前。

采用差额内部收益率指标对互斥方案进行比选时的基本步骤是：

(1)计算各个备选方案的 IRR。

(2)将 $IRR\geqslant i_c$ 的方案按投资额由小到大排序。

(3)计算排在最前面的两个方案的差额内部收益率 ΔIRR。若 $\Delta IRR\geqslant i_c$，则说明投资大的方案优于投资小的方案，则保留投资额大的方案；反之，若 $\Delta IRR<i_c$，则保留投资额小的方案。

(4)将保留的方案依次与相邻方案逐一进行比较，直到全部比较完毕，则最后一个被保留的方案即为最优方案。

【例 4-13】　根据例 4-12 的资料，试用差额内部收益率法对方案进行比选。

解 由于三个方案的 *IRR* 均大于 i_c，将它们按投资额由小到大进行排列为 A→B→C，先对方案 A 和方案 B 进行比选。

根据差额内部收益率计算公式得

$$-(260-170)+(59-44)(P/A,\Delta IRR_{B-A},10)=0$$

可以求出 $$\Delta IRR_{B-A}=10.58\% > i_c=10\%$$

则方案 B 优于方案 A，保留方案 B，继续进行比选。

将方案 B 与方案 C 进行比较

$$-(300-260)+(68-59)(P/A,\Delta IRR_{C-B},10)=0$$

可以求出 $$\Delta IRR_{C-B}=18.36\% > i_c=10\%$$

故方案 C 优于方案 B，最后可得出结论：方案 C 为最佳方案。

采用差额内部收益率法进行方案比选时，一定要注意，差额内部收益率只能说明增加投资部分的经济合理性，即 $\Delta IRR \geqslant i_c$，只能说明增量投资部分是有效的，并不能说明全部投资的效果，因此采用此方法之前，必须先对备选方案进行单方案的检验，只有方案可行时才能作为比较对象。

4. 最小费用法

在对多个方案比较选优时，当两个或两个以上互斥方案产出的效果相同或基本相同，或者诸方案能够满足同样需要但其产出效益难以用价值形态（货币）计量（如环保、教育、保健、国防类项目）时，可以采用最小费用法进行比选。这种方法，假定各个方案的收益是相等的，对方案的费用进行比较，根据效益极大化目标的要求，即费用较小的项目比费用较大的项目更为可取的原则来选择最佳方案。最小费用法包括费用现值（*PC*）比较法和费用年值（*AC*）比较法。

1）费用现值（*PC*）比较法

费用现值（*PC*）比较法实际上是净现值的一个特例，费用现值的含义是指利用此方法所计算出净现值只包括费用部分，其中将费用作为正值来处理，把收益和期末残值当成负值来处理。

费用现值（*PC*）的计算公式为

$$PC=\sum_{t=0}^{n}CO_t(1+i_c)^{-t} \tag{4-18}$$

式中 *PC*——费用现值；

其他符号意义同前。

2）费用年值（*AC*）比较法

费用年值（*AC*）比较法是通过计算各个备选方案的等额费用年值（*AC*）进行比较，以费用年值最小为最佳方案。

其计算公式为

$$AC=\sum_{t=0}^{n}CO_t(1+i_c)^{-t}\times(A/P,i_c,n)=PC\times(A/P,i_c,n) \tag{4-19}$$

式中 *AC*——费用年值。

应注意以下几点：

(1)费用现值比较法和费用年值比较法是建立在假设基础上的，即参与比选的各个方案是可行的。

(2)费用现值和费用年值指标只能用于多个方案的比选，不能用于单个方案的选择。

(3)其判别准则是：费用现值或费用年值最小的方案为优。

【例 4-14】 有两种设备型号，试用费用现值比较法对表 4-9 中的设备进行优选，已知 $i_c = 10\%$。

表 4-9 各种设备型号的现金流量表 （单位：元）

设备型号	A 型	B 型
一次投资(0 年)	26 500	36 500
年经营费	1 050	850
回收残值	2 150	3 650
寿命(年)	6	6

解 现金流量图如图 4-8 所示，可得

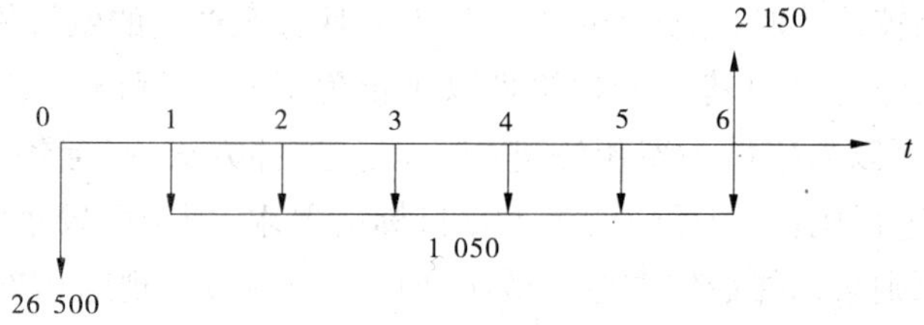

(a)方案A

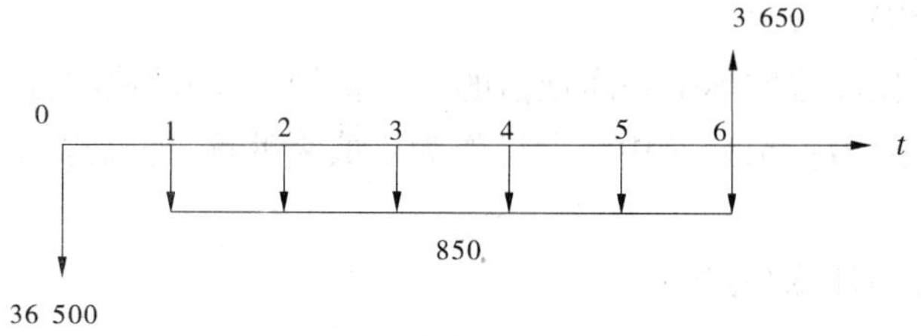

(b)方案B

图 4-8 现金流量图 （单位：万元）

$$PC_A = 26\ 500 + 1\ 050(A/P,10\%,6) - 2\ 150(P/F,10\%,6) = 25\ 527.4(\text{元})$$

$$PC_B = 36\ 500 + 850(A/P,10\%,6) - 3\ 650(P/F,10\%,6) = 34\ 634.7(\text{元})$$

由于 $PC_A < PC_B$，故应选择 A 型设备。

【例 4-15】 某项目有三个采暖方案 A、B、C，均能满足同样的取暖需要。其费用数据如表 4-10 所示。在基准折现率 $i_c = 10\%$ 的情况下，试用费用年值确定最优方案。

解 各方案的费用年值为

$$AC_A = 300 \times (A/P,10\%,10) + 70 - 10 \times (A/F,10\%,10) = 118.20(\text{万元})$$

$$AC_B = 340 \times (A/P,10\%,10) + 60 - 10 \times (A/F,10\%,10) = 114.71(\text{万元})$$

$$AC_C = 400 \times (A/P,10\%,10) + 45 - 10 \times (A/F,10\%,10) = 109.47(\text{万元})$$

根据费用最小的选优准则，方案 C 最优，方案 B 次之，方案 A 最差。

费用现值与费用年值的关系如前述净现值和净年值的关系一样，所以就评价结论而言，二者是等效评价指标。

表 4-10　三个采暖方案的费用数据表　（单位：万元）

方案	A	B	C
一次投资(0 年)	300	340	400
年运营费用	70	60	45
残值	10	10	10
寿命(年)	10	10	10

(三)寿命不同的互斥方案的比选

1. 年值(*AW*)法——这是最适用的方法

由于寿命期不等的互斥方案在时间上不具备可比性，因此为使方案具有可比性，通常宜采用年值(*AW*)法。它是通过分别计算各个备选方案净现金流量的等额年值，并进行方案的比选，以 $AW \geqslant 0$，且年值(*AW*)最大为最优方案。

年值(*AW*)的计算公式为

$$AW = \sum_{t=0}^{n} [(CO - CI)_t (1 + i_c)^{-t}] \times (A/P, i_c, n) = NPV \times (A/P, i_c, n) \quad (4\text{-}20)$$

式中　*AW*——等额年值；

其他符号意义同前。

【例 4-16】　某建设项目有 A、B、C 三个互斥方案，其寿命期不同，其现金流量如表 4-11 所示，若 $i_c = 15\%$，试用年值法对方案进行比选。

表 4-11　三个方案的净现金流量　（单位：万元）

方案	A	B	C
初始投资	6 000	7 000	9 000
残值	0	200	300
年度支出	1 000	1 000	1 500
年度收入	3 000	4 000	4 500
寿命(年)	3	4	6

解　先计算 A、B、C 三个方案的净现值。

$$NPV_A = -6\,000 + (3\,000 - 1\,000)(P/A,15\%,3) = -1\,433.6(\text{万元})$$

$$NPV_B = -7\,000 + (4\,000 - 1\,000)(P/A,15\%,4) + 200(P/F,15\%,4) = 1\,679.36(\text{万元})$$

$$NPV_C = -9\,000 + (4\,500 - 1\,500)(P/A,15\%,6) + 300(P/F,15\%,6) = 2\,483.19(\text{万元})$$

再计算 A、B、C 三个方案的等额年值(AW)。

$$AW_A = NPV_A(A/P,i_c,n_A) = -1\ 433.6(A/P,15\%,3) = -627.92(\text{万元})$$

$$AW_B = NPV_B(A/P,i_c,n_B) = 1\ 679.36(A/P,15\%,4) = 588.28(\text{万元})$$

$$AW_C = NPV_C(A/P,i_c,n_C) = 2\ 483.19(A/P,15\%,6) = 656.05(\text{万元})$$

$AW_C > AW_B > AW_A$,且 AW_A、AW_B、AW_C 均大于零,故方案 C 为最佳方案。

2. 最小公倍数法

最小公倍数法又称重复方案法,是取各备选方案寿命期的最小公倍数作为方案比选时共同的分析期,并假定各个方案均在这样一个共同的计算期内重复进行,即将寿命期短于最小公倍数的方案按原方案重复实施,直至其寿命期等于最小公倍数。

例如:有两个备选方案,A 方案的寿命期为 6 年,B 方案的寿命期为 9 年,则共同的寿命期为 6 和 9 的最小公倍数 18 年,这时 A 方案重复三次,B 方案重复两次,分别对其净现金流量进行重复计算,计算出在共同的计算期内各个方案的净现值,以净现值较大的方案为最佳方案。

利用最小公倍数法有效地解决了寿命不等的方案之间净现值的可比性问题,但是这种方法所依赖的方案可重复实施的假定不是在任何情况下都适用的。对于某些不可再生资源的开发项目,在进行计算期不等的互斥方案比选时,方案可重复实施的假设不再成立,这种情况下就不能用最小公倍数法确定计算期。有的时候最小公倍数法求得的计算期过长,甚至远远超过所需的项目寿命期或计算期的上限,这就降低了计算方案经济效果指标的可靠性和真实性,故也不再适用最小公倍数法。

【例 4-17】 某建设项目有 A、B 两个互斥方案,其寿命期不同,其现金流量如表 4-12 所示,试用最小公倍数法对方案进行比选(设 $i_c = 10\%$)。

表 4-12　两个方案的净现金流量　　(单位:万元)

方案	A	B
初始投资	3 500	5 000
年收益	1 900	2 500
年度支出	645	1 383
寿命(年)	4	8

解　(1)绘制现金流量图如图 4-9 所示。

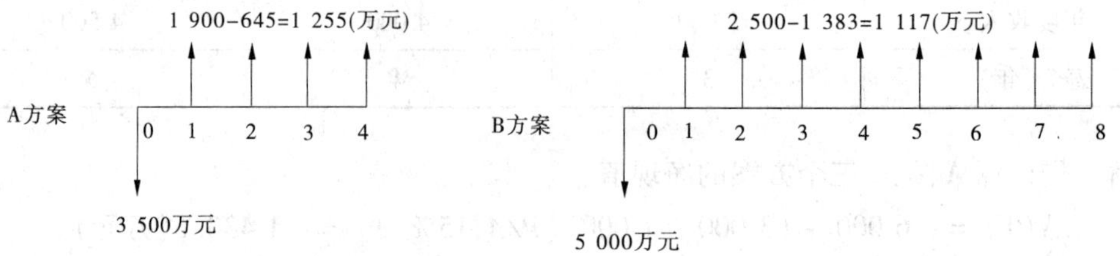

图 4-9　A、B 两方案的现金流量图

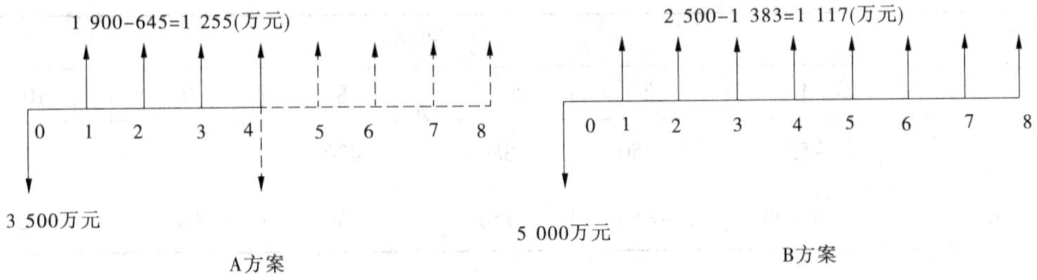

图 4-10 A、B 两方案等值现金流量图

(2)利用最小公倍数法计算两个方案的净现值,如图 4-10 所示。各方案净现值为

$$NPV_A = -3\,500 + (-3\,500)(P/F,10\%,4) + (1\,900 - 645)(P/A,10\%,8)$$
$$= 804.80(\text{万元})$$

$$NPV_B = -5\,000 + (2\,500 - 1\,383)(P/A,10\%,8) = 959.08(\text{万元})$$

由于 $NPV_B > NPV_A$,且 NPV_A、NPV_B 均大于零,故选择 B 方案为最佳方案。

3. 分析期法

在用最小公倍数法对互斥方案进行比选时,如果各个方案的最小公倍数较大,就需要对计算期较短的方案进行多次重复计算,这与实际情况显然是相符合的,因此用最小公倍数法得到的结论往往是缺乏可靠的信服度。此时,采用一种称为分析期法的评价方法进行方案的比选更为合理。

分析期法就是针对寿命期不同的互斥方案,直接选取一个适当的分析期作为各个方案共同的计算期,在此共同的计算期内对方案进行比选。

分析期的确定通常以互斥方案中最短的计算期作为互斥方案的共同分析期,比较各个方案在该计算期内的净现值来对方案进行比选,仍然是以净现值最大为最优方案。所以,分析期法又称为最小计算期法。在实际应用中,要对分析期以后的现金流量进行估算,以保证结论的正确性。

采用分析期法对寿命期不同的互斥方案进行比选时,其计算步骤、判别准则与净现值法完全一致。

【例 4-18】 某建设项目有 A、B 两个互斥方案,其寿命期不同,其现金流量如表 4-13 所示,试用分析期法对方案进行比选(设 $i_c = 10\%$)。

解 取有 A、B 两方案中较短的计算期为共同的计算期,也就是 $n = 8$ 年,分别计算当计算期为 8 年时 A、B 两方案的净现值。

$$NPV_A = -550 \times (P/F,10\%,1) - 350 \times (P/F,10\%,2) + 380 \times (P/A,10\%,5) \times (P/F,10\%,2) + 430 \times (P/F,10\%,8) = 601.78(\text{万元})$$

$$NPV_B = [-1\,200 \times (P/F,10\%,1) - 850 \times (P/F,10\%,2) + 750 \times (P/A,10\%,7) \times (P/F,10\%,2) + 900 \times (P/F,10\%,10)] \times (A/P,10\%,10)(P/A,10\%,8) = 1\,363.63(\text{万元})$$

由于 NPV_A、NPV_B 均大于零,而 $NPV_B > NPV_A$,所以方案 B 为最佳方案。

表 4-13　A、B 两个方案的净现金流量　（单位：万元）

方案	年序					
	1	2	3～7	8	9	10
A	－550	－350	380	430		
B	－1 200	－850	750	750	750	900

（四）无限寿命互斥方案的比选

有些项目的经济寿命很长，如我国的赵州桥有 1 400 多年的历史，对于这种寿命期无限长的，通常采用“无限寿命法”来进行项目的分析和比选更为方便些。常见的分析方法有现值法、年值法。

1. 现值法

由等额年金与现值的关系

$$A = P\frac{i(1+i)^n}{(1+i)^n-1} = P\left[\frac{i}{(1+i)^n-1}+i\right]$$

当 $n\to\infty$ 时，有

$$\frac{i}{(1+i)^n-1}=0 \quad 即 \quad \lim_{n\to\infty}\left[\frac{i}{(1+i)^n-1}+i\right]=i$$

故当 $n\to\infty$ 时，有

$$A = P\left[\frac{i}{(1+i)^n-1}+i\right] = Pi$$

即

$$P=\frac{A}{i} \tag{4-21}$$

判别准则：当 $NPV\geqslant 0$ 时，取净现值（NPV）最大的方案为最优方案；当仅需计算费用时，可采用费用现值法，即费用现值（PC）最小的方案为最优方案。

【例 4-19】　某河上建大桥，有 A、B 两处选点方案如表 4-14 所示，若基准折现率 i_c = 10%，试比较何者为优。

表 4-14　A、B 两处选点方案的净现金流量　（单位：万元）

方案	A	B
一次投资	3 080	2 230
年维护费用	1.5	0.8
再投资	5（每 10 年一次）	4.5（每 5 年一次）

解　（1）根据表 4-14 的净现金流量表，绘制现金流量图，如图 4-11 所示。

（2）计算各个方案的费用现值。

$$PC_A = 3\ 080 + \frac{1.5+5\times(F/A,10\%,10)}{10\%} = 3\ 891.87（万元）$$

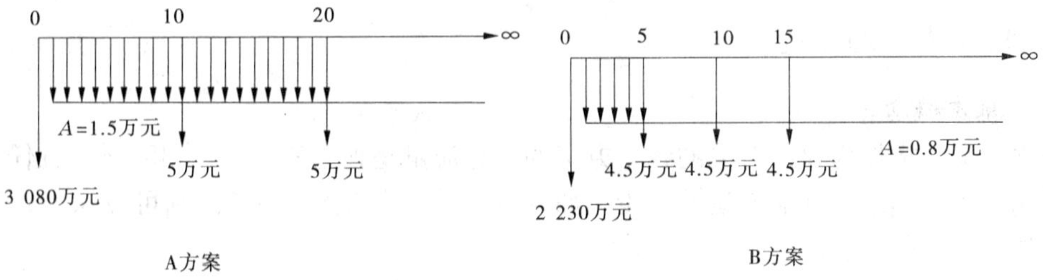

图 4-11　A、B 两方案等值现金流量图

$$PC_B = 2\ 230 + \frac{0.8 + 4.5 \times (F/A, 10\%, 5)}{10\%} = 2\ 512.73(\text{万元})$$

由于 $PC_B < PC_A$，故方案 B 为最优方案。

2. 年值法

由现值与等额年金的关系

$$P = A\frac{(1+i)^n - 1}{i(1+i)^n}$$

$$\lim_{n\to\infty}\left[\frac{1}{i} - \frac{1}{i(1+i)^n}\right] = \frac{1}{i}$$

当 $n\to\infty$ 时，有

$$P = A\frac{(1+i)^n - 1}{i(1+i)^n} = \frac{A}{i}$$

所以

$$A = Pi \tag{4-22}$$

判别准则：在 $NAV \geq 0$ 的所有方案中，选择净年值（NAV）最大的方案为最优方案；当仅需费用时，取费用年值（AC）最小的方案为最优方案。

【例 4-20】　两种疏浚灌溉渠道的技术方案：一种是用挖泥机清除渠底淤泥，另一种在渠底铺设永久性混凝土板，其费用如表 4-15 所示。当 $i_c = 5\%$ 时，试用年值法对两种方案进行比选。

表 4-15　两种疏浚渠道方案净现金流量　　（单位：元）

方案 A	费用	方案 B	费用
购买挖泥设备（寿命 10 年）	65 000	河底混凝土板（无寿命期限）	650 000
挖泥设备残值	7 000	年维护费用	1 000
年经营费	34 000	混凝土板维修（5 年一次）	10 000

解　采用费用年值法比较，有

$$AC_A = 65\ 000 \times (A/P, 5\%, 10) - 7\ 000 \times (A/F, 5\%, 10) + 34\ 000 = 41\ 861(\text{元})$$

$$AC_B = 650\ 000 \times 5\% + 10\ 000 \times (A/F, 5\%, 5) + 1\ 000 = 35\ 310(\text{元})$$

由于 $AC_B < AC_A$，故方案 B 优于方案 A，选择方案 B 为最佳方案。

二、独立方案的比选

(一)基本概念

独立方案是指作为评价对象的各个方案的现金流量是独立的,不具有相关性,且任一方案的采用与否都不影响其他方案的决策。如果决策的对象是单一方案,则可以认为是独立方案的特例。

独立方案的评价特点:独立方案的采用与否,只取决于方案自身的经济性,即只需检验它们是否能够通过净现值、净年值或内部收益率指标的评价标准。因此,多个独立方案与单一方案的评价方法是相同的。

独立方案经济评价常用的评价指标有净现值(*NPV*)、净年值(*NAV*)、内部收益率(*IRR*)等。凡按其各自评价标准通过的方案,则可认为它们在经济效果上是可以接受的,否则就应予以拒绝。

(二)独立方案评价的类型

独立方案的采纳与否,只取决于方案自身的经济效果,因此独立方案的评价与单一方案的评价方法相同。独立方案一般有无资源限制和有资源限制两种情况。

1. 无资源限制的情况

如果独立方案之间共享的资源足够多(没有限制),则任何一个方案的选择只与其自身的可行性有关,只要该方案在经济上是可行的,就可以采纳。此时,方案的选择与单方案的评价方法是一致的,只要利用净现值(*NPV*)或内部收益率(*IRR*)等指标对各个方案加以评价比选即可。值得一提的是,无资源限制并不是说有无限多的资源,而是资源足够多,完全可以满足所有方案的需要。

2. 有资源限制的情况

如果独立方案之间共享的资源是有限的,不能同时满足所有方案的需要,可能有些方案是可行的,而有些方案就是不可行的。在这种不超出资源限制的条件下,独立方案的选择一般常用两种方法:一是方案组合法,二是净现值率排序法。

1)方案组合法

方案组合法的基本原理就是:在资源限制的条件下,列出独立方案所有可能的组合,每种组合形成一个组合方案,所以可能的组合方案是互斥的,然后根据互斥方案的比选方法选择最优的组合方案就是独立方案的选择。

【例4-21】 有以下三个独立方案A、B和C,其寿命期均为10年,现金流量如表4-16所示。基准收益率 $i_c=8\%$,投资资金限额为12 000万元,试作出最佳的投资决策。

表4-16 方案A、B、C的现金流量表 (单位:万元)

方案	初始投资	年净收益	寿命(年)	净现值
A	3 000	600	10	1 026
B	5 000	850	10	704
C	7 000	1 200	10	1 052

解 三个方案的净现值都大于零,从单方案检验的角度都是可行的,但是由于投资总额是有限制的,因此三个方案不可能同时实施,只能是选择其中的一个或两个方案。

(1)列出不超过投资限额的所有组合方案。

(2)对每个组合方案内的各独立方案的现金流量进行叠加,作为组合方案的现金流量,并按投资额从小到大进行排列。

(3)按组合方案的现金流量计算各组合方案的净现值。

(4)对组合方案进行比选,选择净现值最大者为最优的组合方案。

详细结果如表 4-17 所示。计算结果表明方案 A 与方案 C 组合(A + C)为最佳组合方案,故最佳投资决策选择方案 A 与方案 C。

表 4-17 组合方案的现金流量及净现值表 (单位:万元)

序号	组合方案	初始投资	年净收益	寿命(年)	净现值	结论
1	A	3 000	600	10	1 026	
2	B	5 000	850	10	704	
3	C	7 000	1 200	10	1 052	
4	A + B	8 000	1 450	10	1 730	
5	A + C	10 000	1 800	10	2 078	最佳
6	B + C	12 000	2 050	10	1 756	

2)净现值率排序法

所谓净现值率排序法,是指将净现值率大于或等于零的各个方案按净现值率的大小从大到小进行排序,并依次序选取方案,直到所选取的组合方案的投资额最大限度地接近或等于投资限额。

【例 4-22】 有独立方案 A、B 和 C,其净现金流量如表 4-18 所示。基准收益率 $i_c = 8\%$,投资限额为 800 万元,试用净现值率排序法选出最佳的投资决策。

表 4-18 方案 A、B、C 三方案的净现金流量表 (单位:万元)

方案	年序		
	1	2 ~ 10	11
A	-350	62	80
B	-200	39	51
C	-420	76	97

解 (1)首先计算三个方案的净现值。

$$NPV_A = -350 \times (P/F, 10\%, 1) + 62 \times (P/A, 10\%, 9)(P/F, 10\%, 1) + 80 \times (P/F, 10\%, 11) = 34.46(\text{万元})$$

$$NPV_B = -200 \times (P/F, 10\%, 1) + 39 \times (P/A, 10\%, 9)(P/F, 10\%, 1) +$$

$$51\times(P/F,10\%,11)$$

$$=40.24(\text{万元})$$

$$NPV_C=-420\times(P/F,10\%,1)+76\times(P/A,10\%,9)(P/F,10\%,1)+97\times(P/F,10\%,11)$$

$$=50.08(\text{万元})$$

(2)计算各方案的投资现值。

$$I_{PA}=350\times(P/F,10\%,1)=318.18(\text{万元})$$

$$I_{PB}=200\times(P/F,10\%,1)=181.82(\text{万元})$$

$$I_{PC}=420\times(P/F,10\%,1)=381.82(\text{万元})$$

(3)计算各方案的净现值率。

$$NPVI_A=\frac{NPV_A}{I_{PA}}=\frac{34.46}{318.18}=10.83\%$$

$$NPVI_B=\frac{NPV_B}{I_{PB}}=\frac{40.24}{181.82}=22.13\%$$

$$NPVI_C=\frac{NPV_C}{I_{PC}}=\frac{50.08}{381.82}=13.12\%$$

然后将各个方案按净现值率从大到小依次进行排序,如表4-19所示。

表4-19　A、B、C三个方案的净现值率排序表　（单位:万元）

方案	净现值率(%)	净现值	投资额	累计投资额
B	22.13	40.24	200	200
C	13.12	50.08	420	620
A	10.83	34.46	350	970

根据表4-19可知,方案的选择顺序为B→C→A。由于资金限额为800万元,故最佳投资决策方案是方案B与方案C组合。

对于有资源限制的独立方案的比选,方案组合法和净现值率排序法各有其优劣。净现值率排序法的优点是计算比较简便,选择方案简明扼要;缺点是经常会出现资金没有被充分利用的情况,因而不一定能保证获得最佳组合方案。而方案组合法的优点是在各种情况下均能获得最佳的组合方案,但其缺点是计算比较烦琐。所以,在实际运用中,应该综合考虑各种因素的影响,选用适当的方法进行方案的选择。

小　结

为了评价和比较项目投资方案的经济效益,可以根据各个方案计算期内的现金流量计算有关指标,以确定方案经济效果的高低。这些评价指标按是否考虑资金的时间价值,可分为静态评价指标和动态评价指标。不考虑资金的时间价值的评价指标称为静态评价指标,主要包括静态投资回收期和投资收益率。考虑资金的时间价值的评价指标称为动态评价指标，主要包括净现值、净现值率、净年值、净将来值、内部收益率和动态投资收益率。静态评价指标用于工程经济数据不完备和不准确的项目的初选阶段，或寿命期很短以及各年收益大致相同的项目进行评价；动态评价指标则主要用于寿命期较长的项目以及年收益不同的项目进行评价。

多方案的分析与比较是项目评价的重要内容。在方案的比较和选择过程中，按照方案之间的经济关系常分为互斥方案和独立方案。

互斥方案之间存在着互不相容、互相排斥的关系。互斥方案的比较分为寿命期相同的比较、寿命期不同的比较和无限寿命期方案的选择。寿命期相同的互斥方案的选择分为净现值法与净年值法、费用现值法与费用年值法和差额内部收益率法。对于寿命期不同的互斥方案的选择，需要对各个备选方案的计算期和计算公式进行适当的调整后，才能进行分析与比较，常用的方法有年值法（是最适用的方法）、现值法（分为最小公倍数法和分析期法）。无限寿命期互斥方案的选择一般采用费用现值法和年值法。

独立方案之间不具有相关性，且任一方案的采用与否都不影响其他方案的决策。独立方案的比较常常采用净现值法、净年值法和内部收益率法等。

思考与练习题

4-1 什么是静态投资回收期、动态投资回收期、投资收益率？评价准则是什么？

4-2 什么是净现值？净现值评价指标有哪些特点？

4-3 什么是差额内部收益率？如何用差额内部收益率对互斥方案进行比选？

4-4 如何对寿命期不同的互斥方案进行比选？

4-5 当独立方案受资金限制时，用何种决策才能保证最优？

4-6 某方案的净现金流量如表4-20所示，若投资回收期为5年，试分别计算该方案的静态投资回收期和动态投资回收期（基准收益率为8%），并判断该方案的经济可行性。

表4-20 某方案的净现金流量 （单位：万元）

年份	0	1	2	3	4	5
净现金流量	-100	20	30	60	60	60

4-7 某方案的现金流量如表4-21所示，基准收益率为15%，试计算：

（1）动态投资回收期；

（2）净现值 NPV；

（3）内部收益率。

表4-21 某方案的现金流量 （单位：元）

年份	0	1	2	3	4	5
现金流量	-2 000	450	550	650	700	800

4-8 某项目初始投资为8 000万元，第1年年末现金流入为2 000万元，第2年年末现

金流入3 000万元，第3、4年年末现金流入均为4 000万元，若基准收益率为12%，计算该项目的净现值、净年值、净现值率。

4-9 已知方案A、B、C的有关资料如表4-22所示，当基准折现率为10%时，试分别用净现值法与内部收益率法对这三个方案选优。

表4-22 某方案的现金流量 （单位：万元）

方案	初始投资	年收入	年支出	经济寿命(年)
A	3 000	1 800	800	5
B	3 650	2 200	1 000	5
C	4 500	2 600	1 200	5

4-10 有A、B两个互斥方案，方案A初始投资为15 000元，期末回收残值为5 000元；方案B初始投资为0元，每季度将损失2 000元，两方案的寿命期都为5年，假如利息按年利率10%，每季度计息一次，试比较哪个方案最优。

4-11 有A、B两个寿命期不同的互斥方案，基准收益率为10%，两方案净现金流量如表4-23所示。试用分析期法和净年值法比较两方案优劣。

表4-23 某方案的现金流量 （单位：万元）

年份	0	1	2	3	4	5	6	7	8	9	10
方案A	-1 000	-500	600	600	600	600	600	600	600		
方案B	-1 500	-700	-700	700	700	700	700	700	700	700	700

4-12 某施工机械有两种不同型号，其有关数据如表4-24所示，年利率为10%，试问购买哪种型号的机械比较经济。

表4-24 某施工机械的现金流量 （单位：万元）

方案	初始投资	年经营收入	年经营费	残值	寿命(年)
A	120 000	70 000	6 000	20 000	10
B	90 000	70 000	8 500	10 000	8

4-13 有四个独立方案，其数据如表4-25所示，若预算资金为30万元，各方案寿命均为8年，折现率为12%，应选择哪个方案？

表4-25 四个独立方案的现金流量 （单位：万元）

方案	A	B	C	D
初始投资	15	14	13	17
年净收益	5	4	3.5	5.5

4-14 欲在某河上建一座大桥，经考虑有A、B两处可供选点，在A地建桥其投资为

1 200 万元，年维护费 2 万元，水泥桥面每 10 年翻修一次需 5 万元；在 B 点建桥，预计投资 1 100 万元，年维护费用 8 万元，该桥每 3 年粉刷一次 3 万元，每 10 年整修一次 4 万元，若利率为 10%，试比较哪个方案较优。

4-15 在两个城市之间，解决其交通问题的方案有两个：一个方案是修一条铁路投资 2 000万元，然后每20 年再补加投资 1 000 万元，这条铁路就可以永久使用；另一个方案是投资 3 000 万元，修一条运河，永久使用。这两个方案均能满足运输要求，假定年利率为 8%，试选择最优方案。

4-16 为了满足两地交通运输增长的需要，拟在两地之间建一条高速公路，也可以考虑两个项目同时上。如果两个项目同时上，由于分流的影响，两个项目的现金流量将会受到影响。基准收益率为 10%，根据表 4-26 提供的数据，对方案进行选择。

表 4-26 A、B 两方案现金流量 （单位：万元）

方案	年末			
	0	1	2	3 ~ 32
A	-30 000	-30 000	-30 000	15 000(12 000)
B	-15 000	-15 000	-15 000	9 000(5 250)

注：表中括号内的数据为两个项目同时上时的现金流量。

第五章　工程项目不确定性分析

【学习要求】

理解不确定性分析的含义和目的，掌握盈亏平衡分析、敏感性分析和风险分析的基本原理和分析计算方法。

第一节　概　述

工程项目的评价和投资决策需要采用大量的数据，而被采用的数据如投资资金、寿命、产量、销售价格、费用成本、收益率等参数在很大程度上是不确定的，这些数据大部分来自对工程项目未来情况的估计和预测。这些因素发生变化时，对建设项目方案的经济效果和经济评价会产生影响。因此，项目的投资者和决策者应对各种因素进行分析，通过计算和分析因素的可能变动对方案经济评价的影响程度，使投资者尽量弄清和减少不确定性因素对经济效益的影响，预测项目投资对某些不可预见的政治与经济风险的抗冲击能力，从而确保项目投资的可靠性和稳定性，避免投产后不能获得预期的利润和收益，以致投资项目亏损。

不确定性因素的产生主要有：①通货膨胀和物价变动；②技术装备和生产工艺变革；③生产能力的变化；④建设资金和工期的变化；⑤国家经济政策和法规、规定的变化。例如，企业的经营决策将受到国家经济政策调整、市场需要变化、原材料和外协件供应条件改变、产品价格涨落、市场竞争加剧等因素的影响，这些因素大都无法事先加以控制。因此，为了作出正确决策，需要对这些不确定因素进行技术经济分析，计算其发生的概率和对决策方案的影响程度，从中选择经济效果最好（或满意）的方案。

工程项目不确定性分析的方法包括盈亏平衡分析、敏感性分析和风险分析。一般来讲，盈亏平衡分析只适用于工程项目的财务评价，而敏感性分析和风险分析则可以同时用于财务评价和国民经济评价。

第二节　盈亏平衡分析

工程项目的盈亏平衡分析是指在一定的市场、生产能力的条件下，研究项目正常生产年份的产品产量（或销售量）、变动成本、固定成本、产品价格和销售税金等变量之间的关系，分析项目的成本与收益平衡关系的一种方法。

一、盈亏平衡点的概念

盈亏平衡分析的目的是找出由于因素的变化使项目由盈利到亏损的临界点，这个临界点称为盈亏平衡点。根据盈亏平衡点来判断项目风险的大小以及项目对风险的承受能力，为投资者提供科学决策的依据。

盈亏平衡分析按成本、销售收入与产量之间是否呈线性关系可分为线性盈亏平衡分析和非线性盈亏平衡分析。本节仅介绍线性盈亏平衡分析。

二、盈亏平衡点的确定

盈亏平衡点反映了项目达到一定的生产经营水平时,该项目的收益与成本的平衡关系。盈亏平衡点通常用产量来表示,也可以用生产能力利用率、销售收入或产品单价来表示。

线性盈亏平衡分析依据以下几个基本假设条件:

(1)产品的产量与销售量是一致的;

(2)单位产品的销售价格保持不变;

(3)单位产品的变动成本不变。

线性盈亏平衡分析的基本公式如下

$$R = C \tag{5-1}$$

式中 R——项目的总收益;

C——项目的总成本。

R 和 C 通常都是产品产量的函数,因此由式(5-1)即可求出项目在盈亏平衡点处的产量 Q^*,它也可称为盈亏平衡产量或最低经济产量。

在一般企业中,收益是产品的单价与销售量的乘积,成本则包括变动成本和不变成本,变动成本和产量成正比,不变成本不随产量而变化。其可用下式表示为

$$R = (P - t)Q \tag{5-2}$$

式中 P——单位产品价格;

t——单位产品销售税金及附加;

Q——产品产量(销售量)。

$$C = F + VQ$$

式中 F——固定成本;

V——单位产品变动成本。

设盈亏平衡产量为 Q^*,则当 $Q = Q^*$ 时,有 $R = C$,即 $(P - t)Q^* = F + VQ^*$,可解得

$$Q^* = \frac{F}{P - t - V} \tag{5-3}$$

盈亏平衡点用生产能力利用率、单位产品价格等指标来表示,其表达式如下

$$\text{生产能力利用率} = \frac{Q^*}{Q_0} \times 100\% \tag{5-4}$$

式中 Q_0——设计生产能力。

$$\text{单位产品价格} = \frac{F}{Q_0} + V + t \tag{5-5}$$

线性盈亏平衡分析也可用图形表示,收益线与成本线的交点即为盈亏平衡点,如图 5-1 所示。

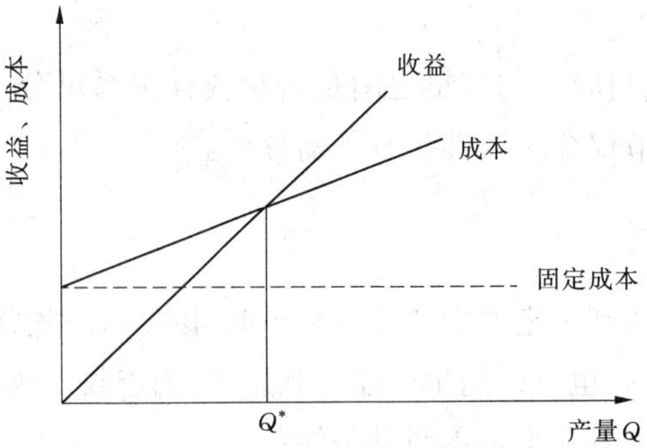

图 5-1　盈亏平衡图

从盈亏平衡图可以直观看出：当产量水平低于盈亏平衡产量 Q^* 时，收益线在成本线的下方，项目是亏损的；当产量水平高于盈亏平衡产量 Q^* 时，收益线在成本线的上方，项目是盈利的。盈亏平衡点越低，达到该点的盈亏平衡产量和收益与成本也就越少，项目盈利的机会就会越大，亏损的风险就越小。

【例 5-1】　某新建项目生产某产品，根据市场预测估计每件售价为 400 元，已知该产品单位产品变动成本为 350 元，年固定成本为 120 万元，试求该项目的盈亏平衡产量。

解　根据收益、成本与产量的关系，可有

$$R = PQ = 400Q$$

$$C = \text{固定成本} + \text{变动成本} = \text{固定成本} + \text{单位产品变动成本} \times \text{产量}$$
$$= 1\ 200\ 000 + 350Q$$

设该项目的盈亏平衡年产量为 Q^*，则当年产量为 Q^* 时，应有

$$R = C$$

即
$$400Q^* = 1\ 200\ 000 + 350Q^*$$

解得
$$Q^* = 24\ 000(\text{件})$$

即项目的盈亏平衡产量为 24 000 件。

【例 5-2】　某项目设计生产能力为年产 12 万件产品，根据资料分析，估计单位产品价格为 670 元，单位产品的变动成本为 250 元，固定成本为 1 500 万元，试用产量、生产能力利用率、单位产品价格分别表示项目的盈亏平衡点。已知每件产品交付的税金为 160 元。

解　根据题中所给条件，可有

$$R = (P - t)Q = (670 - 160)Q = 510Q$$

$$C = F + VQ = 1\ 500 + 250Q$$

解得
$$Q^* = 1\ 500/(510 - 250) = 5.77(\text{万件})$$

$$\text{生产能力利用率} = \frac{5.77}{12} \times 100\% = 48.08\%$$

$$\text{单位产品价格} = \frac{1\ 500}{12} + 250 + 160 = 535(\text{元})$$

即说明该项目保持盈利的生产年产量不能少于 5.77 万件，单位产品的销售价格不能低于 535 元，生产能力利用率至少为 48.08%。

第三节 敏感性分析

一、敏感性分析的含义

不确定因素的变化会引起项目经济指标的变化，有的因素可能对项目经济的影响较小，而有的因素可能会给项目经济效果带来大幅度的变动，一般将给项目经济效果影响较大的因素称为敏感性因素。敏感性分析是指从不确定性因素中找出对投资项目经济效益指标有重要影响的敏感性因素，并分析、测算其对项目经济效益指标的影响程度和敏感性程度，进而判断项目承受风险能力的一种不确定性分析方法。

在建设项目计算期内，不确定性因素主要有固定资产投资、产量(生产负荷)、产品销售价格或主要原材料与劳动力价格、产品生产成本、变动成本、项目寿命期、外币汇率等。根据每次考虑的变动因素不同，敏感性分析又分为单因素敏感性分析和多因素敏感性分析。本节只介绍单因素敏感性分析的方法。

敏感性分析能使投资者了解不确定因素对项目经济评价指标的影响，从而使投资者对最敏感的因素提出相应的决策和预防措施。

二、单因素敏感性分析

单因素敏感性分析是指每次只有一个因素变动，而其他的因素不变时所进行的敏感性分析。

敏感性分析的一般步骤为：

(1)选定对项目影响比较大的主要因素，并设定这些因素的变化范围。

(2)确定敏感性分析的经济评价指标，一般采用内部收益率、投资回收期、净现值等作为敏感性分析的指标。

(3)计算各个主要因素在其变化范围内发生可能的浮动幅度对经济评价指标的影响结果，然后将计算所得结果列表或绘图，以便分析比较。

(4)确定敏感因素，对方案的风险情况作出判断。

【例 5-3】 设某项目基本方案的参数估算值如表 5-1 所示，基准收益率 $i_c = 12\%$，试就销售收入、经营成本和投资三个影响因素对投资方案进行敏感性分析。

表 5-1 基本方案参数估算表 (单位：万元)

因数	期初投资 I	年销售收入 CI	年经营成本 CO	寿命 n(年)
估算值	1 000	500	200	6

解 (1)以销售收入、经营成本和投资为分析的不确定影响因素。

(2)选择项目的内部收益率为评价指标。

(3)作出本方案的现金流量如图 5-2 所示。

由计算式 $-I + (CI - CO)\sum_{t=1}^{6}(1 + IRR)^{-t} = 0$ 得

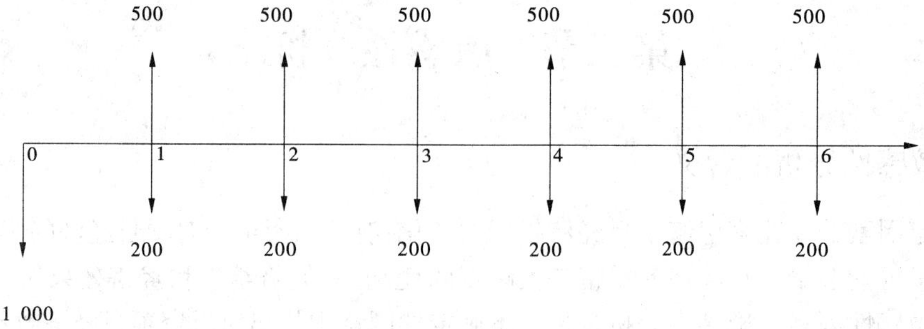

图 5-2　现金流量图　（单位：万元）

$$-1\ 000 + (500 - 200)\sum_{t=1}^{6}(1 + IRR)^{-t} = 0$$

采用线性内插法可求得

$$NPV(i_1 = 15\%) = 135.34 \text{ 万元} > 0$$

$$NPV(i_2 = 20\%) = -2.35 \text{ 万元} < 0$$

所以

$$IRR = 15\% + \frac{135.34}{135.34 + 2.35} \times (20\% - 15\%) = 19.91\%$$

（4）计算销售收入、经营成本和投资变化对内部收益率的影响，结果如表 5-2 所示。

表 5-2　单因素敏感性分析表　（单位：万元）

变化因素	变化率				
	-10%	-5%	基本方案	+5%	+10%
销售收入	13.70	16.61	19.91	23.32	26.53
经营成本	22.68	21.33	19.91	18.66	17.32
投资	21.45	22.12	19.91	18.10	16.28

关于内部收益率的敏感性分析如图 5-3 所示。

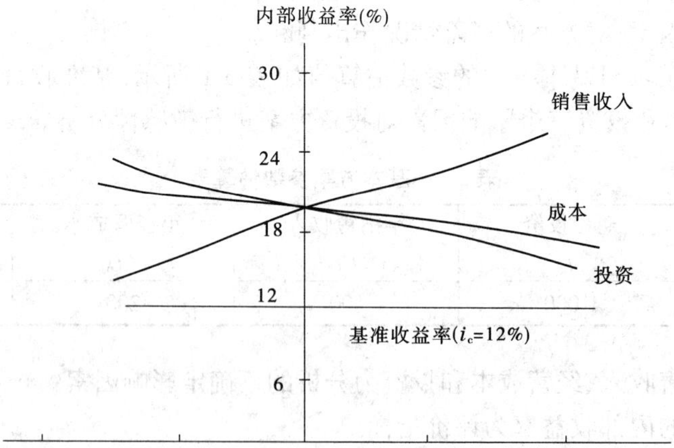

图 5-3　内部收益率的敏感性分析图

由图 5-3 可知，$NPV(i) = -I + (CI - CO)(P/A, i, 6)$，令 $NPV(i_c = 12\%) = 0$，即可得

$$CI_{临界值} = 443 \qquad CO_{临界值} = 257 \qquad I_{临界值} = 1\ 233$$

因此，当收入下降幅度超过 11.4%，或者年经营成本增长幅度超过 28.5%，或者投资增加幅度超过 23.3% 时，将有 $IRR < i_c$，方案变得不可行。

由此可见，按内部收益率对各因素的敏感程度排序依次为：销售收入→投资→经营成本，这就要求决策者和经营者应对销售收入作进一步更准确的测算。

第四节 风险分析

敏感性分析能够指出项目评价经济指标对各不确定因素的敏感程度，找出敏感因素，但它不能说明不确定因素发生变动的可能性是多少，没有考虑不确定因素在未来发生的概率。因此，项目投资者若要了解不确定因素的变化对项目经济评价指标的影响产生的可能性大小，必须进行项目的风险分析。

风险分析是通过研究各种不确定因素发生不同变动幅度的概率分布及其对项目经济效益指标的影响，对项目可行性和风险性以及方案优劣作出判断的一种不确定性分析法。风险分析常用于对大中型重要若干项目的评估和决策。

风险分析法很多，常用的方法是来计算项目净现值的期望值及净现值大于或等于零的累计概率来测定项目风险大小，为投资者决策提供依据。

风险分析的一般计算步骤是：

(1) 列出各种应考虑的不确定因素，如投资、经营成本、销售价格等，需要注意的是，所选取的不确定因素应是互相独立的。

(2) 设想各种不确定因素可能发生的变化情况，即确定其数值发生变化的几种情况。

(3) 分别确定各种情况出现的可能性及概率，各个不确定因素可能发生的情况的概率之和必须等于 1。

(4) 计算目标值的期望值。根据方案的具体情况选择适当的方法。假若采用净现值为目标值，则一种方法是，将各年净现金流量所包含的各不确定因素在各可能情况下的数值与其概率分别相乘后再相加，得到各年净现金流量的期望值，然后求得净现值的期望值。另一种方法是直接计算净现值的期望值。

(5) 求出目标值大于或等于零的累计概率。

(6) 对概率分析结果作出说明。

以净现值指标的分析为例，设某方案的寿命期为 n 年，在各种不确定因素综合影响下，该方案的净现金流量序列呈 k 种状态，于是在第 j 种状态下，方案的净现值为

$$NPV^{(j)} = \sum_{t=1}^{n} Y_t^{(j)} (1 + i_0)^{-t} \tag{5-6}$$

$$Y_t^{(j)} = \{ Y_t \mid t = 0, 1, 2, \cdots, n \} \quad j = 1, 2, 3, \cdots, k \tag{5-7}$$

式中 Y_t——第 t 年的净现金流量，$Y_t = (CI - CO)_t$；

k——自然数，其值为各个输入变量能取值的个数的连乘积。

假定,各种状态发生概率是已知的,则有

$$P_j \geqslant 0(j=1,2,\cdots,k) \quad \sum P_j = 1$$

于是方案净现值的期望值计算公式为

$$E(NPV) = \sum_{t=1}^{k} NPV^{(j)} \times P_j \tag{5-8}$$

式中 $E(NPV)$——NPV 的期望值;

$NPV^{(j)}$——各种现金流量情况下的净现值;

P_j——对应各种现金流量情况的概率值。

【例 5-4】 某工程项目的现金流量如表 5-3 所示,根据预测和经验判断,开发成本、销售收入(二者互相独立)可能发生的变化及其概率见表 5-4。试对项目进行概率分析并求净现值大于或等于期望值的概率,取 $i_0=10\%$。

表 5-3 现金流量表 (单位:万元)

年份	1	2	3	4	5~10
销售收入	—	3 000	5 000	8 000	11 000
开发成本	15 000	15 000	15 000	12 000	1 000
净现金流量	-15 000	-12 000	-10 000	-4 000	10 000

解 按以下步骤进行分析和计算。

(1)分析的不确定因素为开发成本和销售收入。

(2)不确定因素可能发生的变化及其概率见表 5-4。

表 5-4 因素变动及概率

因素	变幅		
	-10%	0	+10%
销售收入	0.3	0.6	0.1
开发成本	0.1	0.4	0.5

(3)利用概率状态图列出本项目净现金流量序列的全部可能状态,共 9 种,如图 5-4 所示。

(4)分别计算项目净现金流量序列各状态的概率 $P_j(j=1,2,\cdots,9)$。

$$P_1 = 0.5 \times 0.1 = 0.05$$

$$P_2 = 0.5 \times 0.6 = 0.30$$

其余类推,结果如表 5-5 所示。

(5)分别计算各状态下的项目净现值 $NPV^{(j)}(j=1,2,\cdots,9)$。

$$NPV^{(1)} = \sum_{t=1}^{9} (CI-CO)_t^1 (1+10\%)^{-t} = 10\,726.67(\text{万元})$$

$$NPV^{(2)} = \sum_{t=1}^{9}(CI - CO)_t^1(1+10\%)^{-t} = 4\ 766.41(万元)$$

其余状态类似可得,结果列于表 5-5 中。

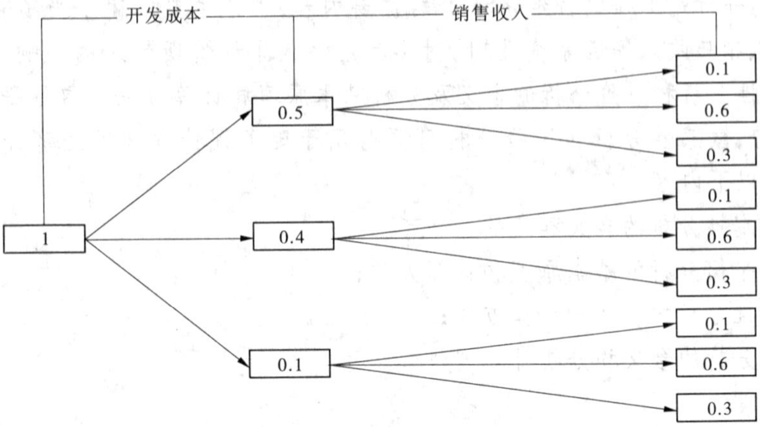

图 5-4　概率状态图

(6)计算加权净现值 $NPV^{(j)} \times P_j (j=1,2,\cdots,9)$,结果见表 5-5,然后依式求得项目净现值的期望值 $E(NPV)=6\ 565.48$ 万元。

表 5-5　净现值表

j	P_j	$NPV^{(j)}$	$NPV^{(j)} \times P_j$
1	0.05	10 726.67	536.334
2	0.30	4 766.41	1 429.923
3	0.15	−1 194.07	−179.111
4	0.04	15 712.17	628.487
5	0.24	9 751.70	2 340.408
6	0.12	3 791.23	454.948
7	0.01	20 697.47	206.975
8	0.06	14 737	884.22
9	0.03	8 776.53	263.296
合计	1.00		6 565.48

(7)计算得项目净现值为非负的概率为

$$P(NPV \geqslant 0) = 1 - F(0) = 1 - 0.15 = 0.85$$

项目净现值大于或等于期望值的概率为

$$P(NPV \geqslant E(NPV)) = P_1 + P_4 + P_5 + P_7 + P_8 + P_9 = 0.43$$

(8)结论:因 $E(NPV) = 6\ 565.12$ 万元 >0,故本项目是可行的;又 $P(NPV \geqslant 0)=0.85$ 以及 $P(NPV \geqslant E(NPV))=0.43$,说明项目具有较高的可靠性,且获得可观经济效果的可能性是不小的。

小　结

不确定性分析是工程项目经济评价的主要内容，本章主要阐述了当项目的资金、投资、经营成本、销售收入等因素变化时，对项目经济效果评价所带来的影响，包括盈亏平衡分析、敏感性分析和风险分析的含义及分析基本原理和计算方法。盈亏平衡分析只适用于财务评价，敏感性分析和风险分析可同时用于财务评价和国民经济评价。通过学习，主要掌握以下内容：

(1)不确定性分析的含义和目的；

(2)盈亏平衡分析的基本原理和计算方法；

(3)敏感性分析的含义和计算方法；

(4)风险分析的含义和分析计算方法。

思考与练习题

5-1　不确定性分析的含义是什么？

5-2　盈亏平衡分析的含义是什么？盈亏平衡点的生产能力利用率说明什么问题？

5-3　敏感性分析的目的是什么？要经过哪些步骤？敏感性分析有什么不足之处？

5-4　某企业生产某种产品，设计年产量为 10 000 件，预计每件产品的出厂价格为 80 元，企业每年固定成本为 80 000 元，每件产品成本为 40 元，试求：

(1)企业不盈不亏时的最低产量；

(2)企业年利润为 60 000 元的产量。

5-5　某设计方案年生产量为 10 万 t。预计每吨产品的销售价格为 600 元，每吨产品交付的税金为 150 元，单位产品的可变成本 220 元，年总固定成本为 1 200 万元，试分别用产量和生产能力利用率计算盈亏平衡点。

5-6　某投资项目的主要经济参数如表 5-6 所示，基准收益率为 12%。试分析当投资、年收入和年支出费用单独改变时对净现值的敏感性，并指出最敏感性因素。

表 5-6　方案的经济参数表

参数	初始投资（万元）	寿命（年）	年销售收入（万元）	年支出费用（万元）	基准收益率（%）
数值	100	10	140	85	12

5-7　某建设项目年产某产品 10 万台，每台售价 1 000 元，单台成本 580 元，项目投资 9 000 万元，税率 10%，项目寿命期 15 年。选定产品售价、投资、成本、产量四个变量因素，各按 ±10% 和 ±15% 的幅度变动，试对该项目的投资利润作敏感性分析。

5-8　某工程项目需要投资 20 万元，建设期 1 年。根据预测，项目在寿命期内的年收入为等值，但有三种可能性，分别为 5 万元、10 万元、12 万元，各自发生的概率分别为

0.3、0.5 和 0.2。项目寿命期有可能为 2 年、3 年、4 年和 5 年，发生的概率分别为 0.2、0.2、0.5 及 0.1。假设项目的基准折现率 $i_c=10\%$，试计算项目净现值的期望值和净现值大于零的累计概率。

第六章　工程项目融资

【学习要求】

了解工程项目融资的意义和特征;熟悉工程项目资金总额的构成和融资方式,工程项目的资金来源及筹措;掌握融资方案分析。

第一节　概　述

一、工程项目融资的概念

融资又称资金筹措,是以一定的渠道为某种特定活动筹集所需资金的各种活动的总称。拥有闲置资金并融出资金的机构或个人,其融出资金的目的是获取利息或分享收益,以便提高资金的使用效益;而融入资金的投资者,其融入资金的目的则是弥补投入能力的不足,摆脱自有资金的限制,以相对较少的资金来启动较大的投资项目,从而达到获取更大经济效益的目的。

工程项目融资是投资者为确保投资项目的顺利实施而进行的融通资金的活动,包括资金筹措与资金供应两个方面。

二、工程项目融资的意义

资金问题历来都是投资者最为关切和颇费心机的问题,任何一个投资者,要想在激烈的市场竞争中获得成功,除取决于其技术能力、管理经验以及信誉外,还与其筹集资金的能力和使用资金的本领有关。就工程项目投资而言,即使投资者已经获取了工程建设用地的土地使用权,如果该投资者缺乏筹集资金的实际能力,不能事先把建设资金安排妥当,其结果很可能因资金拮据而以失败告终。

从金融机构的角度来说,其拥有的资金如果不能及时融出,就会由于通货膨胀的影响而贬值,如果这些资金是通过吸收储蓄存款而汇集的,则还要垫付资金的利息。所以,金融机构只有设法及时地将资金融出,才能避免由于资金闲置而造成的损失。当然,金融机构在融出资金时,要遵循流动性、安全性和盈利性原则。

世界各国的实践表明:建筑与房地产业是吸纳金融机构信贷资金最多的行业。工程项目投资者是金融机构最大的客户群之一,也是各金融机构最重要的争夺对象。

三、工程项目融资的特征

(一)项目导向

项目导向主要依赖于项目的现金流量和资产,而不依赖于项目的投资者或发起人的资信。采用项目融资,可以获得较高的贷款比例,一般资产负债率在70%以上,有的甚至达到100%。项目融资的贷款期限可以根据项目的具体需要和寿命周期来确定,可以比一般商业贷款期限长。

(二)有限追索

追索是指在借款人未按期偿还债务时,贷款人要求借款人用除抵押资产外的其他资产偿还债务的权利。有限追索,即债权人除要求项目发起人履行所商定的承诺外,无权对发起人其他财产提出要求。这样,发起人只需投入有限资金,就可以通过项目融资方式获得一个具有有限追索权或无追索权的资金来源,从而筹集到项目建设所需的全部资金。

(三)风险分担

为了实现项目融资的有限追索,对于与项目有关的各种风险要素,需要以某种形式在项目投资者(借款人)、与项目开发有直接或间接利益关系的其他参与者和贷款人之间进行分担。

(四)非公司负债型融资

非公司负债型融资是指项目的债务不表现在项目投资者(即实际借款人)的公司资产负债表中的一种融资形式。项目发起人以股东身份组建项目公司,该项目公司为独立法人,从法律上与股东分离。

(五)信用结构多样化

在项目融资中,用于支持贷款的信用结构的安排是灵活、多样的。

(六)融资成本较高

与传统的融资方式比较,项目融资中存在的一个主要问题是,投资者和贷款人要求的条件较多,如贷款方要求对项目贷款使用以及技术进展情况进行有效监督,要求收益高于同行业,附加条件苛刻,组织实施的程度复杂,所需要的时间较长,融资成本较高。

四、项目融资的框架结构

项目融资由以下四个基本模块组成。

(一)项目的投资结构

投资结构即项目的资产所有权结构,是指项目的投资者与项目资产者之间的法律合作关系。

(二)项目的融资结构

融资结构是项目融资的核心部分。一旦项目的投资者在确定投资结构问题上达成一致意见,接下来的重要工作就是要设计和选择合适的融资结构,以实现投资者在融资方面的目标要求。

(三)项目的资金结构

资金结构设计用于决定在项目中股本资金、准股本资金和债务资金的形式、相互之间的比例关系,以及相应的来源。资金结构是由投资结构和融资结构决定的,但反过来又会影响到整体项目融资结构的设计。

(四)项目的信用保证结构

对于银行和其他债权人而言,项目融资的安全性来自两个方面:一方面来自项目本身的经济强度,另一方面来自项目之外的各种直接或间接的担保。

五、项目融资的参与者

(1)项目的直接主办人。

(2)项目的实际投资者。

(3)项目的贷款银行。

(4)项目产品的购买者/项目设施的使用者。

(5)项目建设的工程公司/承包公司。

(6)项目融资顾问。

(7)有关政府机构。

(8)法律/税务顾问。

六、完成项目融资的阶段与步骤

从项目的投资决策起,到选择项目融资的方式为项目筹集资金,一直到最后完成该项目融资,大致上可分为以下五个阶段。

(一)投资决策分析

从严格意义上讲,这一阶段也可以不属于项目融资所包括的范围。对于任何一个投资项目,都需要经过相当周密的投资决策分析。然而,一旦作出投资决策,接下来的主要工作就是确定项目的投资结构,它与将要选择的融资结构和资金来源有着密切的关系。

(二)融资决策分析

在这一阶段,项目投资者将决定采用何种融资方式为项目筹集资金,取得融资渠道。

(三)融资结构分析

融资结构分析就是各种资金的结构及其比例关系的对比分析,如对长期融资和短期融资的结构比例关系、负债融资和权益融资的结构比例关系等进行分析比较,以确定合理的融资结构。设计项目融资结构的一个重要步骤是完成对项目的分析评估。

(四)融资谈判

在初步确定了项目融资方案之后,融资顾问将有选择地向商业银行或其他一些金融机构发出参加项目融资的建议书,组织贷款银团,着手起草项目融资的有关文件。

(五)项目融资的执行

在正式签署项目融资的法律文件之后,融资的组织安排工作就结束了,项目融资将进入执行阶段。

第二节　工程项目资金总额的构成和融资方式

一个工程项目的成功兴建,离不开所需总资金和分年度所需资金得到足够的、持续的供应。投资者在进行项目的投资决策过程中,除需评价该项投资的经济效果外,很重要的一项工作就是要考虑用于该项投资的资金来源,广开资金来源渠道,并且使筹措的资金、币种及投入时序与项目建设进度和投资使用计划相匹配,确保项目建设和运营顺利进行。

一、工程项目资金总额的构成

一个工程项目的资金总额由自有资金、赠款和负债三部分构成。

(一)自有资金

自有资金是投资者有权支配使用、按规定可用于固定资产投资和流动资金的资金,负债是项目从外部筹措的需要还本付息的资金。通常,工程项目自有资金与负债的比例要适当。从投资者的角度而言,比较理想的是尽可能多地通过负债筹集资金。这样做,虽然要支付较多的利息,但投资者的风险可以更多地转嫁给资金的提供者,还可以使投资者合理避税,同时提高自有资金的回报率。但是,根据利益共享、风险共担的原则,只有在投资者投入一定比例的自有资金的条件下,其他资金提供者才会向项目提供资金。如国内的金融机构,一般都要求投资者的注册资金达到项目资金总额的30%。

投资者投入的自有资金,可能全部作为资本金,也可能部分作为资本金。一般情况下,投资者投入的自有资金全部作为资本金。如果资金充裕,投资者投入的资金可以大于资本金。因此,自有资金既是投资者"赚取利润"的本钱,也是其"承担投资风险"的具体表现。自有资金一般来自于投资者的积累、职工的集资、上级主管部门或总公司拨入的资金以及向社会公众公开发行股票所筹集的资金等。

(二)负债

对于大中型项目,因为所需的投资额比较大,投资者的自有资金是有限的,为了实现规模经济,同时分散风险,一般要通过负债的形式为项目筹集资金。在现代化的大生产过程中,负债是投资者从外部筹集资金的最主要的方式。

从自有资金的使用效率来讲,投资者也需要通过负债的方式为项目筹集资金。自有资金回报率是通过整个项目的投资回报率实现的,如果缺少投资组合和科学的风险分散机制,就难以达到满意的项目投资回报率。投资者只有投入一定的自有资金,带动更多的其他资金投入,实现投资的规模效益和风险的分散,才能使项目投资回报率提高,从而达到提高自有资金投资回报率的目的。

二、工程项目的融资方式

(一)直接融资与间接融资

在资金融通的过程中,按融入和融出资金双方接触与联系方式的不同,可以将资金融通划分为直接融资和间接融资两种。

直接融资是指拥有暂时闲置资金的企业(或机构)与资金短缺需要补充资金的企业,相互间直接进行协议或在金融市场上前者购买后者发行的有价证券,将货币资金提供给需要补充资金的企业使用,从而完成融资的过程。

直接融资所采用的方式主要是发行股票和(或)债券。发行股票和(或)债券可以有两种方式:一是委托有关证券公司办理相关发行手续,在资本市场上发行股票和(或)债券;另一种是企业在内部筹集资金。前者尽管是由证券公司代办的,但并不改变直接融资的特征,项目所需资金与证券公司所筹资金在数量、种类和投放渠道上保持一致,证券公司只起了一个"代办"的作用。而后者则是名副其实的直接融资,因为融资者直接与内部职工发生资金融通业务,与外界社会并不发生关系。一般情况下,当企业的资金需求量较小时,多采用内部直接融资方式。与利用证券公司代办融资业务要支付一定的手续费相比,内部直接融资的方式不但不需要支付手续费,而且不需要与其他任何经济实体进行交易,减少了交易成本,因而融资成本较低。

直接融资的特点是:双方直接接触,基本没有中间环节;投资者收益较高,但风险较大,而金融机构不承担任何风险,收益很小。

间接融资则是指暂时拥有闲置资金的企业(或机构)通过存款的形式,或购买金融机构发行的有价证券,将其暂时闲置的资金先行提供给这些金融中介机构,然后由这些金融中介机构以贷款等形式或通过购买需要资金的企业发行的有价证券,把资金提供给这些企业使用,从而实现融资的过程。

在间接融资方式下,金融机构不仅仅是“代办者”,而更主要是“参与者”。金融机构参与项目的筹资活动,其目的是自身盈利的需要。它一般是由证券公司、信托投资公司(以上两类公司主要从事投资银行业务)、银行和保险公司等广泛地向社会各界融通资金,然后有选择地贷放给或投资于项目,满足工程项目的资金需要。

间接融资的基本特征是资金融通通过金融中介来进行的,由金融机构筹集资金和运用资金两个环节构成。投资机构收益较高,但风险较大。

一般来说,间接融资方式要比直接融资方式有较多的优越性。直接融资是一种资金直接供给方式,像物物交换一样,受到融资双方在资金数量、信誉、时间、地点和范围等方面的限制;而间接融资则是一种可以无限扩展的融资方式,金融机构与项目在融资金额、融资方式、融资报酬以及融资期限等方面是完全分开的。工程项目的融资并不受某一个金融机构的局限,它可以同时从多个金融机构处筹集到所需资金。金融机构所进行的融资业务是其正常业务的一部分,并不受某一个企业或项目资金需求量的约束。银行等金融机构可以在社会范围内集中资金,融资规模可大可小,方式灵活,资金的运用也更加合理有效,且有利于中央银行进行宏观的金融控制。

(二)长期融资和短期融资

企业和项目的资金筹措,必须分清是需要长期资金还是短期资金,二者的融资方式不同,融资成本不同,面临的融资风险也不同。

长期融资是指企业因购建固定资产、无形资产或进行长期投资等资金需求而筹集的使用期限在一年以上的融资。长期融资通常通过吸收直接股权投资、发行股票、发行长期债券或进行长期借款等融资方式进行融资。

短期融资是指企业因季节性或临时性资金需求而筹集的使用期限在一年以内的融资。短期融资一般通过商业信用、短期借款和商业票据等融资方式进行。

在现代财务会计制度中,会计核算的恒等式为:资产 = 负债 + 所有者权益。其中,负债 = 长期负债 + 短期负债。项目投资活动所形成的资产,由负债和所有者权益两部分来源构成。所有者权益和长期负债一般由长期融资来解决,短期负债只能通过短期融资的方式解决。工程项目的投资主要由建设投资和流动资产投资两部分构成。建设投资形成固定资产,一般应由长期融资来解决。流动资金一般为正常生产运营时所需的周转资金,周转资金为流动资产与流动负债之差。其中,流动资产可分为两类:一是永久性流动资产,即企业的生产经营所必需的,无论是处于高涨时期还是经营低谷,企业都必须保持的流动资产;二是波动性或临时性流动资产,即随企业的经营状况的波动而临时需要的流动资产。相应地,周转资金也由永久性周转资金和波动性周转资金两部分构成。形成流动资产的资金来源,一部分通过流动负债来筹集,一部分需要周转资金来解决。在项目的融资方案分析中所涉及的周转资金,一般是指永久性周转资金,且需要长期融资来解决。

(三)权益融资与负债融资

权益融资与负债融资是现代融资的另一重要分类,是设计融资方案、分析融资结构及财务杠杆的重要基础。

1. 权益融资

权益融资是指项目为了获取可供长期或永久使用的资金而采用的资金融通方式，是以所有者的身份投入的非负债性资金的方式所进行的融资。这种方式所筹集的资金直接构成了企业的“所有者权益”和项目的“资本金”。我国的项目资本金制度规定，国内投资建设的项目必须按照国务院规定筹集必要的资本金，杜绝“无本项目”的存在。因此，权益融资在我国项目资金筹措中具有强制性。权益融资通常采用直接融资的方式，如投资者通过对外发行股票、直接吸引投资者参与项目的合资与合作以及企业内部的资金积累等方式筹集资金。

权益融资具有以下特点：

(1)权益融资筹措的资金具有永久性特点，无到期日，不需归还。项目资本金是保证项目投资对资金的最低需求，是维持项目长期稳定运营的基本前提。

(2)没有固定的按期还本付息的压力。股利的支付与否和支付多少，视项目投产运营后的实际经营效果而定，因此项目企业法人的财务负担相对较小，融资风险较低。

(3)权益融资是负债融资的基础。权益融资是项目投资最基本的资金来源，它体现着项目所依托的企业法人的实力，是其他融资方式的基础，尤其可为债权人提供保障，增强公司的举债能力。

2. 负债融资

负债融资是指项目投资者通过信用方式取得资金，并按预先规定的利率支付报酬的一种资金融通方式。负债融资是建设项目资金筹措的重要形式。根据国家计委《关于实行建设项目法人责任制的暂行规定》(计建设[1996]673 号文)的要求，项目投资所依托的企业法人必须承担为建设项目筹集资金并为负债融资按时还本付息的责任，即筹资者必须在规定的期限内使用资金，同时要按期支付利息。从理论上说，债务融资一般不受时间、地点、范围的限制，甚至不受资本的限制。只要筹资者有足够的资信水平，就可以获得超过资本金数倍的资金。

负债融资一般采用直接融资与间接融资相结合的方式，如银行贷款、发行企业债券、利用商业信用以及融资租赁等。负债融资的特点主要体现在以下几个方面：

第一，债权人对企业资产具有追索权，即债权人有法定的追索本息的权利；

第二，债权人对于企业仅仅是债权债务关系，他们无权参与企业的经营管理；

第三，债权人的贷方债务有规定的偿还期限，在任何情况下，企业都必须在规定的期限履行偿还债务的义务；

第四，债权人不能参与企业的利润分配，而只能依据约定的利率获取利息，一般不受企业经济效益的影响，所以风险较小；

第五，如果企业破产清算，企业应优先将清算资产用于偿还债权人的债务。

债务资金主要是通过金融机构在金融市场进行各类负债性融资活动来解决的。金融市场是各种信用工具买卖的场所，其职能是把某些组织或个人的剩余资金转移到需要资金的组织或个人，并通过利率杠杆在借款者和贷款者之间分配资金。

从国际上看，企业在为工程项目筹资时，主要倾向于负债融资。目前，西方经济发达国家的负债融资市场的规模往往是其股票市场规模的 1 倍至数倍不等，如美国为 5 倍。在负债融资方案的设计和分析中，必须根据金融市场的特点、国际金融环境和我国金融体制改革的趋势结合项目自身的实际情况进行谨慎分析。

（四）国家主权信用融资、企业信用融资和项目融资

根据工程项目负债融资所依托的信用基础的不同，负债融资可分为国家主权信用融资、企业信用融资和项目融资三种。

1. 国家主权信用融资

国家主权信用融资即以国家主权的信用为基础进行的融资。信用评级理论认为，国家是最高的信用主体，以国家主权的信用为基础进行的负债融资，融资风险也最低，因此利率也较低。改革开放以来，我国为许多重点工程项目筹集了大量外资，如通过世界银行、亚洲开发银行等国际金融组织贷款和外国政府及商业银行贷款等，其中绝大多数都是国家财政和金融部门提供信用担保的。目前，通过负债融资方式（债券、借款）引进的外资中，国家主权信用融资是一种基本的、常用的融资方式。

2. 企业信用融资

企业信用融资，又称公司融资，即以企业自身的信用条件为基础，通过银行贷款、发行债券等方式进行融资并完成项目的投资建设，无论项目建成之前或之后，都不出现新的独立法人。对于现有企业的设备更新、技术改造、改建、扩建，均属于公司融资类项目。在这种融资方式下，企业筹集的资金不论如何使用，不论项目未来的盈利能力如何，只要企业能够保证按期还本付息就行。而债权人不仅对项目的资产进行债务追索，还可以对公司的全部资产进行追索，因而对于债权人而言，债务的风险程度相对较低。在市场经济条件下，依靠企业自身的信用进行融资，是建设项目筹集资金的主要形式。因此，采用这种融资方式，必须充分考虑企业整体的盈利能力和信用状况，并且整个公司的现金流量和资产都可用于将来偿还债务。

3. 项目融资

项目融资又叫无追索权融资方式（non - recoursefinancing），其含义是：投资决策由项目发起人（企业或政府）做出，项目发起人与项目法人（项目公司）并非一体，而项目的债务融资风险由新成立的项目公司承担。项目负债的偿还，只依靠项目本身的资产和未来现金流量来保证，即使项目实际运作失败，债权人也只能要求以项目本身的资产或盈余还债，而对项目以外的其他资产无追索权。因此，利用项目融资方式，项目本身必须具有比较稳定的现金流量，必须具有较强的盈利能力。目前，典型的项目融资方式包括 BOT、ABS、杠杆式融资租赁等多种形式。

1）BOT 项目融资方式

BOT 是 build、operate、transfer 三个英文字母的缩写，即建设—经营—移交，它是指国家或者地方政府同项目公司签订合同，由项目公司筹资和建设基础设施项目，项目公司在协议期内拥有、运营和维护这项设施，并通过收取使用费和服务费回收投资，取得合理利润。协议期满后，项目公司将这项设施的所有权无偿交给签约方的政府部门。BOT 项目融资方式主要用于发展收费公路、发电设备、铁路、桥梁、废水处理设施和城市地铁等投资规模大、经营周期长的基础性建设项目。BOT 项目的特许经营期一般为 15 ~ 50 年，是发展中国家进行大型基础设施项目建设并引进先进技术和管理经验的一种有效的经济技术合作方式。

2) ABS 项目融资方式

ABS 是 asset、backed、securitization 三个英文字母的缩写，即支持型资产证券化，简称资产证券化。ABS 项目融资是通过项目收益资产证券化来为项目融资，即以项目所拥有的资产为基础，以项目资产可以带来的预期收益为保证，通过在资本市场发行债券来筹集资金的一种证券化融资方式。具体来讲，其是项目发起人将项目资产出售给特设机构（Special Purpose Vehicle），特设机构凭借项目未来可预见的稳定的现金流，并通过寻求担保等信用增级（Creditenhancement）手段，将不可流动的项目收益资产转变为流动性较高、具有投资价值的高等级债券，通过在国际资本市场上发行，一次性地为项目的建设融得资金，并依靠项目未来收益还本付息。ABS 项目融资方式主要适用于房地产、水、电、道路、桥梁、铁路等收入安全、持续、稳定的项目。ABS 项目融资是当今国际资本市场中发展最快、最具活力的金融产品。

3) 以杠杆租赁为基础的项目融资

以杠杆租赁为基础的项目融资，是指在项目投资者的要求和安排下，由两个或两个以上的专业租赁公司、银行以及其他金融机构等以合伙制形式组成的合伙制金融租赁公司作为出租人，融资购买项目的资产，然后租赁给作为承租人的项目公司的一种融资模式。以杠杆租赁为基础的项目融资应用范围比较广泛，既可作为一项大型工程项目的项目融资安排，也可为项目的一部分建设工程安排融资。

第三节　工程项目融资的资金来源及筹措

一、项目资本金的筹措

（一）项目资本金

项目资本金是指投资项目总投资中必须包含一定比例的、由出资方实缴的资金，这部分资金对项目法人而言属非负债资金，投资者可以转让其出资，但不能以任何方式抽回。除主要由中央和地方政府用财政预算投资建设的公益性项目等部分特殊项目外，大部分投资项目都应实行资本金制度。

项目资本金可以用货币出资，也可以用实物、工业产权、非专利技术、土地使用权作价出资。对于后者，必须经过有资格的资产评估机构依照法律法规评估作价。以工业产权、非专利技术作价出资的比例不得超过资本金总额的 20%，但国家对采用高新技术成果有特别规定的除外。1996 年《国务院关于固定资产投资项目试行资本金制度的通知》（国发[1996]35 号）（简称《通知》）规定了工程项目资本金占项目总投资（流动资金只含铺底流动资金）的比例。其中，交通运输、煤炭项目资本金比例为 35% 及以上，钢铁、邮电、化肥项目资本金比例为 25% 及以上，电力、机电、建材、石油加工、有色金属、轻工、纺织、商贸及其他行业的项目资本金比例为 20% 及以上。项目资本金的具体比例，由项目审批单位根据项目经济效益、银行贷款意愿与评估意见等情况，在审批可行性研究报告时核定。经国务院批准，对个别情况特殊的国家重点建设项目，可适当降低资本金比例。除项目审批部门对项目资本金有要求外，提供贷款的银行或其他金融机构在选择项目为其提供贷款时，也要考虑资本金的比例，因为项目投资者的资本金是金融机构的安全保障，投资者的资本金比例越大，金融机构承担的风险越小。所以,投资者在向银行申请贷款时,往往要在项目中投入一定比例的资本金,如20%或30%。

(二)项目资本金的来源

根据国家有关项目资本金制度,项目资本金来源可以是货币资金,也可以用实物、工业产权、非专利技术、土地使用权作价出资。作为资本金来源的实物、工业产权、非专利技术、土地使用权,必须经过有资格的资产评估机构依照法律、法规进行评估作价,并不得高估或者低估。以工业产权、非专利技术作价出资的比例不得超过投资项目资本金总额的20%,国家对采用高新技术成果有特别规定的项目除外。投资者以货币方式认缴的资本金,其资金来源有:

(1)各级政府的财政预算内资金、国家批准的各种专项建设基金、"拨改贷"和经营性基本建设基金回收的本息、土地批租收入、国有企业产权转让收入、地方人民政府按国家有关规定收取的各种税费及其他预算外资金;

(2)国家授权投资的机构及企业法人的所有者权益(包括资本金、资本公积金、盈余公积金、未分配利润及股票上市收益资金等)、企业折旧资金以及投资者按照国家规定从资金市场上筹措的资金;

(3)社会个人合法所有的资金;

(4)国家规定的其他可以用做投资项目资本金的资金。

(三)筹集项目资本金应注意的问题

1. 确定项目资本金的具体来源渠道

对于一个工程项目来讲,资本金是否落实或者说是否到位是非常重要的,因为资本金是否到位,不但决定项目实施的资金是否落实,项目能否开工,而且更重要的是决定其他资金提供者(如金融机构)的资金是否能够及时到位的重要因素。从上述内容可以看出,工程项目的资本金可能来自多种渠道,但作为一个具体的工程项目,其资本金的来源渠道可能是有限的一个或几个。项目的投资者,可根据自己所掌握的有关信息,确定资本金具体的、可能的来源渠道。

2. 根据资本金的额度确定项目的投资额

如上所述,不论是审批项目的政府职能部门,还是提供贷款的金融机构,都要求投资者投入一定比例的资本金,如果达不到要求,项目可能得不到审批,金融机构可能不会提供贷款。这就要求投资者根据自己所能筹集到的资本金确定一个工程项目的投资额。

3. 合理掌握资本金投入比例

无论从承担风险的角度看,还是从合理避税、提高投资回报率角度看,投资者投入的资本金比例越低越好。所以,投资者在投入资本金时,除满足政府有关职能部门和其他资金提供者的要求外,不宜过多地投入资本金。如果企业自有资金比较充足,可以多投一些在项目上,但不宜全部作为资本金。这样不但可以相应地减少企业的风险,而且可以提高投资资本金的具体比例,由项目审批单位根据项目经济效益、银行贷款意愿及评估意见等情况,在审批可行性研究报告时核定。经国务院批准,对个别情况特殊的国家重点建设项目,可适当降低资本金比例。

二、项目债务资金筹措

债务资金是项目总投资中除资本金外,从金融市场借入的资金,债务资金的主要来源有信贷融资、发行债券和融资租赁。

(一)信贷融资

信贷融资主要是指国内政策性银行和商业银行等提供的贷款,包括:世界银行、亚洲开发银行等国际金融机构贷款,外国政府贷款,出口信贷以及信托投资公司等非银行金融机构提供的贷款。进行信贷融资应说明拟提供贷款的机构及其贷款条件。

1. 政策性银行贷款

政策性银行是指由政府创立、参股或保证的,专门为贯彻和配合政府特定的社会经济政策或意图,直接或间接地从事某种特殊政策性融资活动的金融机构。目前,我国的政策性银行有国家开发银行、中国进出口银行和中国农业发展银行。政策性银行贷款的特点是:贷款期限长、利率低,但对申请贷款的企业或项目有比较严格的要求。

2. 商业银行贷款

商业信贷是指从国内外金融市场上的银行借入的资金。外国政府贷款和国际金融机构贷款条件优惠,但不易争取,且数量有限。信贷的利率水平取决于世界经济中的平均利润率和国际金融市场上的借贷供求关系,处于不断变化之中。从实际运行情况来看,国际间的银行贷款利率比政府贷款和国际金融机构贷款的利率要高,依据贷款国别、贷款币种和贷款期限的不同而有所差异。

我国规定,申请商业性贷款,应当具备产品有市场,生产经营有效益,不挤占、挪用信贷资金和恪守信用等基本条件。商业银行和贷款人签订贷款合同时,一般应对贷款期限、提款期、宽限期和还款期作出明确的规定。一般情况下,进行商业银行贷款筹资手续简单,速度较快,贷款的主要条款只需取得银行的同意,不必经过诸如国家金融管理机关、证券管理机构等部门的批准,借款人与银行可直接商定信贷条件,无需大量的文件制作,而且在经济发生变化的情况下,如果需要变更贷款协议的有关条款,借贷双方可采取灵活的方式,进行协商处理,而且筹资成本较低,是工程项目筹集资金的主要渠道。

3. 国际金融机构贷款

国际金融机构包括世界性开发金融机构、区域性国际开发金融机构以及国际货币基金组织等覆盖全球的机构。可以为中国提供项目贷款的包括世界银行集团的三个国际金融机构和亚洲开发银行。一般国际金融机构筹资的数量有限,程序也较复杂,但这些机构所提供的项目贷款一般利率较低、期限较长,如国际金融公司和亚洲开发银行等。国际金融公司的宗旨是通过鼓励会员国,特别是欠发达地区会员国生产性私营企业的增长,来促进经济增长,其投资目标是非国有经济,投资项目中国有股权比例应低于50%;一般要求企业的总资产在2 000万美元左右,项目投资额在1 000万美元以上,项目在行业中处于领先地位,有着清晰的主营业务和高素质的管理队伍。而亚洲开发银行是亚洲、太平洋地区的区域性政府间国际金融机构。

亚洲开发银行的项目贷款包括普通贷款和特别基金两类。普通贷款,即用成员国认缴的资本和在国际金融市场上借款及发行债券,筹集的资金向成员国发放的贷款。此种贷款期限比较长,一般为10~30年,并有2~7年的宽限期,贷款利率按金融市场利率,借方每年还需交0.75%的承诺费,在确定贷款期后固定不变。此种贷款主要用于农业、林业、能源、交通运输及教育卫生等基础设施。而特别基金,即用成员国的捐款为成员国发放优惠贷款及技术援助,分为亚洲发展基金和技术援助特别基金,前者为偿债能力较差的低收入成员国提供长期无息贷款,贷款期长达40年,宽限期10年,不收利息,只收1%的手续费。特别基金资助经济与科技落后的成员国为项目的筹备和建设提供技术援助与咨询等。所以,项目如果符合国际金融机构的贷款条件,应尽量争取从这些机构筹资。

4. 外国政府贷款

外国政府贷款是指一国政府利用财政资金向另一国政府提供的援助性贷款。外国政府贷款的特点是期限一般较长,具有经济援助性质和特定的使用范围,并且贷款数量有限、利率较低或为零。如德国政府对受石油涨价影响较大的发展中国家提供的政府贷款的年利率仅为0.75%,贷款的期限最长达50年(其中宽限期为10年)。而日本政府贷款主要用于教育、能源、交通、邮电、工矿、农业、渔业等方面的建设项目以及基础设施建设。贷款的年利率为1.25%~5.75%,从1984年起,增收0.1%的一次性手续费,贷款的期限为15~30年。

5. 出口信贷

出口信贷亦称长期贸易信贷,是指商品出口国的官方金融机构或商业银行以优惠利率向本国出口商、进口方银行或进口商提供的一种补贴性贷款,是争夺国际市场的一种筹资手段。出口信贷主要有卖方信贷和买方信贷。卖方信贷是指在大型设备出口时,为便于出口商以延期付款的方式出口设备,由出口商本国的银行向出口商提供的信贷。买方信贷是由出口方银行直接向进口商或进口方银行所提供的信贷。

(二)发行债券

债券是借款单位为筹集资金而发行的一种信用凭证,它证明持券人有权按期取得固定利息并到期收回本金。在工程建设中,债券融资是指项目法人以其自身的盈利能力和信用条件为基础,通过发行债券筹集资金,用于项目建设的融资方式。除一般债券融资外,还有可转换债券融资,这种债券在有效期限内,只需支付利息,债券持有人有权将债券按规定价格转换成公司的普通股,如果债券持有人放弃这一选择,融资单位需要在债券到期日兑现本金。可转换债券的发行无需项目资产或其他公司的资产作为担保。

债券筹资具有以下特点:

(1)支出固定。对不可转换债券而言,不论企业将来盈利如何,它只需付给持券人固定的债券利息。

(2)股东控制权不变。一般而言,债券持有者无参与权和决策权,因此原有股东的控制权不因发行债券而受到影响。

(3)资金成本低。债券筹资的成本比股票筹资成本低,债券利息在税前支付,实际上政府为企业负担了部分债券利息。

(4)提高股东投资回报。如果项目投资回报率大于利息率,发行债券筹资可提高股东回报率。

(5)融资风险高。发行债券会降低企业的财务信誉,当企业负债比率超过一定程度后,筹资成本上升,而且债券有固定的到期日,这都会增加企业风险。

(三)融资租赁

融资租赁亦称金融租赁或资本租赁,是资产拥有者将资产租给承租人,在一定时期内使用,由承租人支付租赁费的筹资方式。融资租赁与分期付款购入设备相类似,实质上是承租者通过设备租赁公司筹集设备投资的一种方式。

在融资租赁方式下,一般设备(即租赁物件)是由出租人按照承租人的要求选定的,出租人对设备的性能、物理性质、老化风险以及维修保养不负任何责任。由出租人购置后租给承租人使用,承租人分期交付租金,租赁期满,设备归承租人所有。融资租赁包括自营租赁、回租租赁和转租赁三种方式。

1. 自营租赁

自营租赁亦称直接租赁,其一般程序为:用户根据自己所需设备,先向制造厂家或经销商洽谈供货条件;然后向租赁公司申请租赁预约,经租赁公司审查合格后,双方签订租赁合同,由租赁公司支付全部设备款,并让供货者直接向承租人供货,货物经验收并开始使用后,租赁期即开始,承租人根据合同规定向租赁公司分期交付租金,并负责租赁设备的安装、维修和保养。

2. 回租租赁

回租租赁亦称售出与回租,是先由租赁公司买下企业正在使用的设备,然后将原设备租赁给该企业的租赁方式。

3. 转租赁

转租赁是指国内租赁公司在国内用户与国外厂商签订设备买卖合同的基础上,选定一家国外租赁公司或厂商,以承租人的身份与其签订租赁合同;然后以出租人的身份将该设备转租给国内用户,并收取租金转付给国外租赁公司的一种租赁方式。

第四节　融资方案分析

在初步确定工程项目资金筹措方式和资金来源后,应进一步对融资方案进行分析,以降低融资成本和融资风险。

一、融资成本分析

(一)资金成本

资金是一种资源,使用任何资金都要付出代价。资金成本是指投资者在工程项目实施中,为筹集和使用资金而付出的代价,包括资金筹集成本和资金使用成本两部分。

1. 资金筹集成本

资金筹集成本是指在资金筹集过程中支付的各项费用,包括向银行借款的手续费、发行股票和债券支付的印刷费、发行手续费、律师费、资信评估费、公证费、担保费、广告费等。资金筹集成本通常在筹集资金时一次性发生,筹集次数越多,筹集成本越大。

2. 资金使用成本

资金使用成本是指占用资金支付的费用,如股票的分红派息和银行借款、发行债券的利息等。资金使用成本是融资企业经常发生的,一般与所筹集资金的多少和所筹资金使用时间的长短有关,具有经常性、定期支付的特点,是资金成本的主要内容。

(二)资金成本计算的一般形式

资金成本可用绝对数表示,也可用相对数表示。为便于分析比较,资金成本一般用相对数表示,称之为资金成本率。其一般计算公式为

$$K = \frac{D}{P - F} \tag{6-1}$$

或 $$K = \frac{D}{P(1-f)} \tag{6-2}$$

式中 K——资金成本率(一般通称为资金成本);

P——筹集资金总额;

D——使用费;

F——筹资费;

f——筹资费费率(即筹资费占筹集资金总额的比率)。

(三)各种融资方式资金成本的计算

各种融资方式资金成本的计算是指发行股票、债券、银行贷款融资等资金成本的计算。企业融资有多种方式可供选择,它们的资金筹集和使用费用各不相同,通过资金成本的计算与比较,能够按照成本高低进行比较和选择各种融资方式。

1. 银行借款的资金成本

1)不考虑资金筹集成本时的资金成本

$$K_d = (1 - T) \times R \tag{6-3}$$

式中 K_d——银行贷款的资金成本;

T——所得税税率;

R——银行贷款利息率。

2)对项目贷款实行担保时的资金成本(应将担保费率计入贷款成本中)

$$K_d = (1 - T) \times (R + V_d)$$

$$V_d = \frac{V}{P \times n} \times 100\% \tag{6-4}$$

式中 V_d——担保费率;

V——担保费总额;

P——企业借款总额;

n——担保年限。

3)考虑资金筹集成本时的资金成本

$$K_d = \frac{(1 - T) \times (R + V_d)}{1 - f} \tag{6-5}$$

式中 符号含义同前。

【例 6-1】 某企业为某建设项目申请银行长期贷款 1 000 万元,年利率为 6%,每年付息一次,到期一次还本,贷款管理费及手续费率为 0.5%。企业所得税税率 33%。试计算该项目长期借款的资金成本。

解 根据公式(6-5),该项目长期借款的资金成本为

$$K_d = \frac{(1 - T) \times (R + V_d)}{1 - f} = \frac{(1 - 33\%) \times 6\%}{1 - 0.5\%} = 4.04\%$$

2. 债券资金成本

发行债券的成本主要是指债券利息和筹资费用。债券利息的处理与长期借款利息的处理相同,应以税后的债券成本为计算依据。债券的筹资费用一般比较高,不可在计算融资成本时省略。债券融资成本的计算公式为

$$K_b = \frac{I_b(1 - T)}{B(1 - f_b)} \quad 或 \quad K_b = \frac{R_b(1 - T)}{(1 - f_b)} \tag{6-6}$$

式中 K_b——债券融资成本；

B——债券筹资额；

f_b——债券筹资费用率；

I_b——债券年利息；

R_b——债券利率。

若债券溢价或折价发行，为了更精确地计算资本成本，应以其实际发行价格作为债券筹资额。

【例 6-2】 假定某公司发行面值为 500 万元的 10 年期债券，票面利率 8%，发行费率 5%，发行价格 550 万元，公司所得税税率为 33%，试计算该公司债券的资金成本。如果公司以 350 万元发行面额为 500 万元的债券，则资金成本又为多少？

解 (1)根据公式(6-6)，以 550 万元价格发行时的资金成本为

$$K_b = \frac{I_b(1 - T)}{B(1 - f)} = \frac{500 \times 8\% \times (1 - 33\%)}{550 \times (1 - 5\%)} = 5.13\%$$

(2)以 350 万元价格发行时的资金成本为

$$K_b = \frac{I_b(1 - T)}{B(1 - f)} = \frac{500 \times 8\% \times (1 - 33\%)}{350 \times (1 - 5\%)} = 8.06\%$$

3. 优先股成本

与负债利息的支付不同，优先股的股利不能在税前扣除，因而在计算优先股成本时无需经过赋税的调整。优先股成本的计算公式为

$$K_P = \frac{D_P}{P_P(1 - f_P)} \quad 或 \quad K_P = \frac{P_P \times i}{P_P(1 - f_P)} = \frac{i}{1 - f_P} \tag{6-7}$$

式中 K_P——优先股资金成本；

D_P——优先股每年股息；

P_P——优先股票面值；

f_P——优先股筹资费率；

i——股息率。

【例 6-3】 某公司为某项目发行优先股股票，票面额按正常市价计算为 200 万元，筹资费率为 4%，股息年利率为 14%，试求其资金成本。

解 根据公式(6-7)得

$$K_P = \frac{i}{1 - f_P} = \frac{14\%}{1 - 4\%} = 14.58\%$$

4. 普通股资金成本

普通股资金成本属权益融资成本。权益资金的资金占用费是向股东分派的股利，而股利是以所得税后净利润支付的，不能抵减所得税。计算普通股资金成本，常用的方法有评价法和资本资产定价模型法。

1)评价法

普通股的价值等于企业所能带来的未来收益的现值。一般而言，未来收益为投资者所

获得的股利和售出股票的未来市值。

$$K_c = \frac{D_c}{P_c(1-f_c)} + G \tag{6-8}$$

式中 K_c——普通股资金成本；

D_c——预期年股利额；

P_c——普通股筹资额；

f_c——普通股筹资费率；

G——普通股利年增长率。

【例 6-4】 某公司发行普通股正常市价为 300 万元，筹资费率为 4%，第一年的股利率为 10%，以后每年增长 5%，试求其资金成本率。

解 根据公式(6-8)有

$$K_c = \frac{D_c}{P_c(1-f_c)} + G = \frac{300 \times 10\%}{300 \times (1-4\%)} + 5\% = 15.4\%$$

2)资本资产定价模型法

按照资本资产定价模型法，普通股成本的计算公式为

$$K_c = R_f + \beta(R_m - R_f) \tag{6-9}$$

式中 R_f——无风险报酬率；

R_m——平均风险股票必要报酬率；

β——股票的风险校正系数。

【例 6-5】 某一时期证券市场无风险报酬率为 11%，平均风险股票必要报酬率为 15%，某一股份公司普通股 β 值为 1.15，试计算该普通股的资金成本。

解 根据公式(6-9)有

$$K_c = R_f + \beta(R_m - R_f) = 11\% + 1.15 \times (15\% - 11\%) = 15.6\%$$

5.融资租赁资金成本

企业租入某项资产，获得其使用权，要定期支付租金，并且租金列入企业成本，可以减少应付所得税。其租金成本率为

$$K_L = \frac{E}{P_L} \times (1 - T) \tag{6-10}$$

式中 K_L——融资租赁资金成本；

E——年租金额；

P_L——租赁资产价值。

6.留存盈余资金成本

留存盈余是指企业未以股利等形式发放给投资者而保留在企业的那部分盈利，即经营所得净收益的积余，包括盈余公积和未分配利润。

留存盈余是所得税后形成的，其所有权属于股东，实质上相当于股东对公司的追加投资。股东将留存盈余留用于公司，是想从中获取投资报酬，所以留存盈余也有资金成本，即股东失去的向外投资的机会成本。它与普通股成本的计算基本相同，只是不考虑筹资费用。如按评价法，计算公式为

$$K_r = \frac{D_c}{P_c} + G \tag{6-11}$$

式中　K_r——留存盈余资金成本；

其他符号意义同前。

【例 6-6】　某公司现有留存收益 3 000 万元，预计当年股利率为 10%，同时估计未来股利每年递增 4%，该公司为扩大生产规模，准备再投资 2 000 万元，有两种选择：增发 2 000 万元普通股，发行费率为 5%；2 000 万元作为留存收益资本化。试计算比较相应的资金成本。

解　(1) 发行普通股的资金成本为

$$K_c = \frac{D_c}{P_c(1-f_c)} + G = \frac{2\,000 \times 10\% \times (1+4\%)}{2\,000 \times (1-5\%)} + 4\% = 14.94\%$$

(2) 留存收益成本为

$$K_r = \frac{D_c}{P_c} + G = \frac{2\,000 \times 10\% \times (1+4\%)}{2\,000} + 4\% = 14.4\%$$

7. 加权平均资金成本(*WACC*)

工程项目的资金筹集一般采用多种融资方式，不同来源的资金，其成本各不相同。由于条件制约，项目不可能只从某种低成本的来源筹集资金，而是各种筹资方案的有机组合。因此，为了对整个项目的融资方案进行筹资决策，在计算各种融资方式个别资金成本的基础上，还要计算整个融资方案的加权平均融资成本(综合资本成本)，以反映工程项目整个融资方案的融资成本状况。综合资本成本一般是以各种资金占全部资金的比重为权数，对个别资本成本进行加权平均确定的，故又称加权平均资本成本。其计算公式为

$$WACC = K_W = \sum_{j=1}^{n} K_j \times W_j \qquad (6\text{-}12)$$

式中　K_W——加权平均资金成本；

K_j——第 j 种融资渠道的资金成本；

W_j——第 j 种融资渠道筹集的资金占全部资金的比重(权数)。

一般的项目资金来源都由权益融资和债务融资两部分构成，因此资金来源的加权平均资金成本为

$$WACC = K_W = \lambda(1-T)R_b + (1-\lambda)R_e$$

式中　λ——债务融资占全部资金来源的比例；

R_b——债务融资成本(主要是债权人要求的利率)；

R_e——权益融资成本(股东要求的回报率)。

【例 6-7】　某公司资本结构中债务资本和权益资本的比例为 40%∶60%，企业拟从内部筹资 1 000 万元，成本占 14%，另向银行借款 600 万元，利率为 6.5%，企业所得税税率为 33%。试计算企业加权平均的资金成本。

解　企业的加权平均资金成本为

$$WACC = K_W = 14\% \times 0.6 + 6.5\% \times (1-33\%) \times 0.4 = 10.14\%$$

二、融资风险分析

融资方案的实施经常会受到各种风险因素的影响。融资风险分析就是对可能影响融资方案的风险因素进行识别和预测。通常可能的融资风险因素有下列几种。

（一）资金供应风险

资金供应风险是指融资方案在实施过程中，可能出现资金不落实，导致建设工期拖长，工程造价升高，原定投资效益目标难以实现的风险。主要风险有：

（1）原定筹资额全部或部分落空，如已承诺出资的投资者中途变故，不能兑现承诺；

（2）原定发行股票、债券计划不能实现；

（3）既有项目法人融资项目由于企业经营状况恶化，无力按原定计划出资；

（4）其他资金不能按建设进度足额及时到位。

（二）投资缺口风险

工程项目在建设过程中，由于技术设计、施工图设计及施工过程中增加工程，由于价格上涨引起工程造价变化等，都会引起投资额的增加，导致原估算投资额出现缺口。

（三）利率风险

在负债融资的情况下，利率水平随着金融市场行情而变动，如果融资方案中采用浮动利率计息，则应分析贷款利率变动的可能性及其对项目造成的风险和损失。

（四）汇率风险

汇率风险是指国际金融市场外汇交易结算产生的风险，包括人民币对各种外币币值的变动风险和各外币之间比价变动的风险。利用外资数额较大的投资项目应对外汇汇率的趋势进行分析，估测汇率发生较大变动时对项目造成的风险和损失。

（五）现金性融资风险

现金性融资风险是指在特定时点上，现金流出量超过现金流入量而产生的到期不能偿付债务本息的风险。现金性融资风险是由于现金短缺、债务的期限结构与现金流入的时间结构不相配套引起的，表现为预算与实际不符出现的支付危机或者由于资本结构安排不当（如在资本利润率较低时安排了较高的债务，以及在债务的期限安排上不合理）而引起某一时点的偿债高峰等。

（六）收支性融资风险

收支性融资风险是指企业在收不抵资的情况下出现的不能偿还到期债务本息的风险。收支性融资风险意味着企业经营失败，企业将面临破产或清算。

三、融资风险规避

对于现金性融资风险，应注重资产占用与资金来源间的合理期限搭配，搞好现金流量的安排。为了避免企业因负债融资而产生的到期不能支付的偿债风险并提高资本利润率，理论上认为，如果借款期限与借款周期能与生产经营周期相匹配，则企业总能利用借款来满足其资金需要。

对于收支性融资风险，可以从以下三个方面进行规避：

（1）优化资本结构，从总体上减少收支风险。收支风险大，主要是由于资本结构安排不当形成的，如在资产利润率较低时安排较高的负债结构。因此，优化资本结构，可以从两个方面入手：一方面，从静态上优化资本结构，增加企业权益资本的比重，降低总体上的债务风险；另一方面从动态上，从资产利润率与负债利率的比较入手，根据需要与负债的可能，自动调节其债务结构，加强财务杠杆对企业筹资的自我约束。

（2）实施债务重组，降低收支性融资风险。当出现严重的经营亏损，收不抵资并处于破产清算边缘时，可以通过与债权人协商的方式，实施必要的债务重组计划，以使企业在新的资本结构基础上，起死回生。

（3）在融资上，通过合理的利率控制，灵活调整利率，在一定程度上能减少资本成本，从而减轻其利息支付的压力。

小　结

工程项目融资是投资者为确保投资项目的顺利实施而进行的融通资金的活动，包括资金筹措与资金供应两个方面。项目融资由四个基本模块组成：项目的投资结构、项目的融资结构和项目的资金结构、项目的信用保证结构。完整的项目融资共分五个阶段：投资决策分析阶段、融资决策分析阶段、融资结构分析阶段、融资谈判阶段和项目融资的执行阶段。

工程项目融资的特征有项目导向、有限追索、风险分担、非公司负债型融资、信用结构多样化和融资成本较高。

一个工程项目的资金总额由自有资金、赠款和负债三部分构成。

工程项目投资资金的融资方式有多种：按照融入和融出资金双方接触与联系方式的不同，可以将资金融通划分为直接融资和间接融资；按照融资期限的长短分为长期融资和短期融资；按照融资的性质分为权益融资和负债融资；根据工程项目负债融资所依托的信用基础的不同，负债融资可分为国家主权信用融资、企业信用融资和项目融资。

工程项目融资的资金来源包括项目的资本金和负债资金两部分，债务资金主要有信贷融资、发行债券和融资租赁三种形式。

资金成本是指投资者在工程项目实施中，为筹集和使用资金而付出的代价，包括资金筹集成本和资金使用成本两部分。资本成本的计算分为个别资本成本的计算和综合资本成本的计算。

融资方案的实施过程中经常会受到各种风险的影响，工程项目融资风险主要有资金供应风险、投资缺口风险、利率风险、汇率风险、现金性融资风险和收支性融资风险。规避融资风险的途径有优化资本结构，实施债务重组和或在融资上，通过合理的利率控制，灵活调整利率等来减少资本成本。

思考与练习题

6-1　项目融资的基本特征有哪些？

6-2　什么是直接融资和间接融资？各有哪些特点？

6-3　权益融资与负债融资各有哪些特点？

6-4　什么是项目资本金？项目资本金的来源有哪些？

6-5　什么是融资租赁？它有哪几种具体形式？

6-6　项目融资有哪几种模式？各有何特点？

6-7　融资风险有哪些表现形式？

6-8　某企业为取得5年期长期借款2 000万元，年利率为8%，每年付息一次，到期一次还本，贷款管理费及手续费率为0.5%。企业所得税税率33%，试计算该项目长期借款的资金成本。

6-9　某企业发行债券1 000万元，按面值发行，期限3年，票面利率12%，每年末支付一次利息，到期还本，发行费用为面值的2%，所得税税率为33%，求企业的税后资金成本。

6-10　某公司从银行借款10万元，年利率8%，公司所得税税率为33%，筹资费假设为零，如果按下列方式支付利息：①一年计息2次；②一年计息4次；③一年计息12次。试分别计算借款的资金成本。

6-11　某公司普通股目前市价为28元，估计年增长率为8%，本年发放股利0.8元，求其留存收益成本。如果市场无风险报酬率为10%，平均风险股票必要报酬率为14%，公司普通股β值为1.2，其留存收益的成本又为多少？若公司新发行普通股，筹资费用率为股票市价的10%，求其新发行普通股的成本。

6-12　某股份公司按面值发行普通股5 000万元，发行费用为3%。预计第一年股利为10%，此后每年增长2%，求该批普通股的资金成本。

6-13　某企业账面反映的长期资金5 000万元，其中长期借款1 000万元，应付长期债券500万元，普通股2 500万元，保留盈余1 000万元；其成本率分别为6.7%、9.17%、11.26%和11%。试求该企业的加权平均资金成本。

第七章 建设工程项目的财务分析

【学习要求】

了解建设工程项目财务分析的概念和作用;熟悉建设工程项目财务分析的基本内容、方法和步骤;初步掌握财务分析的基本方法,能够编制一般新建项目财务分析报表、计算分析指标并进行评价分析。

建设工程项目经济评价应根据国民经济与社会发展以及行业、地区发展规划的要求,在完成市场调查与预测、拟建规模、营销策划、资源优化、技术方案论证、环境保护、投资估算与资金筹措等可行性分析的基础上,采用科学的分析方法,对拟建项目的财务可行性和经济合理性进行分析论证,为项目的科学决策提供经济方面的依据。

建设项目经济评价包括财务分析(也称财务评价)和经济分析(也称国民经济评价)。对于费用效益计算比较简单、建设期和运营期比较短、不涉及进出口平衡等一般项目,如果财务分析的结论能够满足投资决策的需要,可不进行经济分析;对于关系公共利益、国家安全和市场不能有效配置资源的经济和社会发展的项目,除应进行财务分析外,还应进行经济分析;对于特别重大的建设项目,还应辅以区域经济与宏观经济影响分析方法进行经济分析。本章主要介绍财务分析的主要内容和方法,结合案例对项目的盈利能力、偿债能力作重点分析。

第一节 概 述

财务分析又称为财务评价、企业经济评价,是根据国家现行财税制度和价格体系,从企业(投资者)和项目主持者的角度出发,分析、测算拟建项目直接发生的财务效益和费用,编制财务报表,计算评价指标,考察拟建项目的盈利能力、偿债能力等财务状况,明确拟建项目对财务主体的价值贡献,从而判断项目的财务可行性。

根据财务分析与资金筹措的关系,财务分析可分为融资前分析和融资后分析。融资前分析是在未知资金来源的情况下,暂不考虑借款,以融资前的利润和所得税,编制全部投资现金流量表,计算所得税后的评价指标;融资后分析以初步融资方案为基础,以融资后的利润和所得税编制全部投资及权益投资现金流量表,判断项目在融资条件下的合理性。一般宜先进行融资前分析,在融资前分析结论满足要求的情况下,初步设定融资方案,再进行融资后分析。

一、财务分析的目的

(一)衡量竞争性项目的盈利能力和债务清偿能力

在实行企业(项目)法人责任制的情况下,企业所有者和经营者对项目盈利水平如何,能否达到行业的基准收益率或企业目标收益率,企业的偿债能力如何,是否满足行业基准回收期的要求,能否按银行要求的偿还期偿还贷款等,将十分关心。同时,国家和地方各级决策部门、财务部门和贷款银行等，对此也非常关心。为了使项目在财务上站得住脚，就要从企业或项目的角度出发，分析投资效果，判明企业（投资者）投资所能获得的实际利益，衡量项目的竞争能力和抗风险能力，据此判断项目的财务可行性。

（二）为企业（项目）制订适宜的资金规划

建设项目需要多少投资、资金的可能来源、用款计划的安排和筹资方案的选择等都是财务分析要解决的问题。为了保证项目所需资金按时提供（到位），投资者（国家、地方、企业和其他投资者）、项目经营者和贷款部门也都要知道拟建项目的投资金额和结构，并据此安排资金计划和国家预算。

使用不同来源的资金所需要付出的代价是不同的。如何使用资金、选择资金的来源和数量，不仅与项目所需资金量有关，而且与项目的经济效益有关。通过财务评价，对不同的资金筹措、运用和偿还方案进行比较，选择最好的资金规划方案，使投资的经济效果最满意。

（三）为协调企业利益和国家利益提供依据

在有些情况下，对企业有利的投资，并不一定对国民经济有利。因此，在项目投资上必须同时兼顾企业利益和国民经济效果。当一个项目财务分析结论可行而经济分析不可行时，要通过方案和指标的调整修正使其可行，否则应得出不可行的结论。当经济分析结论可行而财务分析结论不可行且该项目是国计民生急需项目时：第一应对项目进行优化设计，使项目在财务上有生存能力；第二向国家提出采取相应的经济优惠措施，采取经济手段加以调节。在财务分析中，通过考察评价参数（如价格、税收、利率等）的变动对评价指标的影响，据此向国家提出进行经济调节的方法和幅度的建议。

（四）为合营项目提供双方谈判签约的依据

合同条款是中外合资项目和合作项目双方合作的首要前提，而合同的正式签订又离不开经济效益分析。实际上，合同条款的谈判过程就是财务分析的测算过程，合资、合作各方，根据项目财务分析得出结论决定出资（投资）与否及其数额和比例，从而决定着项目能否顺利实施。

二、财务分析的原则

（一）费用与效益识别的“有无对比”原则

“有无对比”是国际上项目经济评价中通用的费用与效益识别的基本原则，财务分析也不例外。所谓“有”，是指项目实施后的将来状况。所谓“无”，是指不实施项目时的将来状况。在识别项目的效益与费用时，必须注意只有“有无对比”差额部分才是由于项目建设增加的效益与费用，即增量效益与费用。采用“有无对比”的方法，就是为了识别那些真正应该算做项目效益的部分，即增量效益，排除那些由于其他原因产生的效益；同时，也要找出与增量效益相对应的增量费用，只有这样才能真正体现项目投资的净效益。

“有无对比”法直接适用于依托老厂进行的改扩建与技术改造项目、停缓建后又恢复建设项目的增量效益分析。对于从无到有进行建设的新项目，也同样适用该原则，只是通常认为无项目与现状相同，其效益与费用均为零。

（二）费用与效益计算口径对应一致原则

为了正确评价项目的盈利能力，必须遵循费用与效益计算范围的一致性原则。如果在投资估算中包括了某项工程，那么因建设了该工程而增加的效益就应该考虑，否则就低估了项目的效益;反之,如果考虑了该工程对项目效益的贡献,但投资却未计算进去,那么项目的效益就会被高估。只有将投入和产出的估算限定在同一范围内,计算的净效益才是真正的回报。

(三)动态分析与静态分析相结合,以动态分析为主的原则

国际通行的财务分析都是以动态分析为主,即根据资金的时间价值原理,考虑项目整个计算期内各年的效益和费用,采用现金流量分析方法,计算内部收益率和净现值等评价指标。我国于2006年由国家发展和改革委员会发布施行的《建设项目经济评价方法与参数》(第3版)(中国计划出版社,2006)采用了动态分析与静态分析相结合,以动态分析为主的原则制订出一整套项目评价方法与指标体系。

(四)基础数据确定的稳妥原则

财务分析结果的准确性取决于基础数据的可靠性。财务分析中需要的大量基础数据都来自预测和估计,难免有不确定性。为了使财务分析结果能提供较为可靠的信息,避免人为的乐观估计所带来的风险,更好地满足投资决策需要,在基础数据的确定和选取中遵循稳妥原则是十分必要的。

三、财务分析的内容

财务分析的内容主要包括项目盈利能力分析、清偿能力分析及外汇平衡状况分析。

(一)盈利能力分析

盈利能力是反映项目财务效益的主要标志。在财务分析中,应当考察拟投资(建设)项目竣工后是否盈利,盈利能力有多大,盈利能力是否满足项目可行的要求条件。项目盈利主要指拟建项目建成后能够实现的利润和税金,是企业进行投资决策时考虑的首要因素,应从以下两方面进行分析。

(1)项目达到设计生产能力的正常生产年份可能获得的盈利水平。即主要通过计算投资利润率、投资利税率、资本金利润率等静态指标,考察项目在正常生产年份年度投资的盈利能力,以判断项目是否达到行业的平均水平。

(2)项目整个寿命周期内的盈利水平。即主要通过计算财务净现值、财务内部收益率、财务净现值率、投资回收期等动态指标和静态指标,考察项目在整个计算期内盈利能力及投资回收能力,判断项目投资的可行性。

(二)清偿能力分析

清偿能力包括两个层次:一是项目的财务清偿能力,即项目收回全部投资的能力;二是债务清偿能力,主要指偿还借款和清偿债务的能力。清偿能力直接关系到企业面临的财务风险和企业的财务信用程度,是企业进行筹资决策的重要依据。清偿能力也应从两方面进行分析:

(1)考察项目偿还固定资产投资国内借款所需的时间。即通过计算借款偿还期,考察项目的还款能力,判断项目是否能满足贷款机构的要求。

(2)考察项目资金流动性水平。即主要通过计算流动比率、速动比率、资产负债率等各项财务比率指标,对项目投产后的资金流动情况进行比较分析,用以反映项目寿命期内各年的盈亏、资产和负债、资金来源和运用、资金的流动和负债运用等财务状况及资产结构的合理性,考察项目的风险程度和偿还流动负债的能力与速度。

(三)外汇平衡状况分析

对于产品出口创汇等涉及外汇收支的项目,还应编制外汇平衡表,进行外汇平衡分析,计算财务外汇净现值、换汇成本和节汇成本,进行外汇平衡分析,以考察项目在计算期内各年的外汇余缺,衡量项目实施后对国家外汇状况的影响。

四、财务分析的程序

财务分析主要是利用有关基础数据,通过基本财务报表,计算有关指标,进行分析和评价。财务分析一般按如下步骤进行。

(一)财务分析准备工作

(1)熟悉拟建项目的基本情况,并根据项目的基本情况,收集整理财务分析的基础数据资料,包括主要投入品和产出品的价格、税率、利率、汇率、计算期、固定资产折旧率、无形资产和递延资产摊销年限、生产负荷及基准收益率等。

(2)编制辅助报表。辅助报表包括建设投资估算表、流动资金估算表、建设进度计划表、固定资产折旧费估算表、无形资产和其他资产摊销估算表、资金使用计划与资金筹措表、营业(销售)收入、营业(销售)税金及附加和增值税估算表、总成本费用估算表。

(3)编制基本财务分析报表。主要有财务计划现金流量表、损益和利润分配表、项目投资现金流量表、借款偿还计划表。

(二)进行财务分析

通过基本财务分析报表,计算各项评价指标及财务比率,进行盈利能力和清偿能力等各项财务分析。按财务分析目标划分的评价指标如图 7-1 所示,财务分析的内容、基本财务报表与分析评价指标的对应关系如表 7-1 所示。

- 分析指标体系
  - 盈利能力指标
    - 内部收益率
    - 净现值
    - 投资回收期
    - 投资利润率
    - 投资利税率
    - 权益投资利润率
    - 权益投资纯利润率
  - 清偿能力指标
    - 借款偿还期
    - 财务比率
      - 资产负债率
      - 流动比率
      - 速动比率
  - 外汇平衡能力指标

图 7-1 财务分析指标

(三)进行不确定性分析

其包括盈亏平衡分析、敏感性分析和风险分析三种方法,主要分析项目适应市场变化的能力和抗风险能力。

(四)提出财务分析结论

将计算出的有关指标与国家有关部门公布的基准制,或与经验标准、历史标准、目标标准等加以比较,并从财务角度提出项目是否可行的分析结论。

表 7-1　财务分析的内容、基本财务报表与分析评价指标的对应关系

分析内容	基本报表	静态指标	动态指标
盈利能力分析	全部投资财务现金流量表	静态投资回收期	内部收益率 净现值 动态投资回收期
	权益投资财务现金流量表		权益投资财务内部收益率
	各方投资财务现金流量表		投资各方财务内部收益率
	损益和利润分配表	投资利润率 投资利税率 权益投资利润率	
清偿能力分析	资金来源与运用表 借款偿还计划表	借款偿还期 偿债备付率 利息备付率	

第二节　工程项目投资估算

投资估算是在对项目的建设规模、产品方案、工艺技术及设备方案、工程方案及项目实施进度等进行研究并基本确定的基础上，估算项目所需资金总额（包括建设资金和流动资金）并测算建设期分年资金使用计划。投资估算是拟建项目编制项目建议书、可行性研究报告的重要组成部分，是项目财务分析和经济分析的重要依据之一。

一、建设工程项目总投资构成

按目前我国的财务会计制度，投资的构成有以下几个方面，如图 7-2 所示。

- 建设项目总投资
  - 建设投资
    - 设备及工器具购置费用
      - 设备购置费
        - 设备原价
        - 设备运杂费
      - 工具、器具及生产家具购置费
    - 建筑安装工程费用
      - 直接费
      - 间接费
      - 利润
      - 税金
    - 工程建设其他费用
      - 土地使用费
      - 与项目建设有关的其他费用
      - 与未来企业生产经营有关的其他费用
    - 预备费
      - 基本预备费
      - 涨价预备费
    - 建设期利息（融资后）
    - 其他费税
  - 净营运资金投资——净营运资金（流动资金）

图 7-2　建设项目总投资构成

事实上，一个项目的投资可以有很多不同的说法。一种是所谓的静态的投资额，指的是项目在建设期间将要支出的实际总费用，不包括建设期利息和物价上涨因素。如果包括了利息支出和物价上涨等数额，则称为动态的总投资。在项目财务分析中采用现金流量折现方法时，因为已经考虑了资金的时间价值，全部投资指的是静态的建设投资和净营运资金投资。图 7-2 所示的建设项目总投资，与我国目前统计上的口径是一致的。

（一）建设投资

建设投资是指从工程项目确定建设意向开始直至建成竣工投入使用，在整个建设过程中所支出的总费用，这是保证工程建设正常进行的必要资金。建设投资主要由设备及工器具购置费用、建筑安装工程费用和工程建设其他费用等组成。

1. 设备及工器具购置费用

设备及工器具购置费用由设备购置费和工具、器具及生产家具购置费用组成。

设备购置费用，包括一切需要安装与不需要安装的设备的购买原价和设备运杂费，即

$$设备购置费 = 设备原价或进口设备抵岸价 + 设备运杂费 \tag{7-1}$$

工具、器具及生产家具购置费是指未达到固定资产标准的工具、器具、家具和仪器的购置费用，如各种计量、分析、化验、五金工具及工具台、办公台等的费用。

$$工器具及生产家具购置费 = 设备购置费 \times 定额费率 \tag{7-2}$$

2. 建筑安装工程费用

建筑安装工程费用是指花费在建筑安装工程施工过程中的费用，按工程内容分为建筑工程费用和安装工程费用。建筑工程费用通常指建筑物和构筑物的土建工程费用，包括房屋、桥梁、道路、堤坝、隧道工程的建造费用，建筑物内的给排水、电气照明、采暖通风等工程费用，以及农田水利、场地平整、厂区整理和绿化等工程费用。安装工程费用一般包括各种需要安装的机械设备和电气设备等工程的安装费用。我国现行的建筑安装工程费用的构成为直接费、间接费、利润和税金。

直接费由直接工程费（人工费、材料费、施工机械使用费）和措施费（环境保护费、文明施工费、安全施工费、临时设施费、夜间施工费、脚手架费等）组成。

间接费由规费（工程定额测定费、工程排污费、社会保障费、住房公积金、危险作业意外伤害保险费等）和企业管理费（管理人员工资、办公费、差旅交通费、固定资产使用费、劳动保险费、工会经费、职工教育经费等）组成。

利润和税金指施工企业的利润和应缴纳的营业税、城市维护建设税、教育费附加。

3. 工程建设其他费用

工程建设其他费用是指在进行工程项目建设时，包括建筑安装和设备购置等工作中，从工程筹建开始到工程竣工验收交付使用为止的整个建设期间，除建筑安装工程费和设备及工器具购置费外的为保证工程建设顺利完成和交付使用后能够正常发挥效用而发生的各项费用的总和。工程建设其他费用由土地使用费（农用土地征用费或取得国有土地使用费）、与项目建设有关的其他费用（建设单位管理费、勘察设计费、研究试验费、临时设施费、工程监理费、工程保险费、供电补贴费、引进技术和进口设备其他费）及与未来企业生产经营活动有关的其他费用（联合试运转费、生产准备费、办公和生活家具购置费）组成。

4. 预备费

预备费是指为保证工程建设的顺利实施，为避免在初步设计和设计概算中难以预料的

情况出现造成投资不足而预先安排的一笔费用,包括基本预备费和涨价预备费。

(二)净营运资金投资

净营运资金(流动资金)是指生产经营性项目投产后,为维持正常生产营运,用于购买原材料、燃料、支付工资及其他经营费用等所占用的全部周转资金。它是流动资产和流动负债的差额。流动资产包括各种必要的现金、各种存款、应收及预付款项和存货,流动负债主要是指应付账款、预收账款。

值得指出的是,这里所指的流动资产是指为维持一定规模生产所需的最低周转资金和存货;流动负债只含正常生产情况下平均的应付账款、预收账款,不包括短期借款。为了表示这种区别,把资产负债表通常含义下的流动资产称为流动资产总额,它除上述最低需要的流动资产外,还包括生产经营活动中新产生的盈余资金。同样,把通常含义下的流动负债称为流动负债总额,它除应付账款外,还包括短期借款,当然也包括为解决净营运资金投入所需要的短期借款。

(三)投资资金的来源

投资的资金来源可分为两大块:权益资金和负债资金。

1. 权益资金

权益资金是指由企业股东提供的资金。权益资金不需要归还,筹资的风险小,但其期望的报酬率高。

权益资金的来源渠道和筹资方式,应根据融资主体的特点选择。例如,采用新设法人融资方式,权益资金可通过股东直接投资、发行股票、政府财政性资金等渠道和方式筹措。建设项目一般依靠项目自身的盈利能力来偿还债务,以项目投资形成的资产、未来收益或权益作为融资担保的基础。在工程项目财务分析中,优先股股票视为权益资金。

2. 负债资金

负债资金包括长期负债(长期借款、长期债券发行收入和融资租赁的长期应付款)和流动负债(这里指短期借款)。

债务资金可通过商业银行贷款、政策性银行贷款、外国政府贷款、国际金融机构贷款、出口信贷、企业债券、国际债券和融资租赁等渠道和方式筹措。在财务分析中,可转换债券,在未兑换为股票之前应视为债务资金;公司的股东对公司提供的贷款,即股东贷款,应视为债务资金。

从整个投资投入阶段的角度,资金来源、投资的构成和形成的资产之间的关系可以用图7-3表示。

(四)固定投资(建设投资)

固定投资是指形成企业固定资产、无形资产和递延资产的投资。过去,企业的无形资产很少,并且筹建期间不形成固定资产的开支可以核销,因此固定投资也就是固定资产投资。现代企业无形资产的比例逐渐提高,筹建期间的有关开支也已无处核销,都得计入资产的原值,因此称之为固定资产投资就不完整了,所以有的书上把这些投资叫做建设投资。

固定投资中形成固定资产的支出叫固定资产投资。固定资产是指使用期限超过一年的房屋、建(构)筑物、机器、机械、运输工具以及与生产经营有关的设备、工具、器具等。这些资产的建造或购置过程中发生的全部费用都构成固定资产投资。投资者如果用现有的固定资产作为投入的,按照评估确认或者合同、协议约定的价值作为投资。融资租赁的,按照租

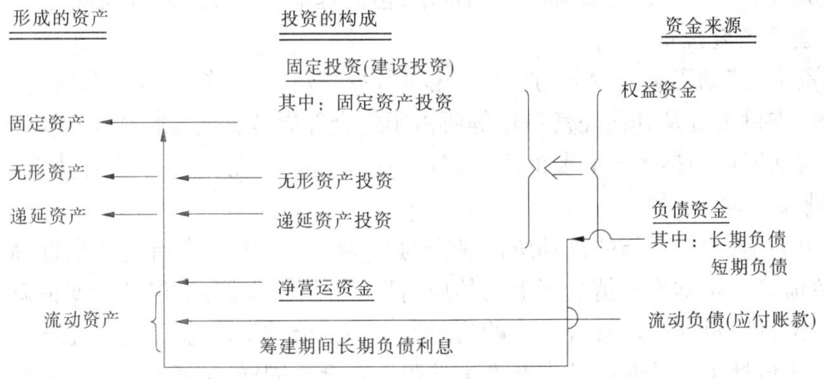

图 7-3　投资、资金来源形成资产示意

赁协议或者合同确定的价款加运输费、保险费、安装调试费等计算其投资。耕地占用费也应算做固定资产投资的组成部分。

无形资产投资是指专利权、商标权、著作权、土地使用权、非专利技术和商誉等的投入。递延资产投资主要指开办费，包括筹建期间的人员工资、办公费、培训费、差旅费、印刷费和注册登记费等。

除以上固定投资的实际支出或作价价值形成固定资产、无形资产和递延资产的原值外，筹建期间的借款利息和汇兑损益，凡与购建固定资产或者无形资产有关的应计入相应的资产原值，其余的都计入开办费，形成递延资产原值的组成部分。

二、投资估算

(一) 固定资产投资的估算

投资决策的前期阶段，如投资机会研究、项目建议书和可行性研究阶段，对这些投资费用只能估算。只不过不同的研究阶段所具备的条件和掌握的资料不同，估算方法和准确程度也不相同。

1. 固定资产投资概略估算方法

所谓概略估算，是指根据实际经验和历史资料，对固定资产投资进行综合估算。这类方法虽然精确度不高，但在投资初估阶段是十分必要的。典型的概略估算方法有生产能力指数法、按设备费用比例估算法和单元指标估算法。

1) 生产能力指数法

这种方法是根据已建成的、性质类似的工程或其设备装置项目的实际投资额和生产能力，按拟建项目的生产能力，估算同类而不同生产能力的项目投资的方法。其估算数学公式为

$$I_e = I_F \times \left(\frac{D_e}{D_F}\right)^m \times f \qquad (7\text{-}3)$$

式中　I_e——拟建项目的投资额；

I_F——已建同类项目的投资额；

D_e——拟建项目的生产能力；

D_F——已建同类项目的生产能力；

f——因建设地点和时间不同而给出的价格调整系数；

m——投资生产能力指数。

该方法中投资生产能力指数 m 是一个关键因素，不同行业、性质、工艺流程、建设水平、生产率水平的项目，应取不同的数值。一般来说，生产能力增加一倍，投资不会也增加一倍，故 m 往往是小于 1 的数值。选取 m 值的原则是：依靠增加设备、装置的数量以及扩大生产场所来扩大生产能力时，m 取 0.8 ~ 1.0；依靠提高设备、装置的功能和效率提高生产能力时，m 值取 0.6 ~ 0.7。另外，拟估投资项目的生产能力和已建同类项目的生产能力的比值应有一定的限制范围，一般这一比值不能超过 50 倍，在 10 倍以内时效果最好。

【例 7-1】 已知生产流程相似的年生产能力为 10 万 t 的化工装置，两年前建成的固定资产投资为 2 500 万元。拟建装置年生产能力设计为 15 万 t，一年以后建成。根据过去大量这种装置的数据得出投资生产能力指数 $m = 0.72$，这几年设备与物资的价格上涨率平均为 7% 左右，试估算拟建装置的投资费用。

解 由于两个相似装置建成时间相隔 3 年，物价上涨的调整系数 f 可按 $(1 + 7\%)^3$ 估计，有关数据带入式(7-3)可得

$$I_e = 2\,500 \times \left(\frac{15}{10}\right)^{0.72} \times (1 + 7\%)^3 = 4\,100.88(\text{万元})$$

2）按设备费用比例估算法

这种方法是以拟建项目或装置的设备费为基数，根据已建成的同类项目或装置的建筑安装工程费及其他费用等占设备价值的百分比，推算出拟建工程的投资费用。计算公式为

$$I = E(1 + f_1P_1 + f_2P_2 + f_3P_3) \tag{7-4}$$

式中 I——拟建工程项目的投资额；

E——拟建工程项目中根据设备清单按现行价格计算的设备购置费（包括运杂费）；

P_1、P_2、P_3——已建成项目中建筑、安装及其他工程费用占设备费用的百分比；

f_1、f_2、f_3——对应的由于时间因素引起定额、价格、费用标准等变化的综合调整系数。

【例 7-2】 某套装置的设备全部进口，按设备清单的全部到岸价（CIF）为 3 500 万美元，结算汇率为 1 美元 = 6.8 元人民币，平均关税税率为 20%，外贸手续费率为 1.5%，增值税率为 17%，国内运杂费率为 1%。根据以往资料，与设备配套的建筑工程、安装工程和其他费用占设备费用的百分率分别是 43%、15% 和 10%。假定各种工程费用的上涨与设备费用的上涨同步，即 $f_1 = f_2 = f_3 = 1$。试估算全部工程项目费用。

解 设备购置费（E）估算为

$$E = 3\,500 \times 6.8 \times (1 + 1.5\%) \times (1 + 20\%) \times (1 + 17\%) \times (1 + 1\%)$$
$$= 34\,255.6(\text{万元人民币})$$

则工程项目的投资估算值为

$$I = 34\,255.6 \times (1 + 43\% + 15\% + 10\%) = 57\,549.41(\text{万元人民币})$$

3）单元指标估算法

对于建筑工程，可以按单元指标来估算投资。可按工业建设项目和民用建设项目分别估算。

$$\text{工业项目建设投资额} = \text{单元指标} \times \text{生产能力} \times \text{物价浮动指数} \tag{7-5}$$

$$\text{民用项目建设投资额} = \text{单元指标} \times \text{建筑规模} \times \text{物价浮动指数} \tag{7-6}$$

单元指标指每个估算单位的建设投资额，如酒店和宾馆单位客房投资指标、医院每个床位投资指标、钢铁厂每吨钢投资指标、民用建筑单位面积或单位体积投资指标等。

在使用单元指标估算法时，应注意以下几个方面。一是指标包括的范围。指标是否包括管理费、试车费以及工程的其他费用。如果未包括，还需单独估算后加总。二是产量少、规模小的工程，指标可适当调增，反之指标可适当调减。三是当拟建项目的结构、建筑与指标局部不相符时，要对指标进行适当的修正。

2. 固定资产投资详细估算方法

1）建筑工程费估算

建筑工程费估算最常用的有单位建筑工程投资估算法和概算指标投资估算法。

（1）单位建筑工程投资估算法。该方法是以单位建筑工程量投资乘以建筑工程总量的积来计算建筑工程投资的。一般工业与民用建筑以单位建筑面积（m^2）的投资，工业窑炉砌筑以单位容积（m^3）的投资，水库以水坝单位长度（m）的投资，铁路路基以单位长度（km）的投资，矿山掘进以单位长度（m）的投资，乘以相应的建筑工程总量计算建筑工程费。

（2）概算指标投资估算法。对于没有上述估算指标且建筑工程费占建设投资比例较大的项目可用该法。采用这种方法，应有较为详细的基础数据和工程资料。

2）安装工程费估算

安装工程费估算包括各种机电设备装配和安装工程费用，与设备相连的工作台、梯子及其装设工程费用，附属于被安装设备的管线敷设工程费用，安装设备的绝缘、保温、防腐等工程费用，单体试运转和联动无负荷试运转费用等。

安装工程费通常按行业或专业机构发布的安装工程定额、取费标准和指标估算投资，具体计算可按安装费率、每吨设备安装费或者每单位安装实物工程量的费用估算，即

$$\text{安装工程费} = \text{设备原价} \times \text{安装费率} \tag{7-7}$$

$$\text{安装工程费} = \text{设备吨位} \times \text{每吨设备安装费} \tag{7-8}$$

$$\text{安装工程费} = \text{安装工程实物量} \times \text{每单位安装实物工程量的费用} \tag{7-9}$$

3）设备及工器具购置费估算

设备购置费估算应根据项目主要设备表及价格、费用资料编制。工器具购置费一般按占设备费的一定比例计取。一般公式为

$$\begin{aligned}\text{设备及工器具购置费} &= \text{设备购置费} + \text{工器具及生产家具购置费} \\ &= \text{设备购置费} \times (1 + \text{工器具购置费率})\end{aligned} \tag{7-10}$$

$$\text{设备购置费} = \text{设备原价} + \text{设备运杂费}$$

$$\text{工器具及生产家具购置费} = \text{设备购置费} \times \text{费率}$$

对于价值高的设备应按单台（套）估算设备费，价值小的设备可按类估算。国内设备和进口设备的设备购置费应分别计算。

国内设备购置费为设备国内出厂价加运杂费。设备运杂费主要包括运输费、装卸费和仓库保管费等，运杂费可按设备出厂价的一定百分比计算。

$$\begin{aligned}\text{国内设备购置费} &= \text{设备出厂价} + \text{运杂费} \\ &= \text{设备出厂价} + \text{运输费} + \text{装卸费} + \text{仓库保管费} \\ &= \text{设备出厂价} \times (1 + \text{运杂费率})\end{aligned} \tag{7-11}$$

进口设备购置费由进口设备货价、进口从属费用及国内运杂费组成。进口设备货价按

交货地点和方式的不同，分为离岸价（*FOB*）与到（抵）岸价（*CIF*）两种价格。如果采用了 *FOB* 价格，进口从属费用包括国外运输费、国外运输保险费、进口关税、进口环节增值税、外贸手续费、银行财务费和海关监管手续费。

进口设备到岸价与离岸价的关系

进口设备到岸价（*CIF*）= 离岸价（*FOB*）+ 国外运输费 + 国外运输保险费 (7-12)

国外运输费 = 离岸价 × 运费率　或　国外运输费 = 单位运价 × 运量

国外运输保险费 =（离岸价 + 国外运输费）× 国外运输保险费率

进口设备的从属费用通常按下面公式估算

进口关税 = 进口设备到岸价 × 人民币外汇牌价 × 进口关税率 (7-13)

进口环节增值税 =（进口设备到岸价 × 人民币外汇牌价 + 进口关税 + 消费税）× 增值税率 (7-14)

外贸手续费 = 进口设备到岸价 × 人民币外汇牌价 × 外贸手续费率 (7-15)

银行财务费 = 进口设备到岸价 × 人民币外汇牌价 × 银行财务费率 (7-16)

海关监管手续费 = 进口设备到岸价 × 人民币外汇牌价 × 海关监管手续费率 (7-17)

海关监管手续费是指海关对发生减免进口税或实行保税的进口设备，实施监管和提供服务收取的手续费。全额征收关税的设备，不收取海关监管手续费。

国内运杂费包括运输费、装卸费、运输保险费等。国内运杂费按运输方式，根据运量或者设备费金额估算。

设备运杂费 = 设备原价（进口设备抵岸价）× 费率 (7-18)

则进口设备购置费就可利用：进口设备购置费 = 进口设备到岸价 + 进口从属费用 + 国内运杂费的关系估算。

4）工程建设其他费用估算

工程建设其他费用按各项费用科目的费率或者取费标准估算。其中，土地费用的计算，经主管部门批准征用农业用地的建设项目，在投资估算的其他费用中，应包括按国家规定的标准估算的土地征用费、耕地占用费、新菜地开发建设基金及筹建期间的土地使用税等。其中土地征用费包括土地补偿费、青苗补偿费、居民安置费、地面附属物拆迁补偿费、征地管理费等。随着城市土地市场的建立，应按投资者实际获得的土地使用权所付的代价估算投资。其中，还应包括政府征收的契税、增值税和土地占用费等。某水电工程建设其他费用估算如表 7-2 所示。其中，费用内容可根据每个项目的情况进行取舍。

5）预备费估算

预备费估算包括基本预备费估算和涨价预备费的估算。

基本预备费以建筑安装工程费、设备及工器具购置费及工程建设其他费用之和为计算基数，乘以基本预备费率计算，即

基本预备费 =（建筑安装工程费 + 设备及工器具购置费 + 工程建设其他费用）× 基本预备费率 (7-19)

涨价预备费以建筑安装工程费、设备及工器具购置费之和为计算基数，公式为

$$PC = \sum_{t=1}^{n} I_t[(1+f)^t - 1] \quad (7\text{-}20)$$

式中　*PC*——涨价预备费；

I_t——第 t 年的建筑工程费、安装工程费、设备及工器具购置费之和；

f——建设期价格上涨率；

n——建设期。

表 7-2 某项目其他费用估算

序号	费用名称	费率或标准	计算依据(万元)	合价(万元)
1	土地费用			380.50
2	建设单位管理费	0.50%	28 018.18	140.09
3	勘察设计费			384.26
4	研究试验费	0.50%	28 018.18	140.09
5	建设单位临时设施费			154.00
6	工程建设监理费			350.00
7	工程保险费	0.50%	33 569.00	167.85
8	施工机构迁移费	3.50%	28 018.18	980.64
9	联合试运转费			3.62
10	生产职工培训费			335.47
11	办公及生活家具购置费			254.10
	合计			3 290.62

建设期价格上涨率(指数)，政府部门有规定的按规定执行，没有规定的由财务分析人员或可行性研究人员测算确定。

6)建设期借款利息

建设期借款利息的理论计算公式为

$$每年借款利息=\left(年初借款本息累计+\frac{本年借款额}{2}\right)\times 年利率 \tag{7-21}$$

【例 7-3】 某工程在建设期初的建筑安装工程费和设备工器具购置费为 45 000 万元。按项目实施进度计划，建设期 3 年，投资分年使用比例为：第 1 年 25%，第 2 年 55%，第 3 年 20%。投资在每年平均支用(均匀投入)，建设期内预计年平均价格总水平上涨率为 5%。建设期利息为 1 395 万元，工程建设其他费用为 3 860 万元，基本预备费率为 10%。试估算该项目的建设投资。

解 (1)计算项目的基本预备费。

$$基本预备费=(45\ 000+3\ 860)\times 10\%=4\ 886(万元)$$

(2)计算项目的涨价预备费。

第 1 年末的涨价预备费 $=45\ 000\times 25\%\times[(1+0.05)^{1/2}-1]=277.82$(万元)

第 2 年末的涨价预备费 $=45\ 000\times 55\%\times[(1+0.05)^{1+1/2}-1]=1\ 879.26$(万元)

第 3 年末的涨价预备费 $=45\ 000\times 20\%\times[(1+0.05)^{2+1/2}-1]=1\ 167.54$(万元)

该项目建设期的涨价预备费 $=277.82+1\ 879.26+1\ 167.54=3\ 324.62$(万元)

(3)计算项目的建设投资。

$$建设投资=静态投资+预备费+建设期借款利息$$

$$=45\ 000+3\ 860+4\ 886+3\ 324.62+1\ 395=58\ 465.62(\text{万元})$$

投资估算的方法很多,应根据项目的具体特点和当时掌握的资料及研究深度,力求准确。固定投资(建设投资)估算出来后,一般应编制建设投资估算表。

(二)净营运资金的估算

在项目决策研究的早期,净营运资金可以根据项目的特点和以往已建成运行的同类项目的数据,按销售收入、经营成本或固定资产投资的比例来估算,也可以按单位产量占净运营资金的比例来确定,此即扩大指标估算法。由于项目的加工深度、原料供应和销售渠道各不相同,这种估算方法误差较大,因此仅适用于个别情况或小型项目。随着项目投资决策研究的深入,有必要进行分项的详细估算,即分项详细估算法。

1. 扩大指标估算法

(1)按建设投资的一定比例估算。例如,国外化工企业的净营运资金,一般是按建设投资的15% ~20%计算的。

(2)按经营成本的一定比例估算。

(3)按年销售收入的一定比例估算。

(4)按单位产量占用流动资金的比例估算。

2. 分项详细估算法

分项详细估算法的思路是:先按照项目各年生产运行的强度,估算出各大类流动资产的最低需要量,加总以后减去该年估算出的正常情况下的流动负债(应付账款),这就是该年需要的净营运资金,再减去上年已注入的净营运资金,就得到该年净营运资金的增加额。当项目已达到正常的生产运行水平后,净营运资金就可以不再投入。

对计算净营运资金需要掌握的流动资产和流动负债这两类因素应分别进行估算。在可行性研究中,为简化计算,仅对存货、现金、应收账款这三项流动资产和应付账款这项流动负债进行计算。在各项流动资产估算时,要先确定这项流动资产对应的成本和费用,再确定这种流动资产的最低周转天数,计算出其对应的每年的周转次数,就可以计算该类流动资产的最低需要量了。净营运资金估算的基本关系式为

$$\text{净营运资金}=\text{流动资产}-\text{流动负债} \tag{7-22}$$

$$\text{流动资产}=\text{应收账款}+\text{存货}+\text{现金}$$

$$\text{流动负债}=\text{应付账款}$$

$$\text{净营运资金本年增加额}=\text{本年净营运资金}-\text{上年净营运资金} \tag{7-23}$$

$$\text{存货}=\text{外购原材料}+\text{外购燃料}+\text{在产品}+\text{产成品} \tag{7-24}$$

各项流动资产估算时,要先确定这项流动资产对应的成本费用,再确定这种流动资产的最低周转天数。每年的周转次数为

$$\text{周转次数}=\frac{360}{\text{最低周转天数}} \tag{7-25}$$

这类流动资产的最低需要量就为

$$\text{流动资产}=\frac{\text{对应的年成本费用}}{\text{周转次数}} \tag{7-26}$$

因此,各类流动资产的最低需要量分别为

$$\text{外购原材料}=\frac{\text{年外购原材料}}{\text{按种类分项周转次数}} \tag{7-27}$$

$$外购燃料 = \frac{年外购燃材料}{按种类分项周转次数} \tag{7-28}$$

$$在产品 = \frac{年外购原材料 + 年外购燃料 + 年工资及福利费 + 年修理费 + 年其他制造费用}{在产品周转次数} \tag{7-29}$$

$$产成品 = \frac{年经营成本}{产成品周转次数} \tag{7-30}$$

$$现金 = \frac{年工资及福利费 + 年其他费用}{现金周转次数} \tag{7-31}$$

年其他费用 = 差旅费 + 办公费 + 车间和管理部门水电费 + 保险费 + 咨询费
= 制造费用 + 管理费用 + 销售费用 −
（以上三项中所含的工资及福利费、折旧费、维检费、摊销费、修理费和利息支出） (7-32)

$$应收账款 = \frac{年销售收入}{应收账款周转次数} \quad 或 \quad 应收账款 = \frac{年经营成本}{应收账款周转次数} \tag{7-33}$$

$$应付账款 = \frac{年外购原材料 + 年外购燃料动力}{应付账款周转次数} \tag{7-34}$$

【例7-4】 某拟建项目第4年开始投产，投产后的年生产成本和费用的估算如表7-3所示。各项流动资产和流动负债（应付账款）的周转天数如表7-4所示。试估算投产阶段需要投入的净营运资金。

表7-3 年生产成本和费用估算 （单元：万元）

序号	项目	计算期				
		4	5	6	7	…
1	外购原材料	2 055	3 475	4 125	4 125	
2	进口零部件	1 087	1 208	725	725	
3	外购燃料	13	25	27	27	
4	外购燃料动力	29	48	58	58	
5	工资及福利费	213	228	228	228	
6	修理费	15	15	69	69	
7	折旧费	224	224	224	224	
8	摊销费	70	70	70	70	
9	利息支出	234	196	151	130	
10	其他费用	324	441	507	507	
11	总成本费用（1～10项之和）	4 264	5 930	6 184	6 163	
12	经营成本（11－7－8－9）	3 736	5 440	5 739	5 739	

注：（1）经营成本是指生产总成本费用中不包括折旧、摊销和利息的支出和费用。
（2）本表的项目是按成本要素列出的。其中各项要素费用包括了制造费用、管理费用、财务费用和销售费用中的该要素费用。表中第10项"其他费用"是指制造费用、管理费用、财务费用和销售费用中扣除了工资及福利费、折旧费、摊销费、修理费和利息支出后的其他费用。

表 7-4 净营运资金和应付账款的最低周转天数 （单位：天）

序号	项目	最低周转天数
1	应收账款	40
2	存货	—
2.1	原材料	50
2.2	进口零部件	90
2.3	燃料	60
2.4	在产品	20
2.5	产成品	10
3	现金	15
4	应付账款	40

解 按以上资料，列表（见表 7-5）算出净营运资金的需要量和逐年的投入量，表中给出对应表 7-3 的赖以周转的成本费用项目。

表 7-5 净营运资金估算表 （单位：万元）

序号	项目	最低周转天数（天）	周转次数	计算期					对应表 7-3 的成本费用项目
				4	5	6	7	…	
（一）	流动资产	—	—						—
1	应收账款	40	9	415	604	638	638		12
2	存货	—	—						—
2.1	原材料	50	7.2	285	483	573	573		1
2.2	进口零部件	90	4	272	302	181	181		2
2.3	燃料	60	6	2	4	5	5		3
2.4	在产品	20	18	190	278	291	291		1 +2 +3 +4 +5 +6
2.5	产成品	10	36	104	151	159	159		12
3	现金	15	24	22	28	31	31		5 +10
	小计	—	—	1 290	1 850	1 878	1 878		—
（二）	流动负债	—	—						—
4	应付账款	40	9	354	528	548	548		1 +2 +3 +4
（三）	净营运资金（一）-（二）			936	1 322	1 330	1 330		
（四）	净营运资金本年增加额			936	386	8	0		

由表 7-5 可知，投产年初（第 4 年）需投入净营运资金 936 万元，第 5 年再投入 386 万元，第 6 年再投入 8 万元。第 6 年后，假定生产已达正常，净营运资金已不再需要投入，始终保持在 1 330 万元的水平上。

当项目总投资确定后，需要编制项目总投资使用计划与资金筹措表，如表 7-6 所示。

表 7-6　项目总投资使用计划与资金筹措表（单位：万元）

序号	项目	合计			第Ⅰ期			……		
		人民币	外币	小计	人民币	外币	小计	人民币	外币	小计
1	总投资									
1.1	建设投资									
1.2	建设期利息									
1.3	净营运资金									
2	资金筹措									
2.1	权益资金									
2.1.1	用于建设投资××方……									
2.1.2	用于营运资金××方……									
2.1.3	用于建设期利息××方……									
2.2	银行借款									
2.2.1	用于建设投资××借款……									
2.2.2	用于建设期利息××借款……									
2.2.3	用于营运资金×××……									
2.3	其他资金×××……									

第三节　投资项目收益估算

一、收入、成本和费用

投资项目建成并投入生产经营后，投资者最关心的是尽可能快地收回投资并获取尽可能多的盈利。因此，首先应明确哪些内容以及通过什么途径才能估算出投资的收益。

(一)按成本项目分类

按现行财务会计制度，概略地说，企业在生产经营期的收入、成本和利润的核算关系如图 7-4 所示。

- 销售收入
  - 销售税金及附加
  - 销售费用
  - 总成本费用
    - 销售成本
    - 管理费用
    - 财务费用
  - 销售利润
    - 营业外净支出(－)
    - 其他投资净收益(＋)
    - 利润总额
      - 所得税
      - 税后利润

图 7-4　收入、成本、费用和利润关系图

1. 销售收入

企业生产经营阶段的主要收入来源是销售收入，它是指企业销售产品或者提供劳务等取得的收入。其计算方法为

$$销售收入 = 产品的销售数量 \times 销售价格$$

2. 销售税金及附加

销售税金及附加是指消费税、营业税、资源税、城市维护建设税和教育费附加。

消费税是以消费品(或者消费行为)的流转额为课税对象的税种。在财务分析中，一般按销售额乘以消费税税率计算。

营业税是对交通运输、商业、服务业等行业的纳税人，以其经营活动营业额(销售额)为课税对象的税种。在财务分析中，营业税按营业收入额乘以营业税税率计算。

资源税是对开采自然资源的纳税人征收的税种。通常按应课税矿产的产量乘以单位税额计算。

城市维护建设税和教育费附加是以增值税、营业税为税基和消费税为税基乘以相应的税率计算。

3. 增值税

增值税是对生产、销售商品或者提供劳务的纳税人实行抵扣原则，就其生产、经营过程中实际发生的增值额课税的税种。财务分析的销售收入和成本不含增值税。

4. 总成本费用与经营成本

总成本费用估算表如表 7-7 所示。

现行的财务会计制度是按成本项目进行成本和费用项目核算的。由若干个相对独立的

成本中心或费用中心分别核算生产成本（为简化起见，在项目分析时，假定当期生产的产品全部销售，其销售成本就等于生产成本）、销售费用和管理费用。同一投入要素在不同的项目中加以记录和核算。这种方法的优点是简化了核算过程，便于成本核算的管理；缺点是看不清各种投入要素的比例。

要特别指出的是，有些成本和费用要素在性质上与一般的投入要素不同，在投资分析中要作特殊处理。为此，有必要按成本要素列出成本费用。

表 7-7　总成本费用估算表　（单位：万元）

序号	项目	合计	计算期					
			1	2	3	4	…	n
1	外购原材料费							
2	外购燃料及动力费							
3	工资及福利费							
4	修理费							
5	其他费用							
6	经营成本（1+2+3+4+5）							
7	折旧费							
8	摊销费							
9	利息支出							
10	总成本费用合计（6+7+8+9） 其中：变动成本 　　　固定成本							

（二）按成本要素分类

图 7-5 是简化了的按成本要素列出的总成本费用与销售收入和利润分配关系。这里忽略了营业外的收入和支出，也不考虑企业的其他投资收益，因此利润总额就等于销售利润。还要注意，这里的折旧费包括生产成本制造费用中的折旧费和矿山维护费，也包括管理费用和销售费用中的折旧费。工资及福利费和外购原材料、燃料动力费也是如此。

- 销售收入
  - 销售税金及附加——消费税、营业税、资源税、城市维护建设税及教育费附加
  - 总成本费用
    - 折旧费、摊销费
    - 利息支出
    - 外购原材料、燃料、动力费（经营成本）
    - 工资及福利费（经营成本）
    - 修理费（经营成本）
    - 其他费用（经营成本）
  - 利润总额
    - 所得税
    - 税后利润
      - 盈余公积金（含公益金）
      - 应付利润
      - 未分配利润

图 7-5　总成本费用与销售收入和利润分配关系图

折旧费和摊销费不是一种经常性的实际支出，它们是以前一次性投资支出的分摊。在

按年计算成本费用、利润和所得税时,显然应把折旧费和摊销费看做是成本费用的组成部分。但是,从项目整个投资周期来看,固定资产、无形资产和递延资产的投资都已作为一次性支出,所以就不能再把折旧费和摊销费看做是支出,否则会发生重复计算。利息支出也是一种实际支出,在新财务会计制度下,实行的是税后还贷,借款的本金(包括融资租赁的租赁费)要用税后利润和折旧来归还,而生产经营期的利息可计入财务费用。在考察全部投资(包括权益资金及债务资金)时,利息无疑也是投资收益的组成部分,因此也不能把它再看做支出。

根据上述理由,在总成本费用中剔除折旧费、摊销费和利息支出后留存的经营性实际支出定义为经营成本。其计算式为

经营成本 = 总成本费用 − 折旧费 − 摊销费 − 利息支出　　(7-35)

从项目整个(全部)投资周期看,生产经营期中可看做是全部投资回报的来源,可表述为

全部投资回报 = 销售收入 − 经营成本 − 销售税金及附加 − 所得税　　(7-36)

或

全部投资回报 = 税后利润 + 折旧费 + 摊销费 + 利息支出

当考察权益(自有)资金的投资回报时,利息归债权人所有,并要从以上全部收益中扣除借款本金的偿还,这时对权益投资回报的来源可表达为

权益投资回报 = 销售收入 − 经营成本 − 销售税金及附加 − 所得税 − 借款利息支出和本金偿还　　(7-37)

或

权益投资回报 = 税后利润 + 折旧费 + 摊销费 − 借款本金偿还

二、经营成本估算

(一)经营成本

经营成本是总成本费用中剔除了折旧费、摊销费和利息支出后的全部经常性成本费用支出。其表达式为

经营成本 = 外购原材料、燃料及动力费 + 工资及福利费 + 修理费 + 其他费用

(1)外购原材料、燃料及动力费。包括生产经营过程中外购的原材料、辅助材料、备品配件、半成品、燃料、动力、包装物及其他材料。在估算中,可按各年的负荷算出各项消耗的数量乘以单价得到,也可以按销售产品价值中的内涵比例匡算。

(2)工资及福利费。工资包括直接从事生产人员、管理人员和销售部门人员的工资、奖金、津贴和补贴。按企业定员人数乘以各类人员年工资标准得到估算数。职工福利费可按工资总额的14%估算。主要用于医药费或医疗保险、职工困难补助以及其他福利性开支。

(3)修理费。包括生产单位、行政管理部门和销售部门发生的修理费用,一般可按折旧费的一定比例估算。

(4)其他费用。指总成本费用中剔除上述成本费用以及折旧费、摊销费和利息支出后的费用。包括制造费用、管理费用和销售费用中的办公费、差旅费、运输费、保险费、工会经费、职工教育经费、土地使用费、技术转让费、咨询费、业务招待费、坏账损失和在成本费用中列支的税金、租赁费(非融资租赁)、广告费、销售服务费用等。

列入成本和费用中的税金有房产税、车船使用税、土地使用税和印花税等。

工会经费按照职工工资总额的2%估算，职工教育经费按照职工工资总额的1.5%估算，业务招待费按销售净额的5‰～1%计算，不能突破。

(二)折旧费

折旧费是指固定资产投资费用的折旧。在投资项目计算期的现金流量表中，折旧费和摊销费并不构成现金流出，但是在估算利润总额和所得税时，它们是总成本费用的组成部分。从企业角度来看，折旧的多少与快慢并不代表企业的这项费用实际支出的多少与快慢，因为它们本身就不是实际的支出，而是一种会计手段，把以前发生的一次性支出在年度(或月份)中进行分摊，以核算当年(或当月)应缴付的所得税和可以分配的利润。一般来说：一方面，企业总希望多提和快提折旧费与摊销费以期少交或慢交所得税；另一方面，从政府角度看，也要防止企业的这种倾向，保证正常的税收来源。因此，对折旧费和摊销费的计算都作了明确的规定。

固定资产折旧的方法在本书第三章中已作叙述。

(三)摊销费

摊销费是指无形资产和递延资产等一次性费用的分摊。它们的性质与固定资产折旧费相同。无形资产从开始使用之日起，在有效使用期限内平均计算摊销费。有效使用期限按下列原则确定：法律或合同或企业申请书分别规定有法定有效使用期限和收益年限的，取较短者为有效使用年限；法律没有规定有效使用期限的，按照合同或者企业申请书规定的收益年限确定为有效使用年限；法律或合同或企业申请书均未规定有效使用期限和收益年限的，按照不少于10年确定有效使用期限。

递延资产包括开办费和以经营租赁方式租入的固定资产改良支出等。开办费从企业开始生产经营起，按照不短于5年的期限平均摊销；以经营租赁方式租入的固定资产改良支出，在租赁有效期限内分期平均摊销。

(四)利息支出

利息支出是指固定资产欠款的利息和净营运资金欠款的利息。

三、利润与所得税估算

关于利润和税金的会计核算可参见第三章，这里只是从项目投资角度作一简要叙述。

当采用成本要素核算时，有

$$\text{投资项目生产经营年份的总成本费用} = \text{经营成本} + \text{折旧费} + \text{摊销费} + \text{利息支出} \tag{7-38}$$

$$\text{年利润总额} = \text{年销售收入} - \text{总成本费用} - \text{销售税金及附加} \tag{7-39}$$

这里，略去了项目在运行过程中的其他投资收益和营业外的收入和支出。

利润总额按国家规定作相应调整后，按税法规定的税率计算所得税，目前企业所得税税率为25%。企业发生的年度亏损，可以用下一年度的税前利润等弥补。下一年度的利润不足以弥补的，可以在5年内延续弥补。按弥补以后的应纳税所得额再计算所得税。

企业缴纳所得税后的利润，基本上都可以看做是投资者的所得。但投资者真正能拿到的现金形式的分配利润还要从税后利润中扣除以下部分：

(1)被没收的财物损失，支付各项税收的滞纳金和罚款。

(2)弥补企业以前年度的亏损。

(3)提取法定盈余公积金。法定盈余公积金按照税后利润扣除前两项后的10%提取，盈余公积金已经达到注册资金50%时可不再提取。

(4)提取任意盈余公积金。

在借款本金还清以前,必要时要用税后利润偿还借款本金,再分配利润。

上述结果是按照现行会计制度计算出的会计净利润中可由投资者支配的部分,但实际上归属于投资者的权益不仅仅只限于以上部分,从广义的角度看,投资者在企业中的盈余资金部分,还包括盈余公积金、折旧费和摊销费等扣除借款本金偿还以后的积累部分。这些资金虽不能向投资者分配,但可按照规定用于弥补亏损或转增资本金或用于再投资,至少可以存入银行赚取利息。如果把以上两种形式的利益和权益都看做是投资者的收益,完整的收益表述应该是

$$\left.\begin{array}{l}\text{各年的销售收入}\\ -\text{经营成本}\\ -\text{销售税金及附加}\\ -\text{所得税}\\ -\text{借款本金偿还}\\ -\text{借款利息支付}\end{array}\right\}\text{或者}\left\{\begin{array}{l}\text{税后利润或亏损(负数)}\\ +\text{折旧费和摊销费}\\ -\text{借款本金偿还}\end{array}\right. \tag{7-40}$$

注意,弥补上年度亏损只是在计算当年所得税和计算当年法定公积金时起作用,在计算投资者的现金流入时,各年已考虑了盈余和亏损的因素,不应再用以后年份的税后利润弥补上年度的亏损,否则会造成现金流出的重复计算。

【例7-5】 某投资项目投产后前两年的收入和成本费用情况如表7-8所示,试求投资者在这两年中的全部投资收益。

表7-8 投资收益与利润的关系 （单位:万元）

项目	投产期			备注(第三年数字)
	2	3		
1. 销售收入	2 500	3 500		
2. 销售税金及附加	120	170		
3. 总成本费用	2 500	2 550		
其中:折旧费与摊销费	950	950		
利息支付	450	400		
经营成本	1 100	1 200		
4. 利润总额	-120	780		
5. 弥补亏损后应纳税所得额	0	660		780-120=660
6. 所得税(33%)	0	218		660×33%=218
7. 税后利润	-120	562		780-218=562
8. 弥补以前年度亏损	0	120		
9. 提取盈余公积金		44		(562-120)×10%=44
10. 偿还借款本金	500	500		
其中:用折旧费与摊销费	500	500		
用税后利润	0	0		
11. 利润分配	0	398		562-120-44=398

解 虽然投资者在该项目投产后的前两年中只得到现金分配的利润 398 万元(第 3 年),其实际可用于回收投资的收益(即权益资金的投资净现金流量)(万元)为

项目	第 2 年	第 3 年
销售收入	2 500	3 500
－经营成本	1 100	1 200
－销售税金及附加	120	170
－所得税	0	218
－借款利息支付	450	400
－借款本金偿还	500	500
净现金流量	330	1 012

或者

项目	第 2 年	第 3 年
税后利润	－120	562
＋折旧费与摊销费	950	950
－借款本金偿还	500	500
投资者的全部受益	330	1 012

第 2 年可用于回收投资的收益是 330 万元,第 3 年为 1 012 万元,其中第 3 年投资者到手的现金是 398 万元,其余部分是留在企业的盈余资金。

对于股份制企业,利润以股利的形式分配。先支付优先股股利,再按公司章程或者股东会议决议提取盈余公积金,然后分配普通股股利。当年无利润时,不得分配普通股股利,但在用盈余公积金弥补亏损后,经股东会议特别决议,可以按照不超过股票面值 6% 的比例用盈余公积金分配股利,在分配股利后,企业法定盈余公积金不得低于注册资金的 25%。盈余公积金可以用于转增资本金,以送配股或再发行的方式扩大资本金,但转增资本金后,企业的法定盈余公积金应不低于注册资金的 25%。

从以上分析可知,在投资收益整个周期的计算中,可用于回收投资的收益不仅仅是税后利润,但是税后利润是反映企业各年财务业绩的重要指标。如果年年亏损或者没有利润,那么投资于该项目的本金都收不回来,更谈不上利润。此外,利润的计算对所得税支出和利润分配的估算都是不可缺少的。因此,在投资财务分析中利润与利润分配表(见表 7-9)是不可少的。现金流量表(见表 7-10、表 7-11)中的所得税一项由表 7-9 得到。

利用利润与利润分配表反映项目计算期内各年的销售(营业)收入、总成本费用、利润总额等情况,用于计算总投资收益率、权益投资净利润等指标,如表 7-9 所示。

表 7-9　利润与利润分配表　　（单位：万元）

<table>
<tr><th rowspan="2">序号</th><th rowspan="2">项目</th><th rowspan="2">合计</th><th colspan="6">计算期</th></tr>
<tr><th>1</th><th>2</th><th>3</th><th>4</th><th>…</th><th>n</th></tr>
<tr><td>1</td><td>销售(营业)收入</td><td></td><td></td><td></td><td></td><td></td><td></td><td></td></tr>
<tr><td>2</td><td>销售(营业)税金及附加</td><td></td><td></td><td></td><td></td><td></td><td></td><td></td></tr>
<tr><td>3</td><td>总成本费用</td><td></td><td></td><td></td><td></td><td></td><td></td><td></td></tr>
<tr><td></td><td>其中:经营成本</td><td></td><td></td><td></td><td></td><td></td><td></td><td></td></tr>
<tr><td></td><td>折旧和摊销费</td><td></td><td></td><td></td><td></td><td></td><td></td><td></td></tr>
<tr><td></td><td>利息支出</td><td></td><td></td><td></td><td></td><td></td><td></td><td></td></tr>
<tr><td>4</td><td>补贴收入</td><td></td><td></td><td></td><td></td><td></td><td></td><td></td></tr>
<tr><td>5</td><td>利润总额(1－2－3＋4)</td><td></td><td></td><td></td><td></td><td></td><td></td><td></td></tr>
<tr><td>6</td><td>弥补以前年度亏损</td><td></td><td></td><td></td><td></td><td></td><td></td><td></td></tr>
<tr><td>7</td><td>应纳税所得额(5－6)</td><td></td><td></td><td></td><td></td><td></td><td></td><td></td></tr>
<tr><td>8</td><td>所得税</td><td></td><td></td><td></td><td></td><td></td><td></td><td></td></tr>
<tr><td>9</td><td>净利润(5－8)</td><td></td><td></td><td></td><td></td><td></td><td></td><td></td></tr>
<tr><td>10</td><td>期初未分配利润</td><td></td><td></td><td></td><td></td><td></td><td></td><td></td></tr>
<tr><td>11</td><td>可供分配利润(9＋10)</td><td></td><td></td><td></td><td></td><td></td><td></td><td></td></tr>
<tr><td>12</td><td>提取法定盈余公积金</td><td></td><td></td><td></td><td></td><td></td><td></td><td></td></tr>
<tr><td>13</td><td>提取公积金</td><td></td><td></td><td></td><td></td><td></td><td></td><td></td></tr>
<tr><td>14</td><td>可供投资者分配的利润(11－12－13)</td><td></td><td colspan="6" rowspan="6">计算指标：
息税前利润(5＋利息支出)
息税折旧摊销前利润(息税前利润＋折旧＋摊销)</td></tr>
<tr><td>15</td><td>应付优先股股利</td><td></td></tr>
<tr><td>16</td><td>提取任意盈余公积金</td><td></td></tr>
<tr><td>17</td><td>应付普通股股利(14－15－16)</td><td></td></tr>
<tr><td>18</td><td>未分配利润(14－15－16－17)</td><td></td></tr>
<tr><td>19</td><td>累计未分配利润</td><td></td></tr>
</table>

四、现金流量表

(一)投资项目计算期的确定

一个完整的投资全过程是从第一笔投资投入到项目不再产生收益为止。作为实业性投资,这个周期至少要几年甚至几十年。在投资决策的前期,一般要事先估计这样一个投资的周期,称为计算期或研究期。

计算期的起点可以定在投资决策后开始实施的时间点上,在此之前的投资支出(一般不会很大)可以合并后作为这个时点上的支出。计算期的长短取决于项目的性质,或根据产品的寿命周期,或根据主要生产设备的经济寿命或合资合作期而定,一般取上述考虑中较短者，最长不宜超过 20 年，投资者希望在这段时间内使投资活动取得成功。在投资环境风险较大的情况下，投资者一般选择较短的计算期，仅几年甚至几个月，这样，投资项目选择的余地很小，投资规模也不会很大。

(二)现金流量与现金流量表

现金流量是指某一时段内(一般以一年为一个时段)资金的流出或流入的数量。这里的“现金”比日常所说的现金的含义要广，它泛指资金或可以变现资产的货币量。整个计算期的现金流量就可以勾画出整个投资活动的情况。根据这些现金流量可以计算投资的盈利能力指标和偿债能力指标。

现金流量表有投资现金流量表和财务计划现金流量表(资金来源与运用表)。投资现金流量表又可分为全部投资现金流量表、权益投资现金流量表和各方投资现金流量表。本教材列举全部投资现金流量表和权益投资现金流量表。

1. 全部投资现金流量表

全部投资现金流量表是从建设投资者角度出发的现金流入和现金流出的汇总(见表 7-10)。本教材对于全部投资现金流量表分别从融资前和融资后两方面叙述。融资前的全部投资现金流量表不考虑资金来源。总成本费用中的利息支出为零，所得税额要大一些，以便与 *WACC* 进行比较分析。融资后的全部现金流量表，把用于投资的债权人的贷款也看

表 7-10　全部投资现金流量表　（单位:万元）

序号	项目	合计	计算期					
			1	2	3	4	…	n
1	现金流入							
1.1	销售(营业)收入							
1.2	回收固定资产余值							
1.3	回收净营运资金							
1.4	其他现金流入							
2	现金流出							
2.1	建设投资(不含建设期利息)							
2.2	净营运资金							
2.3	经营成本							
2.4	销售税金及附加							
2.5	设备更新投资							
3	所得税前净现金流量(1－2)					计算指标： 全部投资内部收益率 全部投资净现值 投资回收期		
4	累计所得税前净现金流量							
5	所得税(融资前、融资后)							
6	所得税后净现金流量(3－5)							
7	累计所得税后净现金流量							

做现金流出，把利息和借款的偿还看做是投资的回收。在现金流出中包括了全部的建设投资，既包括投资者的权益投资，也包括用于投资的借贷资金和融资租赁的资产的投入；在现金流入中包括投资者分得的利润和留在企业的盈余资金，也包括用于还本付息（包括融资租赁的租赁费支出）的折旧、税后利润和财务费用中的利息支出。当然，还包括计算期末可以回收的固定资产余值和回收的净营运资金。

按惯例，表 7-10 中的计算期指的是该年年末。当年的现金流入减去当年的现金流出就得到当年的净现金流量。显然，计算期开始的几年，净现金流量是负值，它们代表投资资金的支出；计算期后面若干年的净现金流量一般是正值，它们代表投资的收益，主要是指税后利润、折旧费、摊销费和利息支出等。在计算期的最后一年（即第 n 年）还有资产回收的现金流入。

注意，在表 7-10 中，建设投资（固定投资）包括固定资产投资、无形资产投资和递延资产投资，不包括建设期借款的利息。

2. 权益资金投资现金流量表

全部投资现金流量表反映的是全部投资者在该项目上资金投入和收入的情况，投资中包括了投资者出资的部分，也包括负债资金。为了知道投资者出资部分的投资效果，有必要列出权益资金投资现金流量表（见表 7-11）。与表 7-10 不同的是，现金流出的投资中只包括权益资金投资，同时增加了借款的本金偿还和利息的支付。从表 7-10 中把借款的投资（假定建设投资减去权益投资就是借款数）去掉，同时也去掉债权人的收益（利息收入和本金收回），就得到表 7-11。

表 7-11　权益资金投资现金流量表　（单位：万元）

<table>
<tr><th rowspan="2">序号</th><th rowspan="2">项目</th><th rowspan="2">合计</th><th colspan="6">计算期</th></tr>
<tr><th>1</th><th>2</th><th>3</th><th>4</th><th>…</th><th>n</th></tr>
<tr><td>1</td><td>现金流入</td><td></td><td></td><td></td><td></td><td></td><td></td><td></td></tr>
<tr><td>1.1</td><td>销售（营业）收入</td><td></td><td></td><td></td><td></td><td></td><td></td><td></td></tr>
<tr><td>1.2</td><td>回收固定资产余值</td><td></td><td></td><td></td><td></td><td></td><td></td><td></td></tr>
<tr><td>1.3</td><td>回收净营运资金</td><td></td><td></td><td></td><td></td><td></td><td></td><td></td></tr>
<tr><td>1.4</td><td>其他现金流入</td><td></td><td></td><td></td><td></td><td></td><td></td><td></td></tr>
<tr><td>2</td><td>现金流出</td><td></td><td></td><td></td><td></td><td></td><td></td><td></td></tr>
<tr><td>2.1</td><td>权益投资</td><td></td><td></td><td></td><td></td><td></td><td></td><td></td></tr>
<tr><td>2.2</td><td>借款本金偿还</td><td></td><td></td><td></td><td></td><td></td><td></td><td></td></tr>
<tr><td>2.3</td><td>借款利息支付</td><td></td><td></td><td></td><td></td><td></td><td></td><td></td></tr>
<tr><td>2.4</td><td>经营成本</td><td></td><td></td><td></td><td></td><td colspan="3" rowspan="6">计算指标：
权益投资内部收益率</td></tr>
<tr><td>2.5</td><td>销售（营业）税金及附加</td><td></td><td></td><td></td><td></td></tr>
<tr><td>2.6</td><td>所得税（融资后）</td><td></td><td></td><td></td><td></td></tr>
<tr><td>2.7</td><td>设备更新投资中权益资金</td><td></td><td></td><td></td><td></td></tr>
<tr><td>3</td><td>净现金流量（1－2）</td><td></td><td></td><td></td><td></td></tr>
</table>

权益投资是指项目投资者的投资额，并假定债务资金投资（包括融资租赁的固定资产投资）与权益投资之和等于建设投资（含建设期利息）。借款本金偿还中包括融资租赁的租赁费。权益投资中包括用于建设投资、净营运资金和建设期利息的权益资金。

第四节　投资项目盈利能力分析

一、盈利能力分析指标

盈利能力是反映项目财务效益的主要标志。投资项目盈利能力分析采用的主要指标如图 7-6 所示。

- 评价指标
  - 静态指标
    - 投资回收期
    - 投资收益率
    - 投资利润率
  - 动态指标
    - 投资回收期
    - 净现值、将来值、年度等值
    - 内部收益率

图 7-6　投资项目盈利能力分析主要指标

上述指标，除投资利润率外，其余的在第四章已有详细介绍。

投资利润率是度量投资盈利水平的一种静态指标，基本公式为

$$\text{投资利润率}=\frac{\text{正常年份利润}}{\text{初始投资}} \tag{7-41}$$

这个指标的缺点是：首先，当投资项目各年利润相差较大时，正常年份的利润将不好选择；其次，该指标不能反映项目计算期获益时间的长短；再次，随着项目收益的增加，项目实际占用的资金是逐步减少的，用初始投资做分母显然低估了投资项目的盈利水平。

二、全部投资和权益资金投资盈利能力

（一）全部投资盈利能力

项目的全部投资包括权益资金部分和债务资金（包括借款、债券发行收入和融资租赁）的投资，对应的投资收益是税后利润、折旧费及利息，其中利息可以看做是债务资金的盈利。在研究全部投资的盈利能力时，可以按前面介绍的全部投资现金流量表（见表 7-10）所列的净现金流量计算投资回收期、净现值和内部收益率。相应的静态指标可以用投资盈利率代替投资利润率，其表达式为

$$\text{投资盈利率}=\frac{\text{税后利润}+\text{利息}}{\text{全部投资额}} \tag{7-42}$$

全部投资的盈利能力指标，基本上不受融资方案的影响，可以反映项目方案本身的盈利水平。仔细分析表 7-10，除所得税一项外，其他现金流量都不受融资方案的影响，都取决于项目本身。因此，它提供给投资人和债权人（可以认为是间接投资者）以最基本的信息——是否值得投资（或贷款）。

（二）权益资金投资盈利能力

权益资金的盈利能力分析，是研究投资者出资部分的投资收益。因此，投资阶段的现金

流出只包括权益资金出资部分，生产经营期的现金流入要扣除债权人的收益，即本金的偿还、利息的支付以及融资租赁的租赁费支出。具体的现金流量见权益投资现金流量表7-11。

【例7-6】 假设全部投资的净现金流量（融资后）如图7-7所示，如果初始投资的一半是向银行借款，借款条件是：一年以后开始归还，分五年等额（利息加本金）还款，年利率为10%，求全部投资和权益资金投资的内部收益率。

解 按题意，第1年初借款额 $P = 1\,500 \times \frac{1}{2} = 750$（万元），根据等额还款公式，求得每年的还款本息数 A。则每年年末等额还本付息额为

$$A = P(A/P, 10\%, 5) = 750 \times 0.263\,8 = 197.85\text{（万元）}$$

从图7-7中减去借款的流入和还本付息的流出，得到权益资金投资的净现金流量，如图7-8所示。

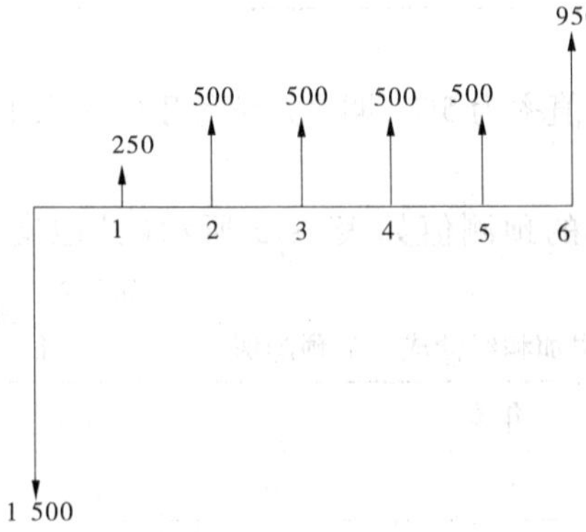

图7-7 全部投资净现金流量 （单位：万元）

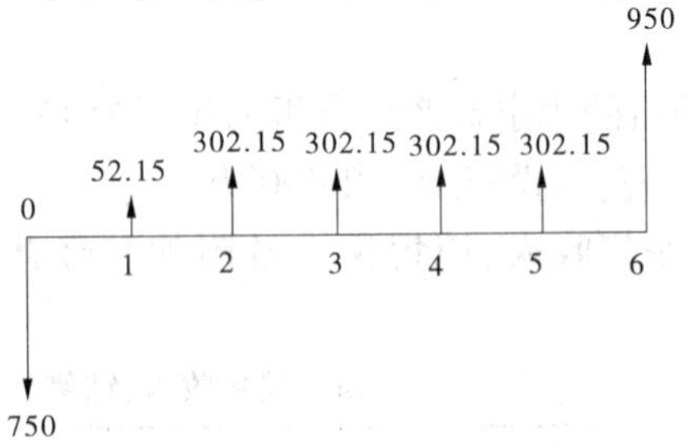

图7-8 权益资金投资净现金流量 （单位：万元）

根据图7-7和图7-8，可分别求得

全部投资的内部收益率 $IRR = 22.35\%$

权益资金投资的内部收益率 $IRR = 29.56\%$

一般来说，只要全部投资的内部收益率高于借款的利率，增加借款比例，可以提高权益资金投资的内部收益率。如例7-6中，全部投资的内部收益率为22.35%，借款的利率为10%，在借款投资一半的情况下，权益资金投资的内部收益率达到29.56%。权益资金投资的盈利能力一部分来自项目，另一部分来自贷款者。在这种情况下，投资会尽可能地减少权益资金的出资额，把余下的权益资金投向类似的项目，使整个权益资金投资的盈利能力提高，人们把投资者的这种做法叫做杠杆（Leverage）原理，即使在全部投资的内部收益率与借款利率相同的情况下，增加借款比例对直接投资者还是有利的。

这是因为：首先，建设期利息可以形成资产的原值，提高了折旧额。其次，在生产经营期，借款利息可以为当期损益（财务费用）。这两方面都可以减少所得税支出，使权益资金盈利水平提高。再次，投资者利用债务资金，分散权益资金在不同项目上，可以减少投资的风险，所谓“不要把全部鸡蛋都装在一个篮子里”就是这种考虑的体现。

当然，投资者利用财务杠杆也不是绝对的。首先，政策和法规规定，对负债的比例是有限制的。如我国合资企业法规规定注册资本一般应不少于投资总额的1/3。我国财务通则还规定，企业筹集的资本金在生产经营期内不得以任何方式抽走。其次，当多余的权益资金

找不到较好的其他投资渠道时，减少权益资金的出资就未必有利。

三、演示性举例

（一）融资前投资盈利能力分析

数据资料：某工业项目计算期为15年，建设期为3年，第4年投产，第5年开始达到生产能力。

（1）建设投资（固定资产投资）8 000万元。分年度投资情况如表7-12所示。

表7-12　分年度投资情况　（单位：万元）

项目	年末			合计
	1	2	3	
建设投资	2 500	3 500	2 000	8 000

该项目的固定资产综合折旧年限为15年，残值率为5%，期末余值等于账面余值。

（2）净营运投资约需2 490万元。

（3）销售收入、销售税金及附加和经营成本的预测值如表7-13所示（其他支出忽略不计）。

表7-13　销售收入、销售税金及附加和经营成本的预测值　（单位：万元）

项目	年末				
	4	5	6	…	15
销售收入	5 600	8 000	8 000	…	8 000
销售税金及附加	320	480	480	…	480
经营成本	3 500	5 000	5 000	…	5 000

要求：考察分析全部投资和权益资金投资的盈利能力。

解　在计算折旧、利润和所得税时均不考虑资金来源，即不考虑借款和利息。

（1）固定资产折旧计算。

平均折旧年限为15年，残值率5%，则

$$年折旧额=\frac{8\ 000\times(1-5\%)}{15}=507（万元）$$

第15年年末回收固定资产余值（假定回收余值与账面折余值相等）为

$$8\ 000-507\times12=1\ 916（万元）$$

（2）利润与所得税计算。

融资前的利息支出为零，利润和所得税的计算如表7-14所示。

（3）全部投资现金流量表及内部收益率。

根据表7-14编制全部投资现金流量表如表7-15所示。

根据表7-15的最后一行数字，计算得到全部投资的税后内部收益率$IRR=12.95\%$，投资回收期$P_t=8.92$年。

表 7-14　利润和所得税计算(融资前)

(单位:万元)

序号	项目	计算期											
		4	5	6	7	8	9	10	11	12	13	14	15
1	销售收入	5 600	8 000	8 000	8 000	8 000	8 000	8 000	8 000	8 000	8 000	8 000	8 000
2	销售税金及附加	320	480	480	480	480	480	480	480	480	480	480	480
3	总成本费用	4 007	5 507	5 507	5 507	5 507	5 507	5 507	5 507	5 507	5 507	5 507	5 507
3.1	经营成本	3 500	5 000	5 000	5 000	5 000	5 000	5 000	5 000	5 000	5 000	5 000	5 000
3.2	折旧费	507	507	507	507	507	507	507	507	507	507	507	507
3.3	利息支出	0	0	0	0	0	0	0	0	0	0	0	0
4	利润总额(1－2－3)	1 273	2 013	2 013	2 013	2 013	2 013	2 013	2 013	2 013	2 013	2 013	2 013
5	所得税(4×33%)	420	664	664	664	664	664	664	664	664	664	664	664
6	税后利润	853	1 349	1 349	1 349	1 349	1 349	1 349	1 349	1 349	1 349	1 349	1 349

表 7-15　全部投资现金流量表(融资前)

(单位:万元)

序号	项目	计算期														
		1	2	3	4	5	6	7	8	9	10	11	12	13	14	15
1	现金流入				5 600	8 000	8 000	8 000	8 000	8 000	8 000	8 000	8 000	8 000	8 000	12 406
1.1	销售收入				5 600	8 000	8 000	8 000	8 000	8 000	8 000	8 000	8 000	8 000	8 000	8 000
1.2	回收固定资产余值															1 916
1.3	回收净营运资金															2 490
2	现金流出	2 500	3 500	4 490	3 820	5 480	5 480	5 480	5 480	5 480	5 480	5 480	5 480	5 480	5 480	5 480
2.1	建设投资(不含建设期利息)	2 500	3 500	2 000												
2.2	净营运资金			2 490												
2.3	经营成本				3 500	5 000	5 000	5 000	5 000	5 000	5 000	5 000	5 000	5 000	5 000	5 000
2.4	销售税金及附加				320	480	480	480	480	480	480	480	480	480	480	480
3	所得税前净现金流量(1-2)	-2 500	-3 500	-4 490	1 780	2 520	2 520	2 520	2 520	2 520	2 520	2 520	2 520	2 520	2 520	6 926
4	累计所得税前净现金流量	-2 500	-6 000	-10 490	-8 710	-6 190	-3 670	-1 150	1 370	3 890	6 410	8 930	11 450	13 970	16 490	23 416
5	所得税				420	664	664	664	664	664	664	664	664	664	664	664
6	所得税后净现金流量(3-5)	-2 500	-3 500	-4 490	1 360	1 856	1 856	1 856	1 856	1 856	1 856	1 856	1 856	1 856	1 856	6 262
7	累计所得税后净现金流量	-2 500	-6 000	-10 490	-9 130	-7 274	-5 418	-3 562	-1 706	150	2 006	3 862	5 178	7 574	9 430	15 692

该项目的内部收益率为12.95%，我们可以以这个数值与可能的资金来源成本进行比较，以便确定是否有必要进一步研究。即使长期借款的利率为16%，全部经过借贷融资，该项目还是具有偿付能力的，因为 $IRR = 12.95\% > (1-33\%) \times 16\% = 10.72\%$。如果股权融资要求的投资回报率高达15%，而又能设法从银行借到一半的初始投资，那么加权平均的资金成本（参见第六章）为

$$WACC = 0.5 \times 15\% + 0.5 \times (1 - 33\%) \times 16\% = 7.5\% + 5.36\% = 12.86\%$$

项目的内部收益率还是大于资金成本（12.95% >12.86%），说明这个项目从盈利能力上看是可以考虑的。

（二）融资后的盈利能力分析

在对项目进行融资前的初步分析后，我们再进行融资后的盈利能力分析。

如果给定的融资方案如下：

（1）建设投资8 000万元中，权益投资4 000万元，分年出资为1 500万元、1 500万元和1 000万元，不足部分（4 000万元）向银行借款。银行贷款的条件是年利率10%，建设期只计息不付息还款，将利息按复利计算到第4年年初，作为全部借款本金。项目投产后（第4年年末）开始还贷，每年付清利息，并分10年等额偿还本金。

（2）净营运资金投资2 490万元，全部用银行贷款（始终维持借款状态），年利率也为10%。

试分析该项目的盈利能力。

融资后的盈利能力分析可按以下步骤进行。

（1）借款需要量计算（见表7-16）。

表7-16　借款需要量计算　　（单位：万元）

项目	年末				合计
	1	2	3	4	
建设投资总额	2 500	3 500	2 000		8 000
权益资金	1 500	1 500	1 000		4 000
净营运资金			2 490		2 490
借款需要量	1 000	2 000	3 490		6 490

（2）固定资产投资借款建设期利息计算（见表7-17）。

表7-17　建设期利息计算　　（单位：万元）

项目	年初				备注
	1	2	3	4	
年初欠款	0	1 050	3 255	4 630	1. 年利率为10%； 2. 建设期利息为630万元
当年借款	1 000	2 000	1 000		
当年利息	50	205	375		
年末累计欠款	1 050	3 255	4 630		

(3)固定资产折旧计算。

融资后的年折旧额计算中,建设期借款利息要计入固定资产原值内。年折旧额为

$$年折旧额=\frac{(8\ 000+630)\times(1-5\%)}{15}=547(万元)$$

第 15 年年末回收固定资产余值为

$$(8\ 000+630)-547\times12=2\ 066(万元)$$

(4)固定资产投资还款计划与利息计算。

根据与银行商定的条件,第 4 年开始支付每年的利息并还本金的 1/10,10 年内还清,利息可计入当期损益,详见表 7-18。

表 7-18　固定资产投资还款计划于利息计算表　　(单位:万元)

项目	年末									
	4	5	6	7	8	9	10	11	12	13
年初本息余额	4 630	4 167	3 704	3 241	2 788	2 315	1 852	1 389	926	463
当年利息支付	463	417	370	324	278	232	185	139	93	46
当年还本	463	463	463	463	463	463	463	463	463	463
年末本息余额	4 167	3 704	3 241	2 778	2 315	1 852	1 389	926	463	0

(5)利润与所得税计算。融资后的利润与所得税的计算如表 7-19 所示,据此编制全部投资(融资后)及权益资金投资现金流量表。

表 7-19　利润与所得税计算表(融资后)　　(单位:万元)

序号	项目	计算期											
		4	5	6	7	8	9	10	11	12	13	14	15
1	销售收入	5 600	8 000	8 000	8 000	8 000	8 000	8 000	8 000	8 000	8 000	8 000	8 000
2	销售税金及附加	320	480	480	480	480	480	480	480	480	480	480	480
3	总成本费用	4 759	6 213	6 166	6 120	6 074	6 028	5 981	5 935	5 889	5 842	5 796	5 796
3.1	经营成本	3 500	5 000	5 000	5 000	5 000	5 000	5 000	5 000	5 000	5 000	5 000	5 000
3.2	折旧费	547	547	547	547	547	547	547	547	547	547	547	547
3.3	利息支出	712	666	619	573	527	481	434	388	342	295	249	249
4	利润总额(1-2-3)	521	1 307	1 354	1 400	1 446	1 492	1 539	1 585	1 631	1 678	1 724	1 724
5	所得税(4×33%)	172	431	447	462	477	492	508	523	538	554	569	569
6	税后利润	349	876	907	938	969	1 000	1 031	1 062	1 093	1 124	1 155	1 155

(6)融资后的全部投资现金流量表(见表 7-20)。

融资后的全部投资内部收益率 $IRR=14.53\%$,投资回收期 $P_t=8.31$ 年。

(7)权益资金投资现金流量表(见表 7-21)。

权益资金投资的内部收益率 $IRR=18.47\%$。

表 7-20　全部投资现金流量表(融资后)

(单位:万元)

序号	项目	计算期														
		1	2	3	4	5	6	7	8	9	10	11	12	13	14	15
1	现金流入				5 600	8 000	8 000	8 000	8 000	8 000	8 000	8 000	8 000	8 000	8 000	12 556
1.1	销售收入				5 600	8 000	8 000	8 000	8 000	8 000	8 000	8 000	8 000	8 000	8 000	8 000
1.2	回收固定资产余值															2 066
1.3	回收净营运资金															2 490
2	现金流出	2 500	3 500	4 490	3 820	5 480	5 480	5 480	5 480	5 480	5 480	5 480	5 480	5 480	5 480	5 480
2.1	建设投资(不含建设期利息)	2 500	3 500	2 000												
2.2	净营运资金			2 490												
2.3	经营成本				3 500	5 000	5 000	5 000	5 000	5 000	5 000	5 000	5 000	5 000	5 000	5 000
2.4	销售税金及附加				320	480	480	480	480	480	480	480	480	480	480	480
3	所得税前净现金流量(1-2)	-2 500	-3 500	-4 490	1 780	2 520	2 520	2 520	2 520	2 520	2 520	2 520	2 520	2 520	2 520	7 076
4	累计所得税前净现金流量	-2 500	-6 000	-10 490	-8 710	-6 190	-3 670	-1 150	1 370	3 890	6 410	8 930	11 450	13 970	16 490	23 566
5	所得税				172	431	447	462	477	492	508	523	538	554	569	569
6	所得税后净现金流量(3-5)	-2 500	-3 500	-4 490	1 608	2 089	2 073	2 058	2 043	2 028	2 012	1 997	1 982	1 966	1 951	6 507
7	累计所得税后净现金流量	-2 500	-6 000	-10 490	-8 882	-6 793	-4 720	-2 662	-619	1 409	3 421	5 418	7 400	9 366	11 317	17 824

表 7-21　权益资金投资现金流量表

（单位:万元）

序号	项目	计算期														
		1	2	3	4	5	6	7	8	9	10	11	12	13	14	15
1	现金流入				5 600	8 000	8 000	8 000	8 000	8 000	8 000	8 000	8 000	8 000	8 000	12 556
1.1	销售收入				5 600	8 000	8 000	8 000	8 000	8 000	8 000	8 000	8 000	8 000	8 000	8 000
1.2	回收固定资产余值															2 066
1.3	回收净营运资金															2 490
2	现金流出	1 500	1 500	1 000	5 167	7 040	7 009	6 978	6 947	6 916	6 885	6 854	6 823	6 792	6 298	8 788
2.1	权益投资	1 500	1 500	1 000												
2.2	借款本金偿还				463	463	463	463	463	463	463	463	463	463	0	2 490
2.3	借款利息支付				712	666	619	573	527	481	434	388	342	295	249	249
2.4	经营成本				3 500	5 000	5 000	5 000	5 000	5 000	5 000	5 000	5 000	5 000	5 000	5 000
2.5	销售税金及附加				320	480	480	480	480	480	480	480	480	480	480	480
2.6	所得税				172	431	447	462	477	492	508	523	538	554	569	569
3	净现金流量	−1 500	−1 500	−1 000	433	960	991	1 022	1 053	1 084	1 115	1 146	1 177	1 208	1 702	3 768

即如果企业(投资者)现有投资机会最低吸引力的收益率 *MARR* 不高于 18.47%,该项目对投资者还是有吸引力的。

第五节 投资项目清偿能力分析

一、资金平衡分析

有些投资项目的盈利水平虽然很高,但由于资金筹措不足、资金到位迟缓、应收账款收不上来,以及汇率和利率变化等都会对项目产生影响,可能导致项目失败。因此,工程项目投资财务分析的一项重要工作就是:要在投资决策的前期认真分析项目在进行过程中各阶段的资金是否充裕,是否有足够的清偿债务的能力,项目在财务安排上的负债比例是否合适等。这类分析叫清偿能力分析(Liquidity Analysis)。

一般来说,项目在筹建的后期到生产经营达到正常的这段时间资金平衡最为困难,此时项目占用的资金量大,利息支付多,借款也要求偿还;而投产试生产阶段成本费用高,产销量低,资金流入少。因此,有必要逐年甚至逐季逐月地平衡资金,做到事先心中有数,未雨绸缪。

资金平衡分析可以通过编制财务计划现金流量表(Cash Flow Table for Financial Planning)进行,该表也称为资金来源与运用表,或者财务平衡分析表。该表有两种格式,如表 7-22 和表 7-23 所示。两种格式表格的区别在于生产经营阶段表 7-22 资金来源(流入)是从利润总额开始,而表 7-23 是从销售(营业)收入开始的。

表 7-22 资金来源与运用表 (单位:万元)

序号	项目	合计	计算期				期末余值
			1	2	3	…	
1	资金来源						
1.1	利润总额						
1.2	折旧费与摊销费						
1.3	长期借款						
1.4	短期借款						
1.5	权益资金						
1.6	回收固定资产余值						
1.7	回收净营运资金						
1.8	其他						
2	资金运用						
2.1	建设投资						
2.2	建设期利息						
2.3	净营运资金						
2.4	所得税						
2.5	应付利润						
2.6	长期借款本金偿还						
2.7	短期借款本金偿还						
3	盈余资金(1-2)						
4	累计盈余资金						

说明:期末余值是指计算期 n 年末回收固定资产余值和净营运资金。为便于与资产负债表对应,把这部分单列。在盈利能力分析的现金流量表中,这部分并入 n 年

表7-23 财务计划现金流量表

（单位：万元）

序号	项目	合计	计算期				
			1	2	3	…	n
1	经营活动净现金流量(1.1－1.2)						
1.1	现金流入						
1.1.1	销售(营业)收入						
1.1.2	增值税销项税额						
1.1.3	补贴收入						
1.1.4	其他流入						
1.2	现金流出						
1.2.1	经营成本						
1.2.2	增值税进项税额						
1.2.3	销售税金及附加						
1.2.4	增值税						
1.2.5	所得税						
1.2.6	其他流出						
2	投资活动净现金流量(2.1－2.2)						
2.1	现金流入						
2.2	现金流出						
2.2.1	建设投资						
2.2.2	设备更新投资						
2.2.3	流动资产投资						
2.2.4	其他						
3	筹资活动净现金流量(3.1－3.2)						
3.1	现金流入						
3.1.1	权益资金投入						
3.1.2	建设投资借款						
3.1.3	营运资金借款						
3.1.4	债券						
3.1.5	应付账款						
3.1.6	短期借款						
3.1.7	其他						
3.2	现金流出						
3.2.1	各种利息支出						
3.2.2	偿还债务本金						
3.2.3	应付利润(股利分配)						
3.2.4	其他						
4	净现金流量(盈余资金)(1+2+3)						
5	累计盈余资金						

由于在利润总额的计算中,把折旧费和摊销费作为支出,但正如前面多次说过的那样,它们不是实际的支出,因此在表7-22中又把它们作为资金来源。另外,在利润总额的计算中,利息支出是作为财务费用处理的,因此在表7-22中不再把生产经营期的利息支出作为资金运用,仅把建设期的利息支出(指实际支付的)作为资金运用。在表7-23中,只把总成本费用中的经营成本作为现金流出,因为后者不包括折旧费、摊销费及利息支出。因此,在盈余资金中没有扣除折旧费和摊销费,而所有的利息支付(包括建设期和生产经营期)都作为现金流出。仔细比较表7-22和表7-23,其计算所得的盈余资金是完全相同的。

财务计划现金流量表(资金来源与运用表)与用于盈利性分析的投资(包括全部投资和权益资金投资)现金流量表(见表7-10和表7-11)有本质的不同。前者是从项目的资金平衡出发的,后者是从投资者角度出发的。在财务计划现金流量表中把用于项目的全部资金来源都看做是现金流入,包括借款和权益资金投资,而在权益资金投资现金流量表中把权益资金投入看做是现金流出。

这里再对权益资金投资现金流量表(见表7-11)作一点补充解释。在形成这张表时,假定全部投资中除权益资金投资外的投资都通过债务资金来解决。两者相抵后,在现金流入中就不把债务资金(借款)作为现金流入,也不把全部投资作为流出,只把权益资金投资作为流出。在实际投资中,情况可能没有那么凑巧,为稳妥起见,债务资金可以适当多于需要的资金。在这种情况下,把权益资金投资现金流量表改为表7-24的格式,可以看做是对表7-11的一种修正。

表7-24 权益资金投资现金流量表(又一格式) (单位:万元)

序号	项目	合计	计算期					
			1	2	3	4	…	n
1	现金流入							
1.1	销售收入							
1.2	长期借款							
1.3	短期借款							
1.4	回收固定资产余值							
1.5	回收净营运资金							
2	现金流出							
2.1	固定投资							
2.2	净营运资金							
2.3	经营成本							
2.4	销售税金及附加							
2.5	所得税							
2.6	借款本金偿还							
2.7	借款利息偿还							
3	净现金流量(1-2)							

仔细对比表 7-23 和表 7-24，可以发现表 7-24 中的净现金流量可以从表 7-23 中推导出来：

表 7-24 的净现金流量 = 表 7-23 的（现金流入 − 现金流出）− 权益资金 + 应付利润

= 盈余资金 − 权益资金 + 应付利润

因此，权益资金投资的现金流量（见表 7-24）可以在财务计划现金流量表（表 7-22 或表 7-23）的基础上简洁地表达为如表 7-25 所示。

表 7-25　权益资金投资现金流量表的简洁表　（单位：万元）

序号	项目	合计	计算期					
			1	2	3	4	…	n
1	现金流入							
1.1	应付利润							
1.2	盈余资金							
2	现金流出							
2.1	权益资金							
3	净现金流量							

表 7-25 中"盈余资金"一行可直接来自表 7-22 或表 7-23，期末余值的数字可直接并入第 n 年。表 7-25 与表 7-11 的实质区别在于：表 7-11 没有考虑建设阶段债务资金多余的情况，而表 7-25 更为全面一些。

现在再回过头来考察表 7-22 和表 7-23 所提示的资金平衡情况。这两个表给出的盈余资金表示当年资金来源（现金流入）多于资金运用（现金流出）的数额。当盈余资金为负值时，表示当年资金的短缺数。在建设期，盈余（短缺）资金表示当年投资者的出资额加上借款或加上其他债务来源多于（少于）投资的数额。作为资金的平衡，并不需要每年的盈余资金不出现负值，而要求从投资开始至各年累计的盈余资金大于零。这就是要求投资项目在进行过程中的任何时刻都有够用的"钱"，否则项目将无法进行下去。当在某一时刻累计盈余资金小于零时，要在此之前增加借款或增加权益资金投入或延缓（减少）利润分配或设法与债务人协商延缓还款时间。当所有这些措施都无效时，即便是投资盈利能力很好，也要重新考虑投资项目的可行性，缩小投资项目的规模甚至放弃项目的投资。

二、资产负债表的预测

清偿能力分析除考察投资项目各时期的资金平衡情况外，还有必要预测和考察企业（项目）的资产负债变化情况，保证企业（项目）有较好的清偿能力和资金流动性。这些分析可以通过资产负债表（见表 7-26）的预测来实现。

资产负债表和前面介绍的现金流量表（包括利润与利润分配表、资金来源与运用表）的一个根本区别在于前者记录的是存量而后者是流量。所谓存量是指某一时刻的资金累计值；流量反映的是某一时段发生的资金流量值。资产负债表中的基本恒等关系是

$$资产 = 负债 + 所有者权益 \quad (7\text{-}43)$$

表 7-26　资产负债表　（单位：万元）

序号	项目	计算期					
		1	2	3	4	…	*n*
1	资产						
1.1	流动资产总额						
1.1.1	货币资金						
1.1.2	应收账款						
1.1.3	预付账款						
1.1.4	存货						
1.1.5	其他						
1.2	在建工程						
1.3	固定资产净值						
1.4	无形及其他资产净值						
2	负债及所有者权益(2.4＋2.5)						
2.1	流动负债总额						
2.1.1	短期借款						
2.1.2	应付账款						
2.1.3	预收账款						
2.1.4	其他						
2.2	建设投资借款						
2.3	营运资金借款						
2.4	负债小计(2.1＋2.2＋2.3)						
2.5	所有者权益				计算指标：资产负债率(%)		
2.5.1	权益资金投资						
2.5.2	资本公积金						
2.5.3	累计盈余公积金和公益金						
2.5.4	累计未分配利润						

注：货币资金包括现金和累计盈余资金。

流动资产总额包括了生产经营中所必须的最低要求的流动资产，即应收账款、存货和现金，也包括累计盈余资金。后者在形式上也是一种现金，但它是多于最低周转的必要部分。在建工程中记录的是包括施工前期准备、正在施工中和虽已完工但尚未交付使用的建筑工程和安装工程所花费的投资费用，它与建设期累计的固定投资和利息支出是一致的。固定资产、无形资产及递延资产的净值是资产原值减去累计的折旧费和摊销费所得。流动负债总额除各种应付账款外，还包括短期借款。权益资金投资和资本公积金等于权益资金的出资累计值，累计盈余公积金和累计未分配利润可以从利润分配表中的有关数字累计中得到。

三、清偿能力分析指标

（一）根据资产负债表计算的指标

1. 资产负债率(Liubilities－Assets Ratio)

资产负债率是负债与资产之比，反映企业各个时刻所面临的财务风险程度及偿债能力

的指标。其表达式为

$$资产负债率 = \frac{负债合计}{资产合计} \tag{7-44}$$

资产负债率到底多少合适，没有绝对的标准，一般认为0.5～0.8是合适的。国外类似的指标是债务资本比（Debt－Eguity Ratio），它表示投资者的杠杆比率（Investor Leverage）。投资者的权益资金越少，一般来说每一份权益资金的收益越高。从盈利性角度出发，权益的所有者希望保持较高的债务资本比，以此赋予权益资金有较高的杠杆力——用较少的权益资金来控制整个项目。但是，资产负债比例越高，项目的风险也越大，因为权益资金投资的大部分形成土地使用权、房屋和机械设备，变现较为困难，除非企业宣告破产。因此，银行和债权人一般不愿意贷款给权益资金出资额低于总投资50%的项目。

当资产负债率或债务资本比太高时，可以通过增加权益资金出资和减少利润分配等途径来调节。

2. 流动比率（Current Ratio）

流动比率是反映企业各个时期偿付流动负债能力的指标，其表达式为

$$流动比率 = \frac{流动资产总额}{流动负债总额} \tag{7-45}$$

由于流动资产总额中包括存货，而存货在通常情况下是不容易立即变现的，所以该指标不能确切反映瞬时的偿债能力。

3. 速动比率（Quick Ratio）

速动比率是反映企业各个时刻用可以立即变现的货币资金偿付流动负债能力的指标，其表达式为

$$速动比率 = \frac{流动资产总额－存货}{流动负债总额} \tag{7-46}$$

一般认为，流动比率应不小于1.2～2.0，速动比率应不小于1.0～1.2。

当流动比率和速动比率过小时，应设法减少流动负债，通过减少利润分配、减少库存等办法增加盈余资金。如增加长期借款（负债）等方法来加以调整。

（二）根据借款还本付息计划表计算的指标

1. 借款还本付息计划表

借款还本付息计划表应反映项目计算期内各年借款本金偿还和利息支付情况，用于计算偿债备付率和利息备付率指标，如表7-27所示。

2. 利息备付率

利息备付率是指项目在借款偿还期内，各期可以用于支付利息的税息前利润与当期应付利息费用的比值。其计算公式为

$$利息备付率 = \frac{税息前利润}{当期应付利息费用} \tag{7-47}$$

$$税息前利润 = 利润总额 + 计入总成本费用的利息费用 \tag{7-48}$$

当期应付利息是指计入总成本费用的全部利息。

利息备付率表示项目利润偿付利息的保证倍率。对于正常运营的企业，利息备付率应大于2；否则，表示付息能力保障程度不足。利息备付率可以按年计算，也可以按整个借款期计算。

表 7-27　借款还本付息计划表　（单位：万元）

序号	项目		合计	计算期					
				1	2	3	4	…	n
1	借款								
1.1	期初本息余额								
1.2	本期还本付息								
	其中	还本							
		付息							
1.3	期末本息余额								
2	债券								
2.1	期初本息余额								
2.2	本期还本付息								
	其中	还本							
		付息							
2.3	期末本息余额								
3	借款和债券合计								
3.1	期初本息余额								
3.2	本期还本付息								
	其中	还本							
		付息							
3.3	期末本息余额								
4	还本资金来源								
4.1	其可用于还本的未分配利润								
4.2	其可用于还本的折旧费								
4.3	其可用于还本的摊销费								
4.4	以前年度结余可用于还本资金								

3. 偿债备付率

偿债备付率是指项目在借款偿还期内，各年可用于还本付息资金与当期应还本付息金额的比值。其计算公式为

$$偿债备付率=\frac{可用于还本付息资金}{当期应还本付息金额} \tag{7-49}$$

可用于还本付息资金是指可用于还款的折旧费和摊销费、成本中列支的利息费用、可用于还款的利润等，当期应还本付息金额是指当期应还贷款本金及计入成本的利息。

偿债备付率表示可用于还本付息的资金偿还借款本息的保证倍率。偿债备付率一般情况下应大于 1。当偿债备付率小于 1 时，表示当年资金来源不足以偿还当期债务，需要通过短期借款偿付已到期债务。偿债备付率可以按年计算，也可以按整个借款期计算。

4. 借款偿还期

借款偿还期是指以项目投产后获得的可以用于还本付息的资金，还清借款本息所需的

时间,一般以年为单位表示。不足整年的部分可用内插法计算。计算公式如下

$$借款偿还期 = \begin{bmatrix}借款偿还后开始\\出现盈余年份数\end{bmatrix} - 开始借款年份 + \frac{当年偿还借款额}{当年可用于还款的资金额} \tag{7-50}$$

借款偿还期指标值的判断,应以能满足贷款机构的期限要求为标准。

借款偿还期指标适用于尽快还款项目,不适用于已约定借款偿还期的项目。对于已约定借款偿还期的项目,应采用利息备付率和偿债备付率指标。

四、演示性举例(续)

接着前面的演示例子进行偿债能力的分析。

假定利润的分配按以下原则进行:按当年税后利润的 10% 提取盈余公积金(如企业以前年度有亏损,则按弥补亏损后的数字提取 10%),提取税后利润的 5% 为公益金。余下部分全部作为应付利润分配,如果当年折旧费不足以归还借款的本金,则先归还借款本金后再分配利润。

利润分配表见表 7-28,该例固定投资中的借款都是长期借款,净营运资金全部由短期借款解决,在第 3 年末一次性投入。当年还款后当年再借,互相抵消,直到计算期末还清,故每年只支付净营运资金的利息。另外,建设期利息不论支付与否,均计入相关的资产原值,但是在资金平衡分析时,只把实际支付的利息列为资金运用。资金来源与运用如表 7-29 所示。

表 7-28 利润分配表 (单位:万元)

项目	年份											
	4	5	6	7	8	9	10	11	12	13	14	15
利润总额	521	1 307	1 354	1 400	1 446	1 492	1 539	1 585	1 631	1 678	1 724	1 724
所得税	172	431	447	462	477	492	508	523	538	554	569	569
税后利润	349	876	907	938	969	1 000	1 031	1 062	1 093	1 124	1 155	1 155
盈余公积金	35	88	91	94	97	100	103	106	109	112	116	116
公益金	18	44	45	47	48	50	52	53	55	56	58	58
应付利润	296	744	771	797	824	850	876	903	929	956	981	981
未分配利润	0	0	0	0	0	0	0	0	0	0	0	0

从表 7-29 中可以看出,建设期完全按照需要借款是有一定风险的(没有盈余资金)。生产经营期开始后累计盈余资金逐步增加,资金平衡上不会出现问题。累积的盈余资金可通过短期的资金运作或对外投资争取更好的收益。

本例的财务计划现金流量表见表 7-30。表 7-29 与表 7-30 的最后一行的数值是相同的。

该例资产负债表的预测如表 7-31 所示。由于例子中没有提供流动资产的结构和应付账款,假定应收账款等于应付账款,互相抵消后,流动资产中只列净营运资金数。无形资产和递延资产也无数据。所有者权益中增加了公益金。

表 7-29　资金来源与运用表

（单位：万元）

序号	项目	计算期															期末余值
		1	2	3	4	5	6	7	8	9	10	11	12	13	14	15	
1	资金来源	2 500	3 500	4 490	1 068	1 854	1 901	1 947	1 993	2 039	2 086	2 132	2 178	2 225	2 271	2 271	4 556
1.1	利润总额				521	1 307	1 354	1 400	1 446	1 492	1 539	1 585	1 631	1 678	1 724	1 724	
1.2	折旧费和摊销费				547	547	547	547	547	547	547	547	547	547	547	547	
1.3	长期借款	1 000	2 000	1 000													
1.4	短期借款			2 490													
1.5	权益资金	1 500	1 500	1 000													
1.6	回收固定资产余值																2 066
1.7	回收净营运资金																2 490
2	资金运用	2 500	3 500	4 490	931	1 638	1 681	1 722	1 764	1 805	1 847	1 889	1 930	1 973	1 550	1 550	2 490
2.1	建设投资	2 500	3 500	2 000													
2.2	建设期利息																
2.3	净营运资金					2 490											
2.4	所得税					172	431	447	462	477	492	508	523	538	554	569	569
2.5	应付利润					296	744	771	797	824	850	876	903	929	956	981	981
2.6	长期借款本金偿还					463	463	463	463	463	463	463	463	463	463	0	0
2.7	短期借款本金偿还																2 490
3	盈余资金				137	216	220	225	229	234	239	243	248	252	721	721	2 066
4	累计盈余资金				137	353	573	798	1 027	1 261	1 500	1 743	1 991	2 243	2 964	3 685	5 751

表 7-30　财务计划现金流量表

（单位：万元）

序号	项目	计算期														
		1	2	3	4	5	6	7	8	9	10	11	12	13	14	15
1	经营活动净现金流量（1.1－1.2）				1 608	2 089	2 073	2 058	2 043	2 028	2 012	1 997	1 982	1 966	1 951	1 951
1.1	现金流入															
1.1.1	销售收入				5 600	8 000	8 000	8 000	8 000	8 000	8 000	8 000	8 000	8 000	8 000	8 000
1.2	现金流出				3 992	5 911	5 927	5 942	5 957	5 972	5 988	6 003	6 018	6 034	6 049	6 049
1.2.1	经营成本				3 500	5 000	5 000	5 000	5 000	5 000	5 000	5 000	5 000	5 000	5 000	5 000
1.2.2	销售税金及附加				320	480	480	480	480	480	480	480	480	480	480	480
1.2.3	所得税				172	431	447	462	477	492	508	523	538	554	569	569
2	投资活动净现金流量（2.1－2.2）	－2 500	－3 500	－4 490												
2.1	现金流入															
2.2	现金流出															
2.2.1	建设投资	2 500	3 500	2 000												
2.2.2	流动资产投资			2 490												
3	筹资活动净现金流量（3.1－3.2）	2 500	3 500	4 490	－1 471	－1 873	－1 853	－1 833	－1 814	－1 794	－1 773	－1 754	－1 734	－1 714	－1 230	－1 230
3.1	现金流入	2 500	3 500	4 490												
3.1.1	权益资金投入	1 500	1 500	1 000												
3.1.2	建设投资借款	1 000	2 000	1 000												
3.1.3	营运资金借款			2 490												
3.2	现金流出				1 471	1 873	1 853	1 833	1 814	1 794	1 773	1 754	1 734	1 714	1 230	1 230
3.2.1	各种利息支出				712	666	619	573	527	481	434	388	342	295	249	249
3.2.2	偿还债务本金				463	463	463	463	463	463	463	463	463	463		
3.2.3	应付利润				296	744	771	797	824	850	876	903	929	956	981	981
4	净现金流量（盈余资金）（1＋2＋3）	0	0	0	137	216	220	225	229	234	239	243	248	252	721	721
5	累计盈余资金	0	0	0	137	353	573	798	1 027	1 261	1 500	1 743	1 991	2 243	2 964	3 685

表 7-31　资产负债表

（单位：万元）

序号	项目	计算期														
		1	2	3	4	5	6	7	8	9	10	11	12	13	14	15
1	资产	2 550	6 255	11 120	10 710	10 379	10 052	9 730	9 412	9 099	8 791	8 487	8 188	7 893	8 067	8 241
1.1	流动资产总额															
1.1.1	货币资金（现金和累计盈余资金）				137	353	573	798	1 027	1 261	1 500	1 743	1 991	2 243	2 964	3 685
1.1.2	流动资产			2 490	2 490	2 490	2 490	2 490	2 490	2 490	2 490	2 490	2 490	2 490	2 490	2 490
1.2	在建工程	2 550	6 255	8 630												
1.3	固定资产净值				8 083	7 536	6 989	6 442	5 895	5 348	4 801	4 254	3 707	3 160	2 613	2 066
2	负债及所有者权益	2 550	6 255	11 120	10 710	10 379	10 052	9 730	9 412	9 099	8 791	8 487	8 188	7 893	8 067	8 241
2.1	流动负债总额															
2.1.1	短期借款															
2.2	建设投资借款	1 050	3 255	4 630	4 167	3 704	3 241	2 778	2 315	1 852	1 389	926	463	0	0	0
2.3	营运资金借款			2 490	2 490	2 490	2 490	2 490	2 490	2 490	2 490	2 490	2 490	2 490	2 490	2 490
2.4	负债小计(2.1+2.2+2.3)	1 050	3 255	7 120	6 657	6 194	5 731	5 268	4 805	4 342	3 879	3 416	2 953	2 490	2 490	2 490
2.5	所有者权益	1 500	3 000	4 000	4 053	4 185	4 321	4 462	4 607	4 757	4 912	5 071	5 235	5 403	5 577	5 751
2.5.1	权益投资	1 500	3 000	4 000	4 000	4 000	4 000	4 000	4 000	4 000	4 000	4 000	4 000	4 000	4 000	4 000
2.5.2	累计盈余公积金				35	123	214	308	405	505	608	714	823	935	1 051	1 167
2.5.3	累计公益金				18	62	107	154	202	252	304	357	412	468	526	584
2.5.4	累计未分配利润															
	资产负债率	0.41	0.52	0.64	0.62	0.60	0.57	0.54	0.51	0.48	0.44	0.40	0.36	0.32	0.31	0.30

表 7-31 中的累积盈余资金来自表 7-29 或表 7-30 的最后一行；建设期的累计建设投资加上建设期的利息可看做是在建工程，固定资产净值为固定资产原值减去累计折旧，累计盈余公积金和累计盈余公益金来自表 7-28 中有关数字的累加。从计算所得的指标看，负债比率的高峰是在建设期末和生产期初，资产负债率最高为 0.64，流动比率最低为 1.0。在这一阶段中，流动资产总额中大部分是存货，因此速动比率可能很低，短期偿债能力较差，可以建议增加部分长期借款作为营运资金投资。项目后期的流动比率偏高，可以考虑用盈余资金转增资本、扩大生产规模或归还部分短期借款。

进一步来说，权益资金投资现金流量表可以从表 7-30 及表 7-28 提供的数字列出另一种简洁的格式（参见表 7-25），得到表 7-32。

表 7-32　权益资金投资现金流量表的简洁表　（单位：万元）

序号	项 目	合计	计算期						
			1	2	3	4	5	6	7
1	现金流入								
1.1	应付利润					296	744	771	797
1.2	盈余资金					137	216	220	225
2	现金流出								
2.1	权益资金		1 500	1 500	1 000				
3	净现金流量		-1 500	-1 500	-1 000	443	960	991	1 022

序号	项 目	计算期							
		8	9	10	11	12	13	14	15
1	现金流入								
1.1	应付利润	824	850	876	903	929	956	981	981
1.2	盈余资金	229	234	239	243	248	252	721	2 787
2	现金流出								
2.1	权益资金								
3	净现金流量	1 053	1 084	1 115	1 146	1 177	1 208	1 702	3 768

与表 7-21 对照，净现金流量是完全一致的，这是由于借款数正好等于需要数，否则不一定相等。作为全面的权益资金投资盈利能力分析，表 7-32 的格式较好。

五、借款偿还期的计算

（一）建设投资借款偿还期

有些项目的资金筹措方案并没有具体规定偿还贷款的时间和方式。但贷款部门一般都希望知道项目能够偿还贷款的最短时间。这样，就有必要计算投资借款的偿还期。常见的是建设投资借款偿还期。

计算借款偿还期的关键是：要明确项目可用于还款的来源，尽可能做到偿还的来源与偿还的对象相一致。对于税利分流和税后还贷的项目,建设投资借款的本金由税后的利润加上折旧费来还,必要的话,还可以扣除项目在还款期间的留利和留用的折旧费。这类项目的建设投资借款利息和营运资金的利息一样,可以进入总成本费用,因此税后利润和折旧费只用来还本就可以了。由于每年的利息取决于年初的欠款余额,而利润的计算又取决于利息的大小,因此在这种情况下,利润的计算和利息的计算是无法独立进行的。

(二)借款偿还期的计算

以前面的例子说明,第 4 年年初的建设投资欠款为 4 630 万元(包括建设期利息后的数字),假定可由全部税后利润和折旧费还本。计算借款偿还期可按表 7-33 进行。

表 7-33　建设投资借款偿还期计算　（单位:万元）

项目	计算期					备注
	4	5	6	7	8	
1. 年初欠款	4 630	3 734	2 282	733		
2. 还款来源						
销售收入	5 600	8 000	8 000	8 000		
- 经营成本	3 500	5 000	5 000	5 000		
- 折旧费	547	547	547	547		
- 建设投资借款利息	463	373	228	73		
- 营运资金利息	249	249	249	249		按年初欠款的 10% 计算
- 销售税金及附加	320	480	480	480		
利润总额	521	1 351	1 496	1 651		
- 所得税	172	446	494	545		
税后利润	349	905	1 002	1 106		
+ 折旧费	547	547	547	547		
3. 年末欠款	3 734	2 282	733	0		

就这个例子来说,如果用全部税后利润加折旧费来归还建设投资的借款本金,则在第 7 年可以还清。从开始借款年份算起的偿还期为

$$借款偿还期 = \begin{pmatrix}借款偿还后开始\\出现盈余年份数\end{pmatrix} - 开始借款年份 + \frac{当年偿还借款额}{当年可用于还款的资金额}$$

$$= 7 - 1 + \frac{733}{1\ 106 + 547} = 6.44(年)$$

这个指标是在全部税后利润和折旧费先用于归还建设投资借款的情况下算出的偿还期。这个指标将随着借款的比例不同而不同,并不能说明项目本身的盈利性。

至此,我们介绍了投资的盈利性分析和清偿能力分析的全过程。可以把这个过程归纳成如图 7-9 所示的框图。

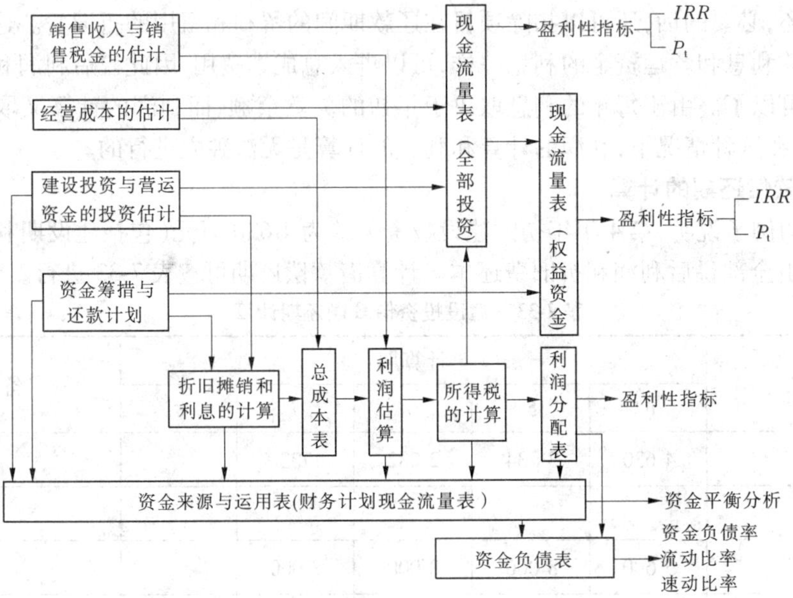

图 7-9　投资项目财务分析框图

小　结

财务分析是工程项目经济分析的重要组成部分。它是根据国家现行财税制度和价格体系,鉴定、分析项目可行性研究报告提出的投资、成本、收入、税金和利润等,从企业(投资者)和项目主持者角度出发,分析、测算拟建项目直接发生的财务效益和费用,编制财务报表,计算评价指标,考察拟建项目的盈利能力、偿债能力和外汇平衡状况,据此评价和判断项目财务可行性的一种经济分析方法。

财务分析的主要目标是项目的盈利能力、清偿能力和外汇平衡。

具体进行财务分析,其基本步骤为:收集整理基本数据资料、编制辅助基础报表和基本财务表等准备工作,进行财务分析,进行不确定性分析,提出财务分析结论。

财务分析的报表主要有财务计划现金流量表、利润与利润分配表、项目投资现金流量表、借款还本付息表、资产负债表等。

财务分析结果的好坏:一方面取决于基础数据的可靠性,另一方面则取决于所选取的指标体系的合理性。

财务分析指标:按是否考虑资金的时间价值因素,可分为静态指标和动态指标;按指标的性质,可分为时间性指标、价值性指标和比率性指标;按财务分析的目标,可分为盈利能力指标、清偿能力指标和外汇平衡能力指标。

本章讨论的财务分析,按投资者的盈利能力和项目的清偿能力两大部分展开。但在项目的实际分析工作中,这两部分内容往往是交叉进行的。一般的顺序是:

(1)从工程技术和市场需求的角度形成尽可能多的、可行的备选方案;

(2)对各个备选方案列出它们融资前的现金流量,计算相关评价指标并对这些方案进行初步的比选或排序(见第四章)。必要时修改工程技术方案,以形成更具盈利能力的方案。作为投资的必备条件判据,项目融资前全部投资的税后盈利能力不能低于可能资金来源的加权平均成本(*WACC*)。

(3)根据可能的资金筹措渠道,对初选的项目方案进行融资后的分析。项目融资后的全部投资(者)的盈利能力和权益投资者的盈利能力指标的比较,确定合适的融资杠杆和资产负债率。当项目盈利能力较高、债务融资成本较低、企业(投资者)又有较多的好的其他投资机会时,可适当提高债务融资的比率,通过融资杠杆提高权益投资资金的盈利能力。相反,当直接投资者资金有富余,又没有其他同样好的项目时,可以减少债务融资的比例,以充分用足权益资金的获利能力,也就是不小于最低吸引力的投资回报(*MARR*)。在形成融资方案的过程中,同时要进行清偿能力测算,通过财务计划现金流量表,计算净现金流量和累计盈余资金,保证项目有足够的资金维持投资和营运的需要。必要时,调整融资方案,或通过短期融资以满足营运的需要。

按上述顺序反复交叉进行,最后形成满意方案。如图7-10所示。

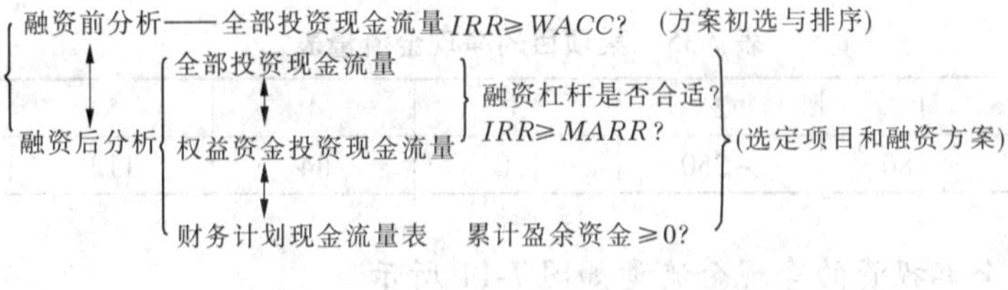

图7-10 建设投资项目财务分析程序

思考与练习题

7-1 建设投资估算有哪些方法?

7-2 财务分析的主要目标是什么?

7-3 财务分析的基本报表有哪些?财务分析的主要指标有哪些?

7-4 已知生产流程相似,年生产能力为15万t的化工装置,三年前建成的固定资产投资为3 750万元。拟建装置年设计生产能力为20万t,两年建成。投资生产能力指数为0.72,近几年设备与物资的价格上涨率平均为10%左右。试用生产能力指数法估算拟建装置的投资费用。

7-5 全部投资现金流量表和权益资金现金流量表的主要差别有哪些?

7-6 某项目的总成本费用估算如表7-34所示。

表7-34 总成本费用估算表 (单位:万元)

序号	项目	4	5	6	7	…
	生产负荷(%)	70	90	100	100	
1	外购原材料	4 760	6 120	6 800	6 800	
2	外购燃料、动力	98	126	140	140	
3	工资及福利费	370	370	370	370	
4	修理费	55	55	110	110	

续表 7-34

序号	项目	4	5	6	7	…
	生产负荷(%)	70	90	100	100	
5	折旧费	360	360	360	360	
6	摊销费	112	112	112	112	
7	利息支出	379	318	245	210	
8	其他费用	525	714	821	821	
9	总成本费用	6 659	8 175	8 958	8 923	
10	经营成本	5 808	7 385	8 241	8 241	

利用表 7-4 所列的流动资金和应付账款的最低周转天数,用分项详细估算法估算本项目的各年净营运资金及净营运资金本年增加额。

7-7　某项目计算期 20 年,各年净现金流量(*CI* - *CO*)如表 7-35 所示。基准收益率为 10%。试计算项目的投资回收期、净现值和财务内部收益率,并根据项目的财务净现值(*FNPV*)判断此项目是否可行。

表 7-35　某项目的净现金流量表　　(单位:万元)

年份	1	2	3	4	5	6~20
净现金流量(元)	-180	-250	150	84	112	150

7-8　某项目全部投资的净现金流量如图 7-11 所示。

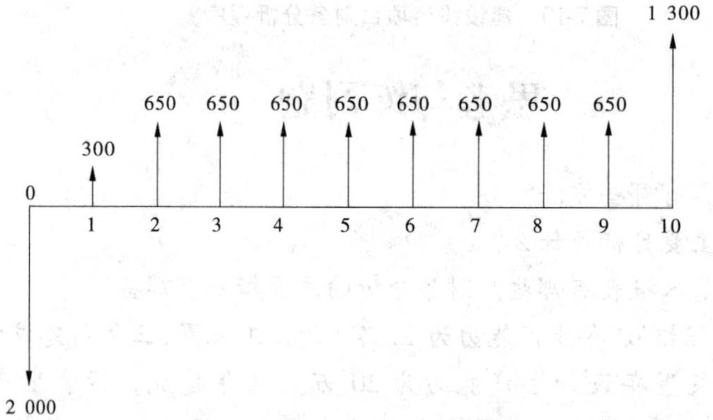

图 7-11　全部投资净现金流量　(单位:万元)

如果初始投资的 50% 是银行借款,借款一年后开始偿还,分 8 年等额还本付息,借款利率为 10%。试求该项目的全部投资和权益资金的内部收益率。

7-9　某项目的原始投资为 20 000 元,以后各年净现金流量如下:第 1 年为 3 000 元,第 2~10 年为 5 000 元。项目计算期为 10 年,试求本项目的静态投资回收期和折现率为 8% 时的动态投资回收期。

7-10　把本章"演示性举例"中建设借款的年利率改为 8%,固定资产的残值率改为 3%,其他数据资料相同。试编制建设投资还贷计划和利息计算表、利润与所得税计算表、全部投资现金流量图表、权益资金现金流量表,并计算全部投资及权益资金投资的内部收益率和全部投资的投资回收期。

第八章　公共项目经济分析

【学习要求】

了解公共项目经济分析的特点和目的，熟悉公共项目经济分析的方法和过程，掌握影子价格、影子工资等参数的测算。

在市场经济条件下，大部分工程项目财务评价结论可以满足投资决策的要求，但是由于存在市场失灵，许多项目还需要进行经济分析，站在全社会的角度判别项目配置经济资源的合理性。需要进行经济分析的项目主要是铁路和公路等交通运输项目、较大的水利水电项目、国家控制的战略性资源开发项目、动用社会资源和自然资源较多的中外合资项目以及主要产出物和投入物的市场价格不能反映其真实价值的项目。这些项目主要是以政府投资为主，具有公共性项目的特点，与盈利性企业兴建的竞争性项目在运营上存在差别，需要对其进行经济分析。

第一节　概　述

一、公共项目及其特点

（一）公共项目（Public Projects）的含义

公共项目又称为公共工程或公用事业项目，是指由各级政府或其他公共部门为社会、国家和公众利益而筹划、出资或运行的非盈利项目。市场经济中有相当数量的这类项目提供公共服务和实现各种社会目标，而这些目标又不能或不适合完全通过市场机制来实现。但是，这类项目同样耗费社会资源，也就存在通过工程经济分析进行项目方案选择的必要性。

（二）公共项目的分类

公共项目大致上可划分为纯公共项目、准公共项目、战略性或政策性项目。

1. 纯公共项目

纯公共项目是指提供公用物品（Public Goods）的项目，项目产出具有非排他性和非竞争性，这类项目一般需要资源的投入，具有为公众服务的功能，但是没有直接的现金流入，如国防建设、防洪治沙、水利、义务教育、公共卫生、环境生态保护和治理，以及国家的立法、执法和行政所必需的各类建设项目，如公检法、工商、税务、海关和城镇化建设等。这些项目提供的服务是由社会成员共同享用的，无法排除不付费的人享用（非排他性），一个人的享用也不会影响其他任何人的享用（非竞争性）。因此，民间部门通常都会避开生产这类公用物品。

2. 准公共项目

准公共项目是指提供准公用物品的项目，项目产出具有一定的竞争性和排他性，但这些产出或提供的服务涉及人们的基本需要,或者是因为存在外部效果[1],收费往往不足以反映项目的效益。因此,需要政府对投入的补充,如教育、基本医疗服务、农业、水利、通信和交通运输项目等。还有一类称为公用事业(Public Utilities)项目,如供电、供气、给排水和城市公共交通等,虽然具有收费和通过市场运作的可能,但因为这些产品和服务有较强的公益性,且具有自然垄断(Natural Monopoly)属性,有必要由政府或公共部门专营或授权经营。

3. 战略性或政策性项目

战略性或政策性项目是指对国家有战略意义的特大型的或有较大风险但有重大前景的或者是资源性的项目,或者出于领土完整和安全以及减少地区间经济发展差异而考虑的项目。显然,政府必须承担这些项目的发起和建设,而不论这些项目提供的产品是私有物品还是公用物品,也不论这些项目是否是经营性或盈利性的。

因此,公共项目涉及的范围是相当宽泛的,特别是在我国当前还处于转轨时期,市场配置资源的能力尚需加强,公共部门在项目投资决策中还起重要作用。可以这样理解:凡是不完全由市场配置资源,由政府或其他公共部门筹划、投资或参与的工程项目,都可称为公共项目。

(三)公共项目的基本特点

建设公共项目的目的是提供公共物品,满足公共需求。它不以商业利润为基本出发点,而以社会公众利益为主要目标。所以,公共项目具有以下基本特点。

1. 政府主导性

虽然公共项目的投资与管理呈现多元化的趋势,但政府的主导作用是不容置疑的。一方面,由于公共项目的目标不是商业利润,且投资周期较长,私人或企业往往不愿涉足,主要还是依靠政府投资;另一方面,为维护公众利益,即使是由企业或私人投资或管理的公共项目,也要受到政府的严格监督。随着我国经济的不断发展和社会主义市场经济的逐步建立,人们对公共物品的需求呈现出快速增长的趋势,因而社会对公共项目的投资力度也日益增长。由于经济体制的改革,公共项目逐步由过去的政府统一投资管理改变为政府、社会团体、企业乃至私人等多元投资管理。但在对公共项目管理中,政府仍然发挥着主导作用。

2. 公共性

公共项目提供的是公共物品,与私有物品不同,公共物品不具有享用权上的排他性,而具有明显的公共性。如某人享受道路上发达的交通并不排斥他人同时享用,每个人在公共物品的使用或消费上都是“免费的搭车人”。

3. 非竞争性

商品的竞争性与消费商品所增加的成本有关。当人们增加消费一个单位商品时,生产者就必须花费一定的成本多生产一个单位的该商品,但某些物品的消费不具有这种特性。例如,电台或电视台提供的天气预报的成本与某个受众是否接收关系不大。如果每增加一

[1]市场是通过价格的变化来影响企业和消费者的经济利益和决策的,但是现实中存在一种情况,不通过价格的变动直接作用于他人的经济利益。这种情况在经济学里称为外部性或外部效果(Externalities)。森林可以降低空气中二氧化碳的含量,但对于森林的所有者来说,虽然他们承担了植树和护林的全部费用,却不能因森林给社会带来的这一效益而收费。在其他的一些情况下,项目可能会使用一些资源,但却并不付费。结果它可能产生出超过社会需要的结果。例如,一个石油化工项目的生产有可能导致邻近区域的旅游价值的减少。这种从局部角度出发的费用与社会费用之间的差异,会导致所评价项目的规模大于社会的需要。

个消费者的消费，社会所需要增加的成本等于零，则称该商品为非竞争性商品，许多公共物品具有这种特性。此外，公共事业的"天然"垄断性和政府的严格监管也使得公共项目不具有一般意义上的竞争性。

4. 多目标性

许多公共项目还具有多用途和多目标性。例如，政府的野生生态保护项目不仅具有经济性(树木种植、野生动物保护等目标)，而且还有旅游、娱乐等多种用途和目的。公共项目的这一特点使得对其评价更加复杂化。

5. 外部性

所谓项目的外部性，是指项目的外部收益和外部成本。外部收益是指项目投资经营主体之外的收益，由其他方免费获得。例如，水电站项目可以使投资经营主体获得发电收益，也可使水电站下游减少洪涝灾害，后者即为该项目的外部收益。外部成本是指在项目投资经营主体之外的社会成本，该成本不由投资经营主体给予等价补偿，却由项目以外的个人、团体或社会来承担。例如，项目所导致的环境和生态的破坏等都属于外部成本。强烈的外部性是公共项目所具有的显著特点之一。

二、公共项目分析的目标

效率和公平是经济学研究的基本问题，也是政府追求的基本目标。政府的效率目标是通过有效投资实现社会资源的有效配置，促进社会经济增长；公平目标则是实现社会福利的公平分配，改善人民的生活水平。

就效率而言，政府不一定要在那些以盈利为目的的竞争性产业领域进行大量投资，而应主要在市场机制不能充分发挥作用的公用事业领域进行投资，以弥补市场机制的不足，促进社会资源配置效率的提高。由于公共项目具有投资大、周期长、经济收益低的特点，私人或企业无力或不愿进行投资，如环境保护项目、基础设施建设项目、大型水利项目和公益项目等。又由于公共物品对社会民生关系重大且不具有市场交换性，不少公共项目不宜由私人或企业投资和管理，如国防项目、立法、司法和执法建设项目等。这些公共项目必须由政府投资兴办，才能实现社会资源的有效配置，确保满足社会经济发展的需求。

就公平而言，政府可以通过财政税收政策和提供公共物品来调节社会成员的收入和福利，促进社会公平。一方面，通过实行多收入多交税的原则，调节社会成员的收入差异；另一方面，通过公共项目投资提供免费的或价格低廉的公共物品，如公共教育、医疗等，进一步改善社会福利分配。

公共项目所追求的是效率和公平的统一，即社会经济福利效益的最大化。一方面，公共项目应有利于实现社会资源的有效配置，促进经济增长；另一方面，也应有利于实现社会公平，不断改善人民生活。这是一个广泛性和长期性的目标。广泛性是指公共项目应使全社会受益，长期性则是指公共项目注重社会未来的发展和利益。公共项目目标的复杂性决定了其评价的复杂性。

虽然从理论上讲，政府投资公共项目是基于效率和公平的目标，但从实践上看，公共项目的投资与经营却时常表现出效率不高的问题。究其原因：一是因为公共项目的投资支出和收益之间缺乏内在联系，导致其无法像一般投资项目那样以收抵支、自负盈亏；二是由于项目管理者(政府)与真正的出资人(纳税人)目标的不一致,导致其在项目投资决策和经营管理上草率粗放。此外,投资决策者不承担个人责任和损益的投资体制,经营者缺乏有效激励和监督的管理体制,也是造成公共项目低效的原因。提高公共项目效率有赖于对其投资体制和管理体制的改进。

三、公共项目分析评价的原则

公共项目的基本特点及其评价的基本目标决定了公共项目评价应遵循以下原则。

(一)更加注重社会和国家的宏观效果

由于公共项目是以提供公共物品为特征的项目,对其分析评价不应局限于项目本身的销售收入和利润,而应以增进社会经济效益和改善社会福利为基本评价依据。因此,公共项目评价不能仅着眼于项目本身的微观效果,更要注重社会和国家的宏观效益。

(二)更加强调定量分析和定性分析相结合

公共项目不仅产生有形效果,而且会产生无形效果,即难以用货币或实物单位来衡量的效果,这是由公共项目的多目标性和外部性所决定的。因此,必须采用定量分析和定性分析相结合的评价方法。无形效果的度量和分析也是公共项目评价的重要课题。

(三)更加关注间接效果

公共项目除产出直接效果外,还会产生许多涉及社会各方面的间接效果,而且公共项目的间接作用传导机理十分复杂,往往难以精确估计。此外,公共项目的影响具有长期性,其效果往往要经过很长时间才能显现,这更加剧了公共项目评价的不确定性。对公共项目的间接效果评价的准确性是公共项目评价的重要课题。

第二节　从财务分析到经济分析

一、经济分析与财务分析的关系

项目的财务分析和经济分析是项目决策的主要依据。财务分析所关心的是项目的财务生存能力和企业自身的利益。经济分析则是以资源最优配置和国民收入最大增长为目标。因此,两种分析在立场、利益和目标上都有差异,使两者在效益和费用的构成与计算上不尽相同。

财务分析是经济分析的基础和前提,经济分析是财务分析的深化,二者相辅相成,既有联系又有区别。

(一)经济分析与财务分析的相同之处

1. 分析方法相同

它们都是经济效果分析,都使用基本的经济分析理论,即效益与费用比较的理论方法。都要寻找以最小的投入获得最大的产出,都要考虑资金的时间价值,采用内部收益率、净现值等盈利性指标评价工程项目的经济效果。

2. 分析的基础工作相同

两种分析都要在完成产品需求预测、工艺技术选择、投资估算、资金筹措方案等可行性研究内容的基础上进行。

3. 基本分析方法和主要指标的计算方法类同

二者都是从研究项目的效益与费用入手，寻求效益与费用的最佳关系，评价项目的优劣，确定项目的可行性。二者都采用现金流量分析方法，经济指标的选择和含义基本相同。

4. 分析的基本原则相同

二者分析的基本原则是相同的，即最大限度地节约稀缺资源，最大程度地提高经济效益。

5. 分析的计算期相同

二者的分析计算期是相同的。

(二)经济分析与财务分析的主要区别

1. 两种分析的基本出发点不同

财务分析是站在项目的层次上，从项目经营者、投资者、未来债权人的角度，分析项目在财务上能够生存的可能性，分析各方的实际收益或损失，分析投资或贷款的风险及收益。它属于微观经济分析，其目的是检验企业财务收支能力。经济分析则是站在国民经济的层次上，从全社会的角度分析计算项目需要付出的代价和对国民经济的贡献与社会贡献，以考察投资行为的经济合理性，它属于宏观经济评价，目的是检验有限资源的利用效率。

2. 评价内容不同

财务分析主要有两个方面：一是盈利能力分析，二是清偿能力分析。而经济分析则只作盈利能力分析，即仅有经济效率的分析，不作清偿能力分析。

3. 费用和效益的含义与划分范围不同

财务分析只根据项目直接发生的财务收支，计算项目的费用和效益，凡是项目的货币收入都视为效益，凡是项目的货币支出都视为费用，工资、利息、税金等均作为费用支出。经济分析则是从全社会的角度考察项目的费用和效益，这时项目的有些收入和支出，从全社会的角度考虑，不能作为社会费用或收益，如税金和补贴、银行贷款利息。因此，企业财务分析只计算项目直接发生的效益和费用，经济分析除计算项目的直接效益和费用外，还要计算项目的外部效果(即间接费用和间接效益)，以及考虑非经济因素的社会效果。

4. 财务分析与经济分析所使用的价格体系不同

财务分析使用实际的市场预测价格，经济分析则使用一套专用的影子价格体系。

5. 两种分析使用的主要参数不同

如衡量盈利性指标内部收益率的判据，财务分析中用财务基准收益率，经济分析中则用社会折现率。财务基准收益率依行业的不同而不同，而社会折现率在全国各行业各地区都是一致的。

本教材前面章节介绍的内容，主要是从民间投资者或项目主持人的角度进行工程经济分析的。对于公共项目而言，尽管前述工程经济分析中的一些分析的框架和思路也可使用，但是公共项目的特点决定了两者之间还是存在着根本性的差别。这些差别可归纳于表 8-1 中。

由以上分析比较可知，公共项目的决策往往涉及很多非经济因素，这些项目的工程经济分析只能是提供决策考虑的一个方面。但是，正是由于公共项目不完全受制于市场竞争的制约，其资金又来源于广大的公众和纳税人，因此更有必要作公正透明的经济分析。只要资源是有限的，实现目标的方案不止一个，经济评价和分析就是必要的。

表 8-1　民间投资项目和公共部门投资项目的差异

比较内容	民间投资（拥有）项目	公共部门投资（拥有）项目
目标	为利益最大化提供产品或服务	不完全以盈利为目标，提供公共卫生、基础教育、安全等公用产品以及缓解就业和贫富差别，实现资源配置的效率
资金来源	民间直接投资者和债权人	税收和民间的债权人
对项目拥有或资助方式	非公有实体	财政拨付、贷款贴息和债务担保等
项目投资回报的受益人	实施项目投资的非公有实体	社会公众
项目产出效益的度量	可用货币度量	不能或难以用货币度量
目标间的冲突	基本没有	有，如水利工程的防洪、航运、发电、旅游和环境生态、文物保护间的冲突
项目利益主体间的冲突	基本没有	有，部门和地区间的冲突

二、财务分析到经济分析参数的变化

对于竞争性和盈利性项目，从经济学原理分析得出结论，如果满足下列条件，从社会角度的经济分析和从民间投资者出发的财务分析的结论趋于一致：

（1）使用的是完全竞争的均衡价格；

（2）项目具有边际性（marginality）；

（3）不存在（或不涉及）外部效果和公用物品；

（4）不存在税收和补贴等市场外部的干预；

（5）具有同样的贴现率。

具备了这些条件，按市场价格计算的净现值（*NPV*）大于零，既表示投资者能获取预期的回报，同时也是符合从社会角度出发的资源配置效率改进的准则。当然，完全具备上述五个条件的情况并不多，但是工程经济分析的一个原则就是着眼于方案间的差异。只要上述条件的偏离不影响方案的选择，就可以认为一致性条件是成立的。譬如说，税收和贴现率的差异一般不会使经济分析颠倒财务分析对项目方案排序的结论。因此，对多数民间非公有的投资项目，前面所用的财务分析也代表了从效率角度的经济分析，不必再作单独的经济分析了。

但是，对于大型的、投入或产出市场竞争不充分或市场无法依据价格有效配置资源，其财务分析结论有可能偏离资源配置效率目标的项目，则可以在财务分析的基础上，用影子工资、影子汇率及社会折（贴）现率等参数，对偏离的情况作必要的调整，形成经济分析的结论，作为公共部门投资决策的依据。

(一)用影子价格代替失真的财务价格

影子价格是投资项目经济分析的重要参数,它是指在社会经济处于某种最优状态下,能够反映投入物与产出物真实经济价值,反映市场供求状况和资源稀缺程度,使资源得到合理配置的价格。影子价格通常是指一种资源的影子价格,因此影子价格可以定义为:某种资源处于最佳分配状态时,其边际产出价值就是这种资源的影子价格。

影子价格是社会对货物真实价值的度量,只有在完善的市场条件下才会出现。然而这种完善的市场条件是不存在的,因此现成的影子价格也是不存在的,只有通过对现行交换价格的调整,才能求得它的近似值。作为项目国民经济效益分析的重要参数,广义的影子价格不仅包括一般商品货物的影子价格,而且包括劳动力、土地、资金和外汇等主要要素的影子价格。其中,为确定影子价格方便起见,一般商品货物又分为可贸易物品和非贸易物品。而其中劳动力、土地、资金和外汇的影子价格则分别称为影子工资、土地影子费用、社会折现率和影子汇率。

1. 可贸易物品的影子价格

判断资源配置状态改进,要用完全竞争的市场均衡价格,而发展中国家经济和转轨经济由于多种原因,某些商品的国内市场价格往往偏离这样的均衡价格较远。不少学者发展了以口岸价格(Border Price)为基础的影子价格体系。他们认为,只要存在对外贸易的机会,国际市场价格(口岸价格)是一种潜在有效率的度量效益和费用的尺度。从经济学上也不难证明,在国家利益最大化的前提下,国内价格应该与国际市场相一致。必要时,可直接用进口平价(Import Parity Price)、出口平价(Export Parity Price)来代替失真的财务价格。这里平价的意思是:考虑了国内运输、仓储、装卸等实际资源耗费(不考虑关税等进出口环节的各种转移支付)后,与进出口口岸价格持平的价格(一般为出(到)厂(场)价格)。可通过如下例题学习影子价格的计算。

【例 8-1】 某有色金属联合项目,生产主要供出口的有色金属原料,每吨的离岸价(FOB)稳定在 850 美元。这种原料在国内市场价格较低,波动也大,最高只有每吨 5 400 元人民币。以前也没有出口渠道,因此投资者财务分析的盈利能力不佳,结论认为不可行。我国加入 WTO 以后,出口渠道大为畅通,为了考察该项目对国民经济的贡献,有必要以出口评价确定该项目产出的效益。设项目至口岸的运输费每吨为 200 元人民币,离岸前的其他物流费用按 6% 估算。汇率为 1 美元 = 6.8 元人民币。

解 产出品出口平价(出厂价) = 口岸离岸价(FOB) × 汇率 ×(1 − 6%) − 项目至口岸的运输费,即

$$产出品出口平价(出厂价) = 850 \times 6.8 \times 0.94 - 200 = 5\ 233.2(元)$$

【例 8-2】 我国制纸用木浆大量依赖进口。正在考虑一个种植快速成长林项目,在增加森林覆盖率的同时,用这种林木制浆替代进口。同类木浆进口的到岸价(CIF)稳定在 800 美元/t,口岸至国内造纸厂(用户)的运输费与项目至该用户的运输费相当,试求这种产出品的出厂进口平价。汇率为 1 美元 =6.8 元人民币。

解 产出品进口平价(出厂价) = 口岸到岸价(CIF) × 汇率 + 口岸至主要用户的运输、仓储和装卸费用 − 项目至主要用户的运输、仓储和装卸费用。

考虑后两项可以相互抵消,故有

$$产出品进口平价(出厂价) = 800 \times 6.8 = 5\ 440(元/t)$$

2. 非贸易物品的影子价格

经过多年的市场培育，我国目前多数商品都处于供求均衡状态，市场均衡价格就可作为经济分析的价格，不必再作调整。但是，我国一般劳动力投入的财务费用要高于从国家资源配置角度考虑的机会成本。我国目前面临相当严峻的就业压力，如果按实际支付的工资、福利和社会保障费用来评价和选择项目方案，将不利于劳动密集或多就业的方案。诚然，从投资者的角度，工资等费用是现金支出，但是从国家的角度，项目使待业者就业，并没有为此放弃什么。因此，按机会成本原则，在就业压力大的情况下，多数普通劳动力的影子价格（影子工资率）可视为零。

【例 8-3】 邮政部门拟引进信函自动分检设备。每台设备购置费为 50 万美元，其效率可顶替 15 个用人工分检的工人。一名工人就业对邮政企业来说开支每年约 3 万元人民币。假定贷款的利率为 6%，设备可一直使用下去，维护修理费用忽略不计。试从不同的角度考虑方案的选择。汇率为 1 美元 = 6.8 元人民币。

解 （1）从邮政企业（投资者）的财务角度，有

$$\text{自动分检方案的年度费用} = 50 \times 6.8 \times 6\% = 20.4(\text{万元})$$

$$\text{人工分检方案的年度费用} = 3 \times 15 = 45(\text{万元})$$

显然，企业倾向于用自动分检方案。

（2）从国家或社会（经济）的角度：

$$\text{自动分检方案的年度费用} = 50 \times 6.8 \times 6\% = 20.4(\text{万元})$$

$$\text{人工分检的影子工资} = 0$$

显然，从国家或社会角度倾向用人工分检方案。

当然，还可以从消费者角度的考虑：自动分检要求特制的标准信封，要记住并填写邮政编码，稍有疏漏就有可能被退回重寄。如果把这些时间和费用都考虑进去，从国家或社会角度的经济分析应该推翻财务分析的结论。

除劳动力投入的价格扭曲外，我国土地占用的价格往往朝另一个方向扭曲。我国土地资源稀缺，特别是耕地资源，所以实行了严格的耕地保护制度。在取得批准和占用指标后，一般都按农业生产的产出作为基础给予补偿，这笔费用往往是很低的。按机会成本原则，被占用土地而牺牲的效益应按最高的可能被利用的机会算。因此，可以考虑用该地区内耕地征用后政府公开招标出让的平均价格作为其影子价格。

（二）非边际性和税收的修正

所谓边际性，是指项目的规模相对于整个国民经济来说是很小的，其投入产出对供求价格的影响可以忽略不计，经济分析的价格就可采用业已存在的供求均衡价格。但是，当项目较大，其产出和投入足以影响原来的供求均衡价格时，经济分析效益（费用）的计算和财务分析的现金流量就会有区别。如图 8-1(a)所示，项目提供产出品的原有市场的供求均衡点在 E 点，供求量为 OQ_0。项目提供相对于市场较大的产出 Q_2Q_1，在增加市场供应的同时引起价格下降。因此，对原有产出品市场的均衡影响由两部分组成：一部分是增加了市场的供应 Q_0Q_1，这部分的效益既不是用均衡前的价格 P_0，也不是用均衡后的价格 P_1，而是应用消费者的支付意愿来度量（需求曲线 D 下面的面积，可近似地取 $\frac{1}{2}(P_0 + P_1) \times Q_0Q_1$）；另一部分是项目的产出排挤了原有的供应 Q_0Q_2（由于价格下降），这部分的效益是对应于 Q_0Q_2 的费用的节

省，应该用供应曲线 S 下面的面积来度量[1]。因此，项目产出的效益是以上两部分之和，也就是图中阴影面积所代表的。显然，它不同于项目产出的财务收益 $P_1 \times Q_2Q_1$。同样道理，项目的投入如果排挤了原有用户，则在费用中要考虑消费者剩余的减少，如图 8-1(b)所示。

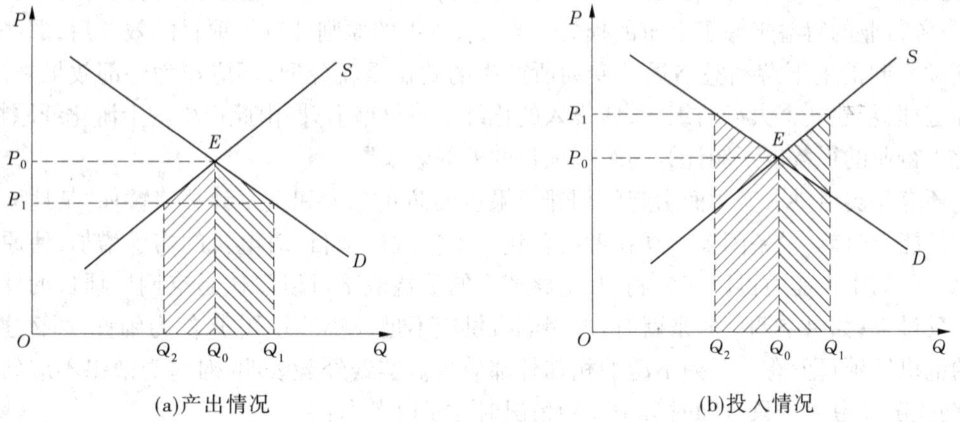

图 8-1　非边际性项目费用和效益的修正

税收在投资主体的财务分析中是一笔支出，但是这笔支出并不代表社会资源的耗用，只是项目法人实体向政府的一种转移支付(Transfer Payment)。打个比方，整个国民经济好比是一个人，税收只是一笔现金从一个口袋转移至另一个口袋，从整体看并不是费用。因此，在经济分析中应将税收从财务分析中的现金流量中剔除。但是，当用支付意愿来度量效益和费用时，由于消费者面对的价格是含税的，因此在这种情况下价格内所含的流转税(如消费税、增值税等)不应在支付意愿中扣除。

(三)增加显著的外部效果

在投资者财务分析中，项目的投入和产出等现金流量，是通过市场交换来实现的，而很多项目实施和运行时对生产和消费的影响并没有通过市场的交换，也就没有在现金流中得到体现。但是，从社会经济的整体看，这些影响又确实形成了一定的效益和费用。例如：新建工业项目的配套道路、供电和供水等设施为附近的居民带来了方便，高科技工业项目的人力资源和知识的扩散等可以看做是正的外部效果，很多工业项目生产时产生的污水、废物和废气的排放可以看做是负的外部效果。这些外部效果往往是难以定量和货币化的，因此无法或难以通过市场来收费和付费。当这些影响较大，而在财务分析中又没有反映时，应在经济分析中给予补充。例如，近年来发展很快的电动车，很受城市消费者欢迎，生产递增很快，说明财务效益很好。但是，投资者和消费者都没有对废旧铅酸电池回收处理支付任何费用。这些电池回收处理无序和不当，将造成极大的环境污染。如果在经济分析中增加这些外部费用，这些项目的效益就不会那么好。

把外部效果计入项目效益时要避免重复计算。例如，某一生产化纤原料的大型工程项

---

[1] 由经济学的基本知识可知，在完全竞争的市场中，需求曲线也是消费者的边际支付意愿曲线，其下面的面积代表了支付意愿(Willingness to Pay)。支付意愿一般要高于实际支付，高出的部分就是消费者剩余(Consumer's Surplus)。财务分析厂商得到的是消费者实际支付部分。因此，经济分析中的效益要高于财务分析中的收益现金流量。市场的供应曲线代表众多供应商的边际成本，该曲线下面的面积代表的是为供应该种产品的变动成本。

目的投产,由于市场供应的增加,使这种化纤原料的价格下降。由此,采用这种化纤原料的纺织行业的利润会增加。同样推理,其下游的服装加工企业、服装商店直至服装消费者都会因此得到好处。这一系列连锁的效益是否都要算做是生产化纤原料的那个大型工程项目的外部效果呢?回答是否定的。事实上,纯粹的价格变动,只能产生效益的转移:由于价格下降,下游行业的得益来源于上游的损失。当按图8-1的原则计算了项目的效益后,那些由价格变动引起的上下游利益格局的变动所产生的效益重新分配,不应作为外部效果来计算。同样道理,新建一个大型纺织厂,使投入的化纤原料价格上升,由此产生的上游化纤原料、石油化工行业的得益也不能计为纺织厂项目的外部效果❶。

还有一类由供求变化而引起的相邻效果也要防止夸大和重复计算。譬如,某地区电机生产的能力过剩,设备闲置。现在考虑要建一个空调厂项目,对电机的需求增加,使原来的电机工厂的生产能力得以充分利用,由此产生的效益似乎可以看做是空调厂项目的外部效益。反过来,如果空调厂原来就有,但因电机供应不足,使空调厂生产能力闲置,那么建一个新的电机厂项目就有一系列下游的相临外部效果。实践经验表明,对这类效果不应估计过大,防止随意夸大。只有同时具备下列情况时才予以考虑:

(1)这些相临部门的生产能力或资源确实是处于闲置状态。

(2)这些闲置的生产能力或资源被利用之后,不会影响该部门或其他相临部门的产出。例如,当闲置的设备开动后,会挤占原来就紧张的电力供应,有可能使其他行业减产。这样,利用闲置设备的外部效果实际上并不存在,至少要打折扣。

(3)除拟议的工程项目方案外,并无其他途径来利用上述闲置的生产能力和资源。否则,在评价和比选项目方案时会由此而产生厚此薄彼。

同时具备以上条件的情况是不多的,因此要注意对这类相临效果不要过分强调。

(四)用社会折(贴)现率代替基准收益率

民间投资项目对资金(货币)的时间价值的考虑主要体现在基准收益率的设定上,其主要的决定因素是个别投资者资金来源的加权成本和可能的投资机会成本。从国家和社会的角度出发的经济分析,同样有效益和费用的时间价值问题。类似于财务分析,经济分析也有一个统一的折现率,一般称为社会折现率(Social Discount Rate)。这个参数应由国家统一设定,主要取决于两方面的因素:一是公共部门资金使用的机会成本,公共部门投资的资金是有限的,公共部门用了,民间部门就失去了投资机会,这种牺牲的投资机会获利水平是决定社会折现率的一个基础;二是社会成员对于现在能获得的效益比之于将来能享受的效益的偏好程度。尽管在决定社会折现率上有很多理论上的争论,但多数国家(包括我国)都设定在6%~8%。

经过以上必要的调整后,经营性项目的财务分析就转化为从国家和社会资源配置角度的经济分析。这种分析的指标和判据在形式上与财务上的投资盈利性分析类似。但其内涵有根本性的区别:用效益(B)代替投资者的现金流入;以费用(C)代替投资者的现金流出,以 i_0 代表社会折现率,N 为项目计算期,计算经济净现值指标 $ENPV$(相当于前述的 PW)。

---

❶在经济学中,把这类由价格变动而引起的效果称为钱币性(pecuniary)效果,以区别有用资源增加或减少的真实(real)效果。这里的钱币性是一个专用词,不是通常意义上用货币表示的效益或费用,主要发生在外部效果和派生效果上。有些文献译为"金融性效益"。

其计算公式为

$$ENPV = \sum_{t=0}^{N} (B - C)_t (1 + i_0)^{-t} \tag{8-1}$$

项目经济净现值等于或大于零,表示国家为拟建项目付出的代价可以得到符合社会折现率要求的社会盈余,或者除得到符合社会折现率要求的社会盈余外,还可以得到以现值计算的超额社会盈余。经济净现值越大,表示项目所带来的经济效益的绝对值越大。与净现值等价的年度等值 EAW 也可作为等价的指标。

由于历史的惯例,公共项目的评价多用效益-费用比(Benefit-Cost Ratio)指标[1]。

计算这个指标时,对各年效益 B_t(正的)和费用 C_t(负的)两部分,分别贴现。

效益现值 $B_0 = \sum_t B_t(1 + i_0)^{-t}$,费用现值 $C_0 = \sum_t C_t(1 + i_0)^{-t}$。

效益-费用比为
$$B/C = \frac{B_0}{C_0} \tag{8-2}$$

或净效益-费用比为
$$NB/C = \frac{B_0 - C_0}{C_0} \tag{8-3}$$

显然,两者在数值上差一个1。作为方案的评判规则:若 $B/C \geqslant 1$ 或 $NB/C \geqslant 0$ 则接受,反之则拒绝。不难看出,效益-费用比作为评价的判据和净现值 $ENPV$ 判据是一致的。

在公共项目分析评价的早期阶段,很多人认为效益-费用比较之净现值的好处是能提供项目排序的依据。实践和理论都证明:在互斥方案的比选中,效益-费用比可能会给出错误的判断:在无约束的项目优选情况下,B/C 指标并不能提供比净现值指标更多的信息;在投资有限的情况下,可以按 B/C 的大小来确定项目的优劣,但按这种排序也不能保证一定能取得最优方案。这个指标类似于第四章中的净现值率,参见该章的详细讨论。

【例8-4】 有两个互斥方案甲和方案乙,经价格和转移支付等调整后按社会折现率计算的效益现值和费用现值如表8-2所示,试判断方案的优劣。

表8-2　效益-费用比

指标	方案甲	方案乙
效益现值 B_0	1 200	1 750
费用现值 C_0	1 000	1 500
效益-费用比(B_0/C_0)	1.2	1.17

解　按效益-费用比,显然应选方案甲,但是这个结论可能是错误的。如果方案互斥,并只有这两个方案可供选择,资金和其他条件都是可行的,正确的做法是差额的比较,即

$$\frac{\Delta B_0}{\Delta C_0} = \frac{1\ 750 - 1\ 200}{1\ 500 - 1\ 000} = 1.1 > 1.0$$

---

[1] 效益-费用比在公共项目中经常使用,即用效益现值与费用现值之比是否大于1来判断项目是否可行。作为判据,这个指标与净现值(是否大于零)等指标是一致的。但是,由于费用的节省既可以作为效益增加分子,也可以作为费用减少分母,这样使该指标在数值上有随意性。按国际惯例,只有那些实际现金性支出的费用作为分母,其他均在分子的数值上进行加减。

也就是说，方案乙比之方案甲增加费用换取的效益的现值大于费用的现值，应该选方案乙，否则会失去净效益更好的方案。如果我们直接用净现值的大小比较就不会出现上述问题。

$$ENPV_{甲} = (B_0)_{甲} - (C_0)_{甲} = 1\ 200 - 1\ 000 = 200(\text{万元})$$

$$ENPV_{乙} = (B_0)_{乙} - (C_0)_{乙} = 1\ 750 - 1\ 500 = 250(\text{万元})$$

因此，最近以来，人们逐步认识这个问题，在专业界用净现值指标代替效益－费用比。但是，为方便公众的理解，公共项目还是习惯用效益－费用比，这个指标大于1，说明效益大于费用。

第三节 费用－效益分析

对于纯公共项目或准公共项目，目前多数情况下采用费用－效益分析（Cost Benefit Analysis）方法。这种方法是指基于折现的效益和费用的量值大小，判断和评价公共部门或非营利部门的项目（或计划）和投资的资源配置效率性的一种方法框架。

本章第二节讨论的（国民）经济分析也可以看做是费用－效益分析，只不过是对经营性项目，可以从财务投资盈利性分析的基础上进行转化。对于纯公共项目或准公共项目，项目没有或只有很少的现金流入，其效益主要体现在消费者的费用节省或非货币化的受益上。这种情况下，我们不是通过财务分析基础的调整，而是直接对效益进行尽可能的量化和货币化，用类似的方法框架，将效益与费用对比，判断和选择方案。所以，这种方法的关键是效益的界定和量化。

一、效益和费用的界定

项目的产出要区分真实的与钱币性的效益（费用）。真实效益是指项目使最终消费者增加效用，它反映了公众福利的增加；真实费用是指有用资源实际减少的代价。而钱币效益和费用，是指由项目引起的相对价格变化而产生的效益和费用在国民经济内部的重新分配和转移，并未实际增加效益或产生资源的耗费，因此不能作为效益与费用，否则会导致重复计算。

例如，在农田灌溉项目中，增加农业的产出、美化环境、减轻土地沙化、稳定农村社会等都属于真实效益，而由项目引起的农机、农药和化肥行业增收，食品加工行业成本降低等则属于钱币性效益。又例如城市轨道交通项目，节省出行时间、减少交通事故、减轻空气污染、缓解地面交通阻塞等属于真实效益，沿线土地、房产升值则属于钱币性效益。就教育项目来说，增加学生日后就业收入、丰富生活、减少犯罪、提升道德水准等属于真实效益，而教育用具和学生生活用品商店的利润增加属于钱币性效益。

另外一种重复计算会发生在消费者费用的节省、消费者的实际支付或支付意愿之间。例如，收费道路的效益，可以按消费者的实际支付或在此基础上的适当调整来计量，也可以按消费者（车辆和旅客）的费用节省来计算，但不能两者都计做效益，因为两者间肯定有重叠的成分。又如，非基础的教育项目，如果按学生日后就业收入的增加来计算效益，那么就不能再算学费的收入。

二、效益的量化——消费者费用的节省

对于不能收费或收费太高的交通运输项目，包括一般的国道、不收费的道路和桥梁以及一些城市道路的改扩建项目，其效益主要体现在消费者剩余的增加，或者说使用者费用的节省上。因此，可以按“有无对比原则”，计算由于路程缩短、道路标准或质量的提高而产生的各种费用节省，包括以下几个方面。

(1)车辆运行费用的节省。包括路程缩短、车速加快和路况改善而得到的单位行驶里程的费用节省。节省的是车辆的变动成本。

(2)车辆的时间和旅客时间的节省。前者是车辆利用节省出时间的机会效益，等于车辆的毛收益减去变动成本；后者是旅客对交通时间节省的支付意愿。

(3)货物在途时间的节省。在不收费的情况下，效益主要由消费者剩余的增加来体现。如图 8-2 所示，项目的效益为面积 C_0C_1de。这些效益包括有无对比的转移交通量 Q_0 和诱发交通量 Q_1-Q_0。

(4)减少拥挤的效益。

(5)交通事故的减少。

(6)旅客出行的舒适和准时。

其中，(4)~(6)项为直接的无形效益。

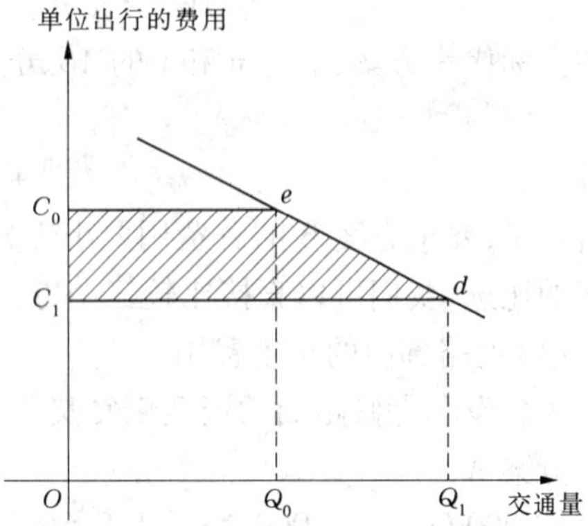

图 8-2　非经营性项目的消费者剩余

【例 8-5】　交通部门考虑一条原长为 26 km 的公路的改建计划。共有三个方案：

方案 A：在原公路路基上检修并重铺路面，一次投资为 220 万元，每 10 年需要翻修路面一次，耗资为 200 万元，年度保养费为 0.8 万元/km。

方案 B：依地形，改变公路的部分走向，使路程缩短到 22 km，一次投资为 880 万元，每 10 年一次的路面翻修费为 180 万元，年度保养费为 0.8 万元/km。

方案 C：基本上按直线修建公路，路程缩短到仅为 20.5 km。一次投资为 1 730 万元，每 10 年一次的路面翻修费为 180 万元，年度保养费为 1.55 万元/km。

这条公路每天平均的交通量约为 4 000 辆，其中：客车 350 辆，重卡车 250 辆，两用车 80 辆，轻卡车 3 320 辆。这些车辆每千米的运行费分别为 0.20 元、0.40 元、0.05 元和 0.12 元。

由于路面条件不同，平均车速如表 8-3 所列。

表 8-3　平均车速　（单位：km/h）

方案	车别			
	客车	重卡车	两用车	轻卡车
A	45	35	45	45
B	50	40	50	50
C	50	40	50	50

客车和重卡车节省值为 9 元/(辆·h),轻卡车为 4.5 元/(辆·h),两用车为 3 元/(辆·h)。

最后,考虑三个方案的安全效果的不同,方案 A 可使年事故减少到 105 次/年,而方案 B 和方案 C 分别为 75 次/年和 70 次/年。按统计资料,每次事故的平均费用为 4 400 元。

考虑以上各方案的计划寿命为 30 年,余值不计,社会折现率为 6%,试对以上三个方案进行比较和选择。

解 事实上方案 A 是有无比较的"无"方案,方案 B 和方案 C 分别是中等的和根本性的投资改造方案,形成了三个互斥方案。如果方案 A 最优,事实上就是维持道路原状。为了使比较更真实,"无"方案也要有必要的投资,使其维持可供比较的使用年限和交通功能。由于不收费,我们只能按消费者(车辆使用单位——用户)的费用节省作为效益,按道路部门的投资和翻修保养费作为费用,以此计算年度等值,进行费用-效益分析。年度等值是用户年度费用节省减去交通部门的年度费用。以方案 B 为例,它与"无"方案即方案 A 的评价判据是

$$EAW^{B}=(AC_{u}^{A}-AC_{u}^{B})-(AC_{r}^{B}-ACI_{r}^{A})>0$$

式中上标代表方案,下标 u 和 r 的 AC 分别代表用户和交通部门的年度费用。上式移项后可得

$$AC_{u}^{B}+AC_{r}^{B}<AC_{u}^{A}+AC_{r}^{A}$$

也就是说,要求方案 B 的总费用要小于方案 A 的。由于净现值或年度等值可直接用于互斥方案的比选,我们可以直接比较三个方案的总费用,选其最小的就可以了。

(1)道路部门的年度费用。

①建设和翻修路面的资金恢复费用。

方案 A:

$[2\,200\,000+2\,000\,000(P/F,6\%,10)+2\,000\,000(P/F,6\%,20)]\times(A/P,6\%,30)$

$=286\,073$(元/年)

方案 B:

$[8\,800\,000+1\,800\,000(P/F,6\%,10)+1\,800\,000(P/F,6\%,20)]\times(A/P,6\%,30)$

$=752\,598$(元/年)

方案 C:

$[17\,300\,000+1\,800\,000(P/F,6\%,10)+1\,800\,000(P/F,6\%,20)]\times(A/P,6\%,30)$

$=1\,369\,698$(元/年)

②保养费。

方案 A: $8\,000\times26=208\,000$(元/年)

方案 B: $8\,000\times22=176\,000$(元/年)

方案 C: $15\,500\times20.5=317\,750$(元/年)

(2)用户支出的费用。

①车辆年度运行费。

方案A: 350(辆/天)×26(km)×0.2(元/km)×365(天/年)+250×26×0.4×365+80×26×0.05×365+3 320×26×0.12×365

=5 432 076(元/年)

方案 B： $(350\times0.20+250\times0.4+80\times0.05+3\,320\times0.12)\times22\times365$

$=4\,596\,372$(元/年)

方案 C： $(350\times0.20+250\times0.4+80\times0.05+3\,320\times0.12)\times20.5\times365$

$=4\,282\,983$(元/年)

②车辆时间总费用。

方案 A： 350(辆/天) × 26(km) ÷ 45(km/h) × 365(天/年) × 9(元/(辆·h)) +250 × 26 ÷ 35 ×365 ×9 +80 ×26 ÷45 ×365 ×3 +3 320 ×26 ÷45 ×365 ×4.5

$=4\,475\,665$(元/年)

方案 B： $\left(\frac{350}{50}\times9+\frac{250}{40}\times9+\frac{80}{50}\times3+\frac{3\,320}{50}\times4.5\right)\times22\times365$

$=3\,395\,486$(元/年)

方案 C： $\left(\frac{350}{50}\times9+\frac{250}{40}\times9+\frac{80}{50}\times3+\frac{3\,320}{50}\times4.5\right)\times20.5\times365$

$=3\,163\,975$(元/年)

③交通事故年度费用。

方案 A： 105(次/年) × 4 400(元/次) = 462 000(元/年)

方案 B： 75 × 4 400 = 330 000(元/年)

方案 C： 70 × 4 400 = 308 000(元/年)

(3)方案的选择。

把以上五项列表相加,可得到年度社会总费用(见表 8-4)。

表 8-4 年度社会总费用 (单位:元/年)

项目	方案		
	A	B	C
资金恢复费用	286 073	752 598	1 369 698
保养费	208 000	176 000	317 750
车辆运行费	5 432 076	4 596 372	4 282 983
时间费用	4 475 665	3 395 486	3 163 975
事故费用	462 000	330 000	308 000
总计	10 863 814	9 250 456	9 442 406

按年度费用最小的原则,可以认为方案 B 为最优方案。

三、效益的量化——无形效果

费用－效益分析中最为困难的是那些带有难以用货币进行度量的效益和费用的估价问题。例如,城市的犯罪率、安全和国防以及很多有关人身舒适的内容,噪声、空气污染和绿化等。虽然这些东西不会在市场上出现,也不会有市场价格,但这些内容确实是社会效果的一个重要方面,在考虑交通工程、水利工程、抗震工程时,人身安全是这些工程效果的一个重要方面,不可避免地要涉及生命的价值问题。在实际决策时,需在生命的安全与投资之间作出某种权衡。显然,我们不可能把所有的投资都花在提高安全度上。公共设施中很大一部分效益属于这一类。对于这种无形效果:首先可以计算它的实物指标,如噪声指数、空气的含

硫量等;其次设法估计各种实物指标的货币价值。当然这是件极其复杂和困难的事,通常的做法有:

(1)直接寻求法,如对消费者进行询问。例如可提出这样的问题:如果 X 在市场上销售,你愿为此付出多少?或者 X 是讨厌的东西,如果你忍受 X,你要提出多大的代价等。显然,这种回答是很不可靠的。

(2)参照对比法,可以参照公共设施以外的类似物品的市场价格。例如,市场上供应的净化器可以净化水质。如果现在一个项目能使水质净化到同样的程度,那么这个项目的效益至少有所有净水器那么大的代价。

(3)参照成本法,用工程项目的费用来反映效益。例如,城市绿化花了多少钱,就算提供了多少效益。这种方法被认为是最不理想的。花钱多并不一定效益也大,费用与效益并无必然的固有的联系。

【例 8-6】 表 8-5 给出美国高等职业学校(college)的实际数据和费用–效益分析结果。这个分析是以高中毕业不进高等职业学校作为参照组,即“无项目”,该表的有关数据说明如下:

1 ~2 项是这两类学历的毕业生从 24 岁到 64 岁(18 岁到 64 岁)的终生收入,费用(4 ~7 项)指的是读完 college 的全部 4 年的费用。4 项的学校费用中包括了支出,因此在 8 项的计算中没有 5 项;7 项指的是男生在这四年中如果打工的收入。没有考虑收入按年份的增长,也没有考虑留级。结论说明,这个教育项目的人力投资效益是很好的,其中学生私人投资的效益–费用比要高于全部的,说明公共部门是有补贴的,可能是考虑了教育的外部效果。

表 8-5 美国高等职业学校效益与费用现值(男生) (单位:1 000 美元)

项目	折现率 = 0	折现率 = 3%
毕业生终生收入		
1. 高等职业学校毕业生全部收入	1 605	1 380
2. 高中毕业生的全部收入(参照组)	1 104	975
3. 增量收入(2 – 1)	501	405
高等职业教育费用		
4. 学校费用	25	23
学生承担的费用		
5. 学费	9	8
6. 食宿	7	6
7. 学习期间工作的机会成本	45	42
8. 全部费用(4 +6 +7)	77	71
9. 学生私人费用(5 +6 +7)	61	56
净现值		
10. 全部	424	334
11. 学生私人	440	349
效益 – 费用比		
12. 全部的(3/8)	6.5	5.7
13. 学生私人的(3/9)	8.2	7.2

注: 摘自 R. A. Musgrave and P. B. Musgrave . Public Finance in Theory and Practice 5th ed. ,第 184 页。

第四节　费用－效果分析

现实中存在很多公共项目的社会效益不适合用货币单位来计量，这时只能代之以实物单位来计量。在这种情况下，费用－效果分析（Cost Effectiveness Analysis）是一种有效的工具。

使用费用－效果分析要满足如下条件：

（1）有共同的、明确的并可达到的目的或目标。

（2）有达到这些目的或目标的各种措施方案。

（3）对问题有一个限制的范围。

共同的目标或目的是进行方案比较的基础。不同目标的比较是没有意义的，如不能将潜水艇与先进的旁频带的通信网络进行比较。当然，必须存在一种以上的完成某种目标的方案。对问题的界线有所限制，如费用、时间和至少要达到的功能等，使考虑的方案限制在一定的范围内。

一个正确的、完整的费用－效果分析应包括以下八个步骤：

（1）确定目的、目标或任务。费用－效果分析就是要确定一个最好的方案来完成这些目标。

（2）对达到上述目标的要求作出描述。将目标细化、量化和具体化，说明哪些要求是达到目标的实质性内容。

（3）形成各种可行的方案。

（4）建立各方案达到规定要求、程度的估价度量指标。典型的这类度量有效能、可供应性、可靠性和可维护性等，这种度量的选择至为关键。例如，度量某军事运输系统的效能应采用战斗人天，而不用 t·km 或兵员数；某手术治疗措施效能用平均存活天数（或年数），而不单单用存活率；医疗救护系统用反应时间而不用循环时间等，以更确切地反映目标的要求。

（5）选择用固定效果法或固定费用法度量各方案达到上述指标的水平。前者是选择达到规定效果而费用最小的方案，后者是在给定费用的条件下选择效果完成得最好的方案。

（6）在达到指标水平及所花的费用方面，对各可行方案进行分析。

（7）进行敏感度分析，即分析各种假定或条件变化情况对结果的影响。

（8）作出结论。

【例 8-7】　某航空公司研究推进器系统的开发。在方案的评价与选择阶段采用了费用－效果分析。根据任务的目标，公司确定可靠性作为估价效果的主要指标。即在一定条件下，推进器不出故障的概率。在公司拟定的预算费用限制的范围内（寿命周期费用不超过 240 万元），只有四个方案可供选择，如表 8-6 所示。

解　由固定费用法，可以淘汰方案 2 与方案 4（由固定效果法，方案 2 也可以被方案 3 淘汰），如图 8-3 所示。留下的方案 1 与方案 3 可由其他因素（如效果－费用比）来作出权衡或判断。最后，公司的领导经过仔细分析，认为方案 1 比方案 3 多花 40 万元费用，其可靠性提高 1% 还是划得来的，最后选定了方案 1。

表 8-6　推进器系统开发方案

方案	费用(万元)	可靠性
1	240	0.99
2	240	0.98
3	200	0.98
4	200	0.97

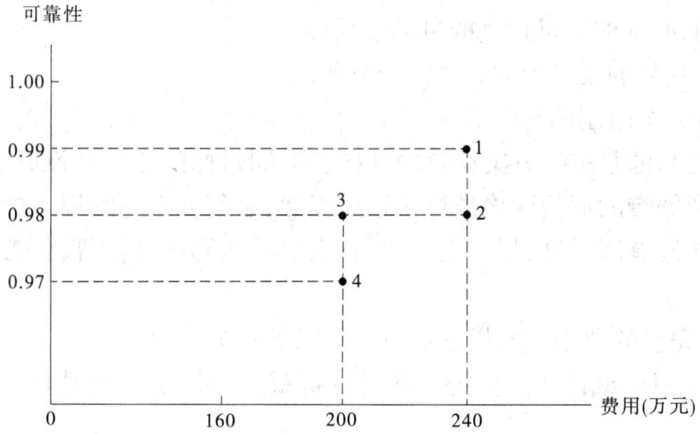

图 8-3　费用－效果分析图

最近以来,费用－效果分析被广泛地应用在医疗、卫生、环境保护和安全等项目上。这些项目的效果都归结于延长人们的健康生命上。最简单的指标是增加的寿命年限 YLGs(Years of Life Gained)。这个指标只计算生命的延续时间,没有考虑减轻病痛的效果。进一步的指标是增加的健康寿命年限 HYLGs(Healthy Years of Life Gained),对患病而存活的时间给以比相对健康存活时间小的权重计算。又如,世界银行在 1993 年提交的世界发展报告——"健康投资"中就用"自理能力调整后的延长一年寿命"(Disability Adjusted Life Years,简称 DALYs)作为卫生健康公共开支的效果指标,对不同年龄段而存活的时间给予不同的权重(丧失自理能力的给予较低的权重)。最近,经济合作与发展组织(OECD)还进一步采用质量调整寿命年限 QALYs(Quality Adjusted Life Years),对健康功能完全的存活时间给予权重 1,功能不全的权重相应折减。当然,随着指标考虑的周全,主观性也加重了。以这些指标作为不同项目或措施方案的效果指标,按固定效果法,选择同样延长人们健康生命而花费最小的方案。

【例 8-8】 某种预防措施费用的现值是 200 万元,受益人口 100 万人,可使某种疾病的发病率从 0.1‰降至 0.05‰。这种病治愈的概率为 80%,死亡的概率为 20%,不论死亡和治愈的治疗费用,病人的机会成本平均为 2 万元/人。该地区人口的平均寿命为 70 岁,平均患病的年龄为 15 岁。求增加寿命年限的费用。

解　该项措施增加寿命年限 $=(70-15)\times 20\% \times(0.1‰-0.05‰)\times 10^6$

$=550$ (人·年)

预防措施的总费用 $=2\times 10^6-20\,000\times(0.1‰-0.05‰)\times 10^6=10^6$(元)

则该项预防措施的费用－效果比为

$$10^6/550 = 1\,818(\text{元}/(\text{人}\cdot\text{年}))$$

以上的例子是示意性的，可以用不同的增加寿命指标（如增加健康寿命年限和自理能力调整后延长一年的寿命等）；除降低发病率外，还可以增加预防措施对治愈率、存活率和发病年龄的概率分布影响等效果，建立更复杂的模型。如果我们承认增加寿命年限是一个合适的效果指标，那么我们就可以对有关安全、医疗、环境、卫生等项目方案的费用－效果比值进行比较，选择费用－效果比最小的方案。哈佛风险分析中心（Harvard Risk Analysis Center）同样用类似的方法，对安全和环境保护措施作了费用－效果分析得出以下数据。

（1）如果通过法案强制要求厂商给汽车安装安全带，那么等于每花69美元就可以挽救一个人一年的生命。

（2）黑人新生儿作镰状红细胞贫血检查（Sickle－Cell Anaemia Screening），等于240美元就可“买”一个人一年的生命。

（3）给妇女作乳房X光检查，等于810美元“买”一个人一年的生命。

（4）给65岁以上的人接种肺炎疫苗，等于2 000美元“买”一个人一年的生命。

（5）劝告那些一天吸一盒以上烟的人戒烟，等于9 800美元“买”一个人一年的生命。

（6）促使30岁以上的人吃低胆固醇的食物，等于19 000美元“买”一个人一年的生命。

（7）要限定核电场的放射线的标准，等于要花1.8×10^8美元能“买”一个人一年的生命。

（8）为橡胶轮胎工厂安装苯的排放控制装置，一个人一年的生命的价格就会高达2×10^{10}美元。

如果承认延长寿命的指标可靠，那么就可以在广泛的范围内，选择项目或措施以最小的费用来挽救生命，或者在给定费用下挽救更多的生命。

尽管对时间、生命和费用/效果等的度量都存在精确性和全面性方面的种种质疑，但是这些方法至少给出了公共开支在量纲上的差异，是几万元还是几千万元的差异？这些无疑对决策的科学化产生影响。

第五节　公用设施项目分析

公用设施（Public Utilities）项目是指供水、供气、供电和公共交通一类的项目。由于这些项目提供人们生活的基本需要并具有自然垄断属性，一般都由政府直接投资和经营。

随着市场经济的发展，实践证明把这些设施都看做是社会福利事业的话，政府的负担将难以为继，并且也不利于资源的利用和经营的效率。事实上，这类项目可以通过服务收费以取得投资的回报，完全有可能让民营资本进入该领域。由于其垄断属性，政府和社会有必要对这类服务的价格进行规定。通过公众听证和政府定价，使投资者有一定的投资回报，但又不让其获取过高的垄断利润，并促进其提高效率。由于这类项目的产出单一，需求相对稳定，项目工程经济分析的任务就变为如何确定合理价格的问题。这就是所谓合理报酬率定价法（Fair Rate of Return Pricing），也称价格倒推法。

设投资项目产品或服务的收费价格为P，项目每年的产出量为Q，投资者每年的盈亏平衡收入为

$$\text{销售(服务)收入}(PQ) = \text{合理利润}(R) + \text{折旧与摊销}(D) + \text{利息}(I) + \text{经营成本}(C) + \text{销售税金}(PQt_1) + \text{所得税}(T) \qquad (8\text{-}4)$$

式中　t_1——销售税率(包括附加费等)。

合理利润、折旧与摊销、利息之和就是项目建成后全部初始投资(包括固定资产投资和流动资金投资)P 的资本回收费用 A,其表达式为

$$A = P \times \frac{i(1+i)^n}{(1+i)^n - 1}$$

式中　i—— 政府规定的合理报酬率;

n—— 项目运行期。

所得税 T 可以近似写成 $T = (PQ - PQt_1 - C - A) \times t_2$,其中 t_2 为所得税税率。那么项目合理的定价水平为

$$p = \frac{(C+A)(1-t_2)}{Q(1-t_1-t_2+t_1t_2)} \tag{8-5}$$

【例 8-9】 某供水工厂项目,运营期 20 年,投资(至建成的投资费用)50 460 万元,平均每年供水 1 亿 m^3。年经营成本中,能源费用 540 万元,化学品费用 712 万元,工资及附加费 148 万元,管理费用 178 万元,其他经常性费用为 150 万元。销售税金税率为 5.5%,所得税税率为 15%。求该水厂最低的出厂水价。投资者要求的基准收益率为 10%(不含通货膨胀)。

解 年经营成本为

$$C = 540 + 712 + 148 + 178 + 150 = 1\,728(\text{万元})$$

资本回收费用为

$$A = 50\,460 \times \frac{0.1 \times (1+0.1)^{20}}{(1+0.1)^{20} - 1} = 5\,927(\text{万元})$$

将以上数据代入式(8-5),得

$$p = \frac{(1\,728 + 5\,927) \times (1 - 0.15)}{10\,000 \times (1 - 0.055 - 0.15 + 0.055 \times 0.15)} = \frac{6\,507}{8\,033} = 0.81(\text{元})$$

即每立方米的水价应不低于 0.81 元。也就是说,当水价为 0.81 元时,投资者可以保证获得 10% 的投资盈利率。注意,这个水价是不含通货膨胀的。当通货膨胀存在时,水价应按同样的上涨率上涨才能保证投资的盈利水平。从这个例子中还可以看出,每立方米的水价中经常性费用只占 23%,其余是资本的回收费用(包括利息和利润)。

如果考虑生产能力的利用具有时间滞后性,假设销售(服务)量及经营成本均随时间 t 而变化,则式(8-5)可精确为

$$p = \frac{\sum_{t=1}^{n} [(C+A)(1-t_2)]_t (1+i)^{-t}}{\sum_{t=1}^{n} [Q(1-t_1-t_2+t_1t_2)]_t (1+i)^{-t}} \tag{8-6}$$

【例 8-10】 资料数据同例 8-9。投入运营后第 1 年的销售量为 2 600 万 m^3,第 2 年为 8 000万 m^3,第 3 年为 9 500 万 m^3,第 4 年及以后各年为 1.05 亿 m^3。所得税税率 t_2 前两年为零,后三年为 7.5%,以后各年为 15%。求最低水价。

解 由于每年数据不同,可分别把分子分母列表计算(见表 8-7)。表 8-7 的现值,也即售价公式的分母、分子数值是按 i =10% 折现的。代入公式(8-5)后有

$$p = \frac{62\ 848}{71\ 775} = 0.876(\text{元})$$

表 8-7 合理报酬年定价的分母分子计算表

	项目	现值	运营期							
			1	2	3	4	5	6	…	20
1	税率参数									
1.1	销售税税率 t_1(%)		5.5	5.5	5.5	5.5	5.5	5.5		5.5
1.2	所得税税率 t_2(%)		0	0	7.5	7.5	7.5	15		15
2	分母									
2.1	销量 Q(万 m^3)		2 600	8 000	9 500	10 500	10 500	10 500		10 500
2.2	$1-t_1-t_2+t_1t_2$		0.945	0.945	0.874	0.874	0.874	0.803		0.803
2.3	$Q(1-t_1-t_2+t_1t_2)$	71 775	2 457	7 560	8 303	9 177	9 177	8 432		8 432
3	分子									
3.1	经营成本 C(万元)		950	1 600	1 700	1 800	1 800	1 800		1 800
3.2	资金回收费用 A(万元)		5 927	5 927	5 927	5 927	5 927	5 927		5 927
3.3	$(C+A)(1-t_2)$	62 848	6 877	7 527	7 055	7 147	7 147	6 568		6 568

第六节 公共项目的民间参与——特许权经营模式

一、特许权经营的起因和特征

民间投资者(包括外资等非公有部门的投资者)参与公共项目的起因,可能是政府或公共部门资金的短缺。让民间资本直接投资公共项目,既解决了政府财政资金的暂时短缺,又可避免政府的负债。在现实社会中,提供公用物品的纯公共项目并不很多,大部分是带有不同程度公用性的准公共项目,具有一定程度收费的可能性。同时,由于技术的进步,使得一些公用物品的排他性成为可能,并使自然垄断属性行业也不断出现市场竞争。

日益增多的大量证据(虽然还不是结论性的)表明:通过市场导向的资源配置,公共部门的效率低于民营部门。因此,民营部门不仅生产公用物品,还有可能参与公共项目的投资、运行和管理。这种趋势已成为世界性的潮流。人们把民间参与公共基础设施建设和公共事务管理的模式统称为公私(民)合作(Public - Private Partnership——简称为 PPP 或 PFI——Private - Financing Iniliative)。就公共部门投资的建设项目而言,民间主要通过特许权转让经营方式(Concession Transfer)参与投资建设或运行,是 PPP 的主要形式。

特许权经营模式是指政府为了提供公共基础设施、社会福利及相关服务与民营企业实体之间所做的一种安排。这种模式不同于一般意义上的民营化。一般意义上的民营化,除私人拥有外,其实际运作主要受制于市场机制和政府一般性的规制(regulation)。特许权经营则不同,合作各方的责任、风险和回报主要受制于特许权出(受)让合约(Concession

Agreement)。政府在这种模式下还承担不同程度的责任:如提供土地和其他资源的供应,同时对项目实施必要的监控。其实质是让公共部门和非公共部门各自承担相应的事务和风险,充分利用市场配置资源的效率,同时又保证公共利益不受损失。

二、特许权经营的适用性及主要形式

公共项目能否采用特许权经营模式,很大程度上取决于项目设施的数量、技术的复杂性、收费的难易程度以及项目边界的清晰程度等因素。公共项目需要的资本投资越多、技术的专业化程度越高、收费越容易、地方性越强,那么民间资本介入的程度就可能越高。表8-8是法国公共项目特征的清单。近年来,我国特许权经营主要用于电力、供水、污水处理、收费公路以及供气等公用项目,尤其值得注意的是,特许权经营的模式已开始向学校、医院、地铁甚至监狱等设施推广,由民营项目公司融资建设,提供硬件服务,由公共部门运行。

表 8-8　各类公共项目特征表

类别	设施数	技术专业化	收费难易程度	项目的规模
教育	2	4	2	1～4
健康	2	5	2	4
国防	2	3～5	1	1
社会安全	1	3	1	2～5
司法	1	4	1	4
文化	2	3	4	4
航空运输	2	5	5	4
道路运输	5	3	4	4
铁路运输	4	4	5	3
水路运输	2	2	5	3
海运运输	3	3	5	4
城市运输	4	4	2	5
通信	5	5	5	2～5
电力	5	4	5	2～5
水供应	5	4	5	5
卫生	5	4	1	5
路灯	5	2	1	5
娱乐	4	2	4	5
邮政	1	2	5	3～5
宗教	2	4	2	2～5
科研	2	5	1	5

注:参见 Jean－Yves Perrot & Gautier Chatelus(2000). Financing of Major Infrastructure and Public Service Projects:Public－Private Partnership. Pressese de l' ecole nationale des onts et chaussees。

其中 1 分表示程度最低,5 分表示程度最高。

目前,公共项目普遍采用的特许权经营的具体模式有以下几种。

(一) 建设—运营—转让(Build - Operate - Transfer——BOT)

由项目所在国政府或所属机构为项目的建设和经营提供一种特许权协议(Concession Agreement)。本国公司或者外国公司作为项目的投资者和经营者,负责安排融资并负责开发、建设项目,并在特许权期内经营项目获取商业利润;在项目特许权期末,根据协议由项目所在国政府或所属机构支付一定量资金(或无偿),从项目的投资者和经营者手中取得项目。

(二) 建设—转让—运营(Build - Transfer - Operate——BTO)

政府与企业签订协议,由企业负责项目的融资和建设,完工后将项目转让给政府。然后,政府把该项目租赁给该企业,由其负责运营,获取商业利润。在此模式中,不存在项目产权的归属问题。还有一种与此类似的模式,称为建设—回购(BT),即由企业在特许权协议下完成融资和项目建设,然后由政府回购。

(三) 建设—拥有—运营(Build - Owned - Operate——BOO)

在该模式下,根据协议,由企业负责公共项目的融资和建设,并拥有该项目,对其进行永久性经营。

(四) 租赁—建设—运营(Lease - Build - Opcrate——LBO)

政府与企业签订长期的租赁协议,由企业租赁业已存在的基础设施项目,向政府交纳一定的租赁费用,并在已有设施的基础上凭借自己的资金融资能力对基础设施进行扩建,并负责其运营和维护,获取商业利润。在该模式中,整体基础设施的所有权属于政府,因而不存在公共产权的转让问题。

(五) 转移—运营—转让(Transfer - Operate - Transfer——TOT)

公共部门根据协议,将已建好的基础设施项目移交给特许经营者运营,经营期满后再移交给政府公共部门。

无论是采取何种具体模式,公共部门和民间投资者(企业)双方的目标和利害关系是有冲突的。而这类项目都不具有来自消费者和竞争者的市场充分制约,特许权协议就成为这种制约的重要补充。由于特许权经营期限较长(一般多在 20 年以上),不确定性也就在所难免。通过公开、公平和公正的竞争,选定最好的特许权受让企业,形成公私双方双赢的特许权经营协议是实现这类模式的关键。以某供水项目的 BOT 为例,双方面对的敏感问题罗列如表 8-9 所示。这些问题都必须在协议中明确界定,并要列明一旦日后出现纠纷及违约时的处分和仲裁办法。

作为工程经济分析,可能要对实施这种模式的项目做如下三方面的分析。第一,对公共项目本身作经济分析(费用 - 效益分析或费用 - 效果分析),选定最好的方案。一般来说,特许权经营模式本身不能保证把坏的项目变成好的项目。第二,从公共部门角度分析实施特许权经营的必要性。要回答“实施这种模式是否比政府自行投资或发行债券建设运营更有利?”这样的问题。所谓“有利”,不单单是解决政府资金短缺的问题,更主要的是两个方面:一是通过这种模式使政府资金的利用效率得到提高,即在这种模式下的政府净现金流量的净现值是最大的;二是通过这种模式使政府的风险被民间投资者所分担。第三,从民间投资者角度,作完整的财务分析,保证对投资者有足够的吸引力。在 BOT 模式下,财务分析应建立在特许权协议规定的基础之上。项目清偿能力和全部投资盈利能力分析的主体就是特许权的受让企业(项目公司),项目的计算期要与特许经营期保持一致。如果期末无偿转移,也就不存在期末资产回收的现金流入。

表 8-9 供水项目 BOT 协议的敏感问题

问题	公共部门(水务当局)	民间投资者(受让企业)
1. 最终目标	提供生产和生活用水	取得投资回报
2. 水价	符合价格法	不低于“合理报酬”价格
3. 供水量	按需供应	满负荷运行
4. 特许期限	不能太长	尽可能长,以收回投资
5. 水质	达到或超过标准	成本不能太高
6. 投入要素涨价	希望企业消化	通过水价弥补
7. 结束时转移	完好的设施	继续控制项目
8. 汇率风险	企业承担	政府承担
9. 项目融资	企业自行解决	要求政府担保或贴息

【例 8-11】 上海某污水处理厂已建成,日处理污水能力 40 万 t,排放达到二级标准。目前,该项目正在考虑经营权向民间有资质的运营商招标转让(TOT),以便使政府从污水处理的日常事务中退出,并可将转让费用于其他项目建设。

作以下基本假设:

(1)假定最低污水处理水量保持在 20 万 m^3/天,正常污水处理水量随时间递增,具体如表 8-10 所示。

表 8-10 污水处理水量

年份	2003	2004	2005	2006	2007	2008	2009	2010
污水处理水量(万 m^3/天)	20	25	30	35	40	40	40	40

(2)根据目前国内相关污水处理厂的实际情况,支付给承让方的污水处理单价按 1 元/m^3计算。并且承诺如果污水处理水量不足最低水量时,仍按 20 万 m^3/天计算。

(3)研究的范围界定在污水从西干道流入污水处理厂入口处开始直至排入长江为止。

(4)营业税及附加按污水处理费的 5.45% 征收,不征收所得税。

(5)对经营成本的假设如表 8-11 所示。

表 8-11 经营成本假设 (单位:万元)

项目	数额
药剂费	205.03
工资及福利	360.00
燃料及动力	1 950.09
大修理费	550.00
日常检修维护费	250.00
污泥运费	81.76
管理费用及其他费用	500.00
经营成本	3 896.88

请计算下列问题:

(1)假设设定的招标运营商的投资回报率(*MARR*)为贷款利率加上两个百分点,即

8%。在上述条件下,试测算投标运营商为达到8%的投资回报率愿意支付的最高的转让费(2003年年初一次支付)。

(2)如果某运营商愿出价转让费5亿元,按上述条件,他能获得的投资回报率(即内部收益率*IRR*)为多少?

解 这两个问题实际上是为准备投标的运行商(承让企业)测算报价,也可为政府主管部门提供招标的底价。作为示例性,缩短了经营期限,污水处理收费价格假设为恒定;承让企业收益来源于污水处理费(处理量乘价格);经营成本假设不变。

(1)计算结果见表8-12,运行商的年净现金流入为3 005.27万~9 907.42万元不等(见表8-12中行13,不包括2003年年初的括号内的50 000万元),主要是由于处理水量从每天20万 m^3 增至40万 m^3。以这行数字用8%的基准贴现率计算现值(*NPV*),得出42 097.63万元(行14)。也就是说,投标运营商取得这个项目经营权的效益现值是4.21亿元。所以,他愿意以不高于这个数字来投标,以取得经营权。也可以这样来理解,如果让他期初出资(投资)4.21亿元获得经营权,这笔投资的净现值指标为零,刚好达到收益率为8%的目标。

(2)如果要求投标运营商出价5亿元(行13括号中的数字,是负值),那么可以计算行13的内部收益率(*IRR*),结果是4.31%(行15)。说明转让费对运营商的投资回报相当敏感。

从以上计算可以看出,污水处理量、污水处理收费价格、经营成本、特许权经营期长短和运营商要求的投资回报率等要素,对获得经营权受让价格都有影响。可见,特许权经营的经济分析要反复测算这些因素的影响,以形成双方都能接受的安排。

小　结

本章重点讲述了公共项目及其经济评价与财务评价的关系,从财务分析到经济分析的变化,费用-效益分析,费用-效果分析以及民间参与公共项目的经济分析。

公共项目又称为公共工程或公用事业项目,是指由各级政府或其他公共部门为社会、国家和公众利益而筹划、出资或运行的非营利项目。公共项目可划分为纯公共项目、准公共项目、战略性或政策性经营性项目。公共项目所追求的是效率和公平的统一,即社会经济福利效益的最大化。公共项目的基本特点及其评价的基本目标,决定了公共项目评价更加注重社会和国家的宏观效果,更加强调定量分析和定性分析相结合,更加关注间接效果。

从财务分析到经济分析应注意经济分析与财务分析的区别与联系,这是进行工程项目经济分析必须掌握的问题。在经济分析中,要用影子价格代替失真的财务价格,要注意非边际性和税收的修正、外部效果,要用社会折(贴)现率代替基准收益率。

费用-效益分析是项目经济分析的基础理论,在西方一些国家中,费用-效益分析主要应用于公共项目的经济分析。在公共项目的社会效益不适合用货币单位来计量的这种情况下,费用-效果分析(Cost-Effectiveness Analysis)是一种有效的工具。

费用-效益分析的关键是计算影子价格、影子汇率及项目未来的经济效益和费用,在此基础上根据社会折现率对项目的净效益进行折现,计算出一系列经济分析指标,然后对公共项目进行经济分析和评价。在费用-效益分析中,应充分考虑项目所产生的外部效果,还要注意剔除转移支付。

表 8-12 计算结果

序号	项目	年份								
		2003 年初	2003	2004	2005	2006	2007	2008	2009	2010
1	污水处理量(万 m^3/d)		20.00	25.00	30.00	35.00	40.00	40.00	40.00	40.00
2	年现金收入(万元)		7 300.00	9 125.00	10 950.00	12 775.00	14 600.00	14 600.00	14 600.00	14 600.00
3	药剂费(万元)		205.03	205.03	205.03	205.03	205.03	205.03	205.03	205.03
4	工资及福利(万元)		360.00	360.00	360.00	360.00	360.00	360.00	360.00	360.00
5	燃料及动力(万元)		1 950.09	1 950.09	1 950.09	1 950.09	1 950.09	1 950.09	1 950.09	1 950.09
6	大修理费(万元)		550.00	550.00	550.00	550.00	550.00	550.00	550.00	550.00
7	日常检修维护费(万元)		250.00	250.00	250.00	250.00	250.00	250.00	250.00	250.00
8	污泥运费(万元)		81.76	81.76	81.76	81.76	81.76	81.76	81.76	81.76
9	管理费及其他费用(万元)		500.00	500.00	500.00	500.00	500.00	500.00	500.00	500.00
10	经营成本(万元) 10 = 3 + 4 + 5 + 6 + 7 + 8 + 9		3 896.88	3 896.88	3 896.88	3 896.88	3 896.88	3 896.88	3 896.88	3 896.88
11	营业税及附加(万元)		397.85	497.31	596.78	696.24	795.70	795.70	795.70	795.70
12	年现金支出(万元)12 = 10 + 11		4 294.73	4 394.19	4 493.66	4 593.12	4 692.58	4 692.58	4 692.58	4 692.58
13	年净现金流(万元)13 = 2 − 12	(50 000.00)	3 005.27	4 730.81	6 456.34	8 181.88	9 907.42	9 907.42	9 907.42	9 907.42
14	净现金流现值 *NPV*(万元)	42 097.63								
15	内部收益率 *IRR*	4.31%								

影子价格是项目经济分析的重要参数，它是指社会处于某种最优状态下，能够反映社会劳动消耗、资源稀缺程度和最终产品需求状况的价格。在进行项目经济分析时，原则上都应该使用影子价格。为了比较正确地计算投入物和产出物的经济价值，有必要根据工程项目经济分析的要求，将其划分为外贸货物、非外贸货物和特殊投入物（资金、土地和外汇等）三类，以便分别计算它们的影子价格。

思考与练习题

8-1　试解释：竞争（营利）性项目在符合完全竞争等条件下，从民间投资者出发的投资评价判据与从社会资源配置效率角度评价准则趋于一致。

8-2　民间投资项目和公共部门投资项目工程经济分析有哪些差异？

8-3　试分析费用效益－分析、费用－效果分析的区别和适用范围。

8-4　有一大型水利工程，估计建成后会产生如下的效果，试指出这些内容在费用－效益分析时是否都要考虑？为什么？

效益方面	费用方面
·减轻洪水损失	·基建费用
·农业增产	·航运减少
·农业税增加	·航运、航道工人待业
·水力发电净收益	·电力降价，国家收入减少
·电力用户支出减少	
·粮食加工工业收益增加	
·国家灌溉费收入	
·国家救灾费用节省	

8-5　某通信系统的关键设备可有6种方案（见表8-13），使用周期为一年（一年后全部更换零件）。设备的效果用可靠性表达为

$$R = e^{-\lambda}$$

6种方案的年度使用费和参数由表8-13给出，试用费用－效果分析淘汰若干方案。

表8-13　习题8-5的数据　（单位：元）

方案	资金恢复费用	年度使用费	λ
A	9 000	1 700	0.001 144 688 8
B	9 800	1 400	0.001 098 901 1
C	10 200	1 800	0.001 175 824
D	11 000	1 300	0.001 070 000
E	11 000	1 500	0.001 081 250
F	13 100	900	0.000 998 000

8-6　汽车过江原用轮渡，年交通量200万辆，建桥后由于交通方便，估计诱发新增交通量100万辆。过江总费用轮渡10元/(辆·次)(其中2元/(辆·次)为轮渡公司的利税，8元/(辆·次)为轮渡和过江者的自身费用)，过桥为6元/(辆·次)(其中4元/(辆·次)为过桥费，2元/(辆·次)为过桥者的自身费用，桥的经常费不计)。

试从国民经济角度，求建桥投资的最高限额(社会折现率为8%，桥的使用年限假定为无限年)。

8-7　高等职业学校的费用－效益分析(见表8-5)中，为什么不把教职工的收入和投资者的利润作为效益？学生交的学费是怎样考虑的？如果考虑女生、留级和学习期间打工收入等因素，应作怎样的修改和补充？

8-8　费用－效果分析也是一种相对指标，类似于效益－费用比(B/C)，在互斥方案比较时，不能直接按效果－费用比的高低来选择项目。试以表8-6为例，计算效果－费用比，会得出什么样的结果？正确的做法应该是怎样的？

8-9　以例8-9和例8-10为例，如果该供水项目采用特许权经营的BOT模式，民间投资者除要求不低于公式计算出的合理报酬的水价外，还希望从公共部门得到哪些允诺以减少投资的风险？

第九章 工程项目可行性研究

【学习要求】

熟悉可行性研究的特点、原则、工作程序和可行性研究报告编制依据，掌握可行性研究的概念和可行性研究的基本内容，了解可行性研究阶段划分及可行性研究报告的作用。

可行性研究是项目投资前一项重要的研究工作，是工程项目经济分析理论和方法在工程项目前期的具体应用。它既是对工程项目前景进行科学预见的方法，又是项目设想细化和项目方案创造的过程。工程项目的成功受多方面条件的制约和多种因素的影响，必须从市场调查与预测、技术与经济的可行性以及对环境的影响等多方面对项目进行系统、科学、全面的分析研究，从而创造出有利于项目目标实现的最满意方案。

第一节 概 述

一、可行性研究的含义

可行性研究也称可行性分析、技术经济分析，它是指在工程项目投资前，运用技术科学、社会学、经济学及系统工程学等多种科学手段，对一项工程项目的必要性、可行性、合理性进行技术经济论证，从而为项目投资决策提供科学依据的一种论证方法。其基本任务是：通过广泛的调查研究，综合论证一个工程项目在技术上是否先进、实用和可靠，在经济上是否合理，在财务上是否盈利，作出环境影响、经济效益和社会效益的分析和评价，以及工程项目抗风险能力等结论，为投资决策提供科学的依据。

一个建设项目要经历投资前期、建设期及生产经营期三个时期，其全过程如图 9-1 所示。

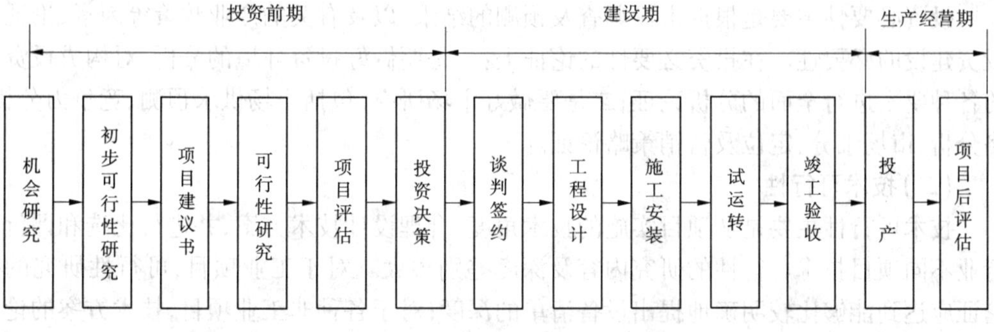

图 9-1 项目投资决策和建设全过程示意图

投资前期是决定工程项目经济效果的关键时期，是研究和控制的重点。如果在工程项目实施中才发现工程费用过高、投资不足或原材料不能保证等问题，将给投资者造成巨大损失。因此,无论是发达国家还是发展中国家,都把可行性研究视为工程建设的首要环节。投资者为了排除盲目性,减少风险,在竞争中取得最大利润,宁可在投资前花费一定的代价,也要进行投资项目的可行性研究,以提高投资获利的可靠程度。

二、可行性研究的特点

(一)研究工作的先行性

可行性研究工作是在投资方案或工程项目实施之前进行的,它的结论作为判断是否投资或工程项目是否实施的决策依据,而不是项目确定之后再来分析论证。

(二)重视社会需求和市场预测

可行性研究是对尚未实施的投资方案或工程项目的建设所作的研究,是对未来有关事物的分析论证。因此,很重视社会需求调查和市场预测,并以调查和预测的结果作为研究的基础。

(三)研究结果的不定性

可行性研究既然是在投资方案或工程项目实施之前进行的,其研究结论必然包括可行与不可行两种,这就使可行性研究能够客观地进行,为决策提供科学依据。可行,为项目实施提供了科学的依据;不可行,则避免了投资的浪费和不必要的损失。

(四)研究过程的决策性

可行性研究本身不是目的,它只是实现投资或项目决策科学化、民主化,减少和避免投资决策失误,提高投资或建设项目经济效益的一种手段,是为投资或项目决策提供科学的依据。事实上,可行性研究过程本身就是决策的过程。

(五)运用学科的综合性

在可行性研究过程中,涉及技术科学、社会学、经济学及系统工程学等多种科学及其手段,是多种学科及其手段的综合运用。

三、可行性研究的内容

各类投资项目可行性研究的内容及侧重点因行业特点而差异很大,但一般应包括以下内容。

(一)投资必要性

投资必要性主要是根据市场调查及预测的结果,以及有关的产业政策等因素,论证项目投资建设的必要性。在投资必要性的论证上:一是要做好投资环境的分析,对构成投资环境的各种要素进行全面的分析论证;二是要做好市场研究,包括市场供求预测、竞争力分析、价格分析、市场细分、定位及营销策略论证。

(二)技术可行性

技术可行性主要是从项目实施的技术角度,合理设计技术方案,并进行比选和评价。各行业不同项目技术可行性的研究内容及深度差别很大。对于工业项目,可行性研究的技术论证应达到能够比较明确地提出设备清单的深度;对于各种非工业项目,技术方案的论证也应达到目前工程方案初步设计的深度,以便与国际惯例接轨。

(三)财务可行性

财务可行性主要是从项目及投资者的角度,设计合理财务方案,从企业理财的角度进行资本预算，评价项目的财务盈利能力，并从融资主体（企业）的角度评价股东投资收益、现金流量计划及债务清偿能力。

（四）组织可行性

组织可行性包括制订合理的项目实施进度计划、设计合理的组织机构、选择经验丰富的管理人员、建立良好的协作关系、制订合适的培训计划等，以保证项目顺利执行。

（五）经济可行性

经济可行性主要是从资源配置的角度衡量项目的价值，评价项目在实现区域的经济发展目标、有效配置经济资源、增加供应、创造就业、改善环境、提高人民生活等方面的效益。

（六）环境可行性

环境可行性是从环境保护和可持续发展的角度，评价投资项目在控制污染、保护生态平衡、自然资源利用、环境质量改善等方面的效益。

（七）社会可行性

社会可行性主要分析项目对社会的影响，包括政治体制、方针政策、经济结构、法律道德、宗教民族、妇女儿童及社会稳定性等。

（八）风险因素及对策

风险因素及对策主要对项目的市场风险、技术风险、财务风险、组织风险、法律风险、经济及社会风险等因素进行评价，制订规避风险的对策，为项目全过程的风险管理提供依据。

上述可行性研究的内容，适用于不同行业各种类型的投资项目。

第二节　可行性研究的阶段划分

对于投资数额较大、建设周期较长、内外协作关系较多的工程项目，可行性研究的工作期限较长。为了节省投资，减少资源浪费，避免对早期就应淘汰的项目作无效研究，可行性研究要分阶段进行。一般来说，可行性研究分为投资机会研究、初步可行性研究和可行性研究（详细可行性研究）三个阶段。

一、投资机会研究

投资机会研究是可行性研究的第一阶段，主要是对项目或投资方向提出建议，并对各种设想的项目和投资机会作出鉴定，以确定是否有必要作进一步的详细研究。因此，又称为投资机会鉴定。这是一项粗略的估算工作，主要依据所调查收集的资料进行投资费用概略估算，寻找最有利的投资机会，并提出投资建议，其研究成果不能直接用于决策。

投资机会研究可分为一般投资机会研究和具体项目机会研究。一般投资机会研究是指通过地区机会研究、部门机会研究、以合理利用和开发资源为基础的研究，通过研究，指明具体的投资建设项目和投资方向。具体项目投资机会研究，是在一般投资机会研究的基础上，以某具体项目为研究对象，若可行，就会使设想的建设项目转变为概略的投资建议。

在我国，投资机会研究应根据国民经济发展的长远规划和地区、行业规划、经济建设方针和建设任务、技术经济政策等，在一个特定的地区或部门内，结合资源情况、市场预测和建设布局等条件，寻找最有利的投资机会，提出投资建议。

投资机会研究的内容主要是地区情况、经济政策、资源条件、劳动力状况、社会经济条件、地理环境、国内外市场情况以及项目的社会效益等。

投资机会研究给出项目投资建议,并作为编制项目建议书的基础,为初步选择投资项目提供依据。研究所需费用一般占总投资的0.2%~1%,投资估算精度应达到30%左右。

二、初步可行性研究

初步可行性研究又称为预可行性研究,是在投资机会研究的基础上进行的。当工程项目的规划设想经过投资机会研究的分析、鉴定,认为值得进一步研究时,才进入到初步可行性研究阶段。它实际上是项目初选,主要是对项目作专项研究、广泛分析、筛选方案,确定项目的初步可行性,并进一步论证项目的生命力,确定是否进行下一步详细可行性研究。也就是说,初步可行性研究是介于投资机会研究和详细可行性研究之间的中间阶段,其研究内容与详细可行性研究相同,只是深度和广度较详细可行性研究差一些,但比投资机会研究又进了一步。

初步可行性研究的主要任务是:进一步判断投资机会研究结论是否正确,时机是否成熟;决定是否需要进行详细可行性研究;确定可行性研究课题中哪些问题需要进行辅助的专题研究。要将投资机会研究的投资建议具体化为多个比选方案,并进行初步评价、筛选,确定项目的初步可行性。其工作任务主要是市场前景、原材料及投入、工业性试验、厂址选择、经济规模及主要设备选型等。

初步可行性研究是通过多方案比较,为决策者提供决策依据。如果工程项目比较简单或者投资机会研究已经包含了相当完备的数据,这一阶段的研究可以略去,或与详细可行性研究合并进行,尤其是中小型项目更是如此。初步可行性研究所需费用一般占总投资的0.25%~1.25%,估算精度应达到20%左右。

三、详细可行性研究

详细可行性研究又称为最终可行性研究或技术经济可行性研究,通常将这一阶段简称为可行性研究。它是投资前期研究和分析评价的最后阶段,对工程项目的投资决策提供技术、经济和管理的依据。

这个阶段实质上是项目拟定阶段,其主要任务是:对工程项目进行深入细致的技术、经济论证,重点分析财务效益、经济效益,以及环境影响评价。本阶段须进行多方案比选,说明各方案的利弊及可能采取的改进措施,选择出或者优化出满意方案,给出研究的结论性意见,确定项目投资的可行性。同时,要编制可行性研究报告,作为项目投资决策的基础和重要依据。

详细可行性研究是工程项目的关键性环节,也是工程项目研究的定性阶段。它的结论可作为进行工程建设的决策依据;为项目的决策提供技术、经济与商业的比较精细的依据;为下一阶段工程设计提供基础资料和依据;也作为向银行申请贷款的依据。

这一阶段工作量大,研究所需时间为几个月到2年,一般中小型建设项目所需时间为6~12个月,大型建设项目需1~1.5年。所需费用差别较大,一般占总投资的0.5%~3%,估算精度应达到10%左右。研究经费数额很大的,具体研究所需时间、经费数额等一般在双方签订的合同中确定。

可行性研究各个阶段的研究工作是循序渐进的:研究内容由浅入深,对工程项目投资和成本估算的精确程度由粗到细,研究的工作量由小到大,研究工作需要的时间和经费也逐渐增加。可行性研究在任何一个阶段一旦得出“不可行”的研究结论,就不需要进行下一阶段的研究。可行性研究各阶段的深度等要求可参照表9-1。

表9-1　可行性研究各阶段的深度等要求一览表

可行性研究阶段划分	工作深度	基础数据估算精度	研究费用占投资总额的百分比(%)	所需时间(月)
投资机会研究	在若干个可能的投资机会中进行鉴别和筛选	≤30%	0.2~1.0	1~2
初步可行性研究	对选定的投资项目进行市场分析,进行初步技术经济评价,确定是否需要进行更深入的研究	≤20%	0.25~1.25	2~3
详细可行性研究	对需要进行更深入可行性研究的项目进行更细致的分析,减少项目的不确定性,对可能出现的风险制订防范措施	≤10%	0.5%~3% 或合同确定	6~8 12~18

四、评估和投资决策

这一阶段的工作是可行性研究的进一步深化,是对可行性研究报告的研究。一般由投资决策部门组织或授权商业银行、工程咨询公司等专业机构,代表国家对上报的项目可行性研究报告进行全面审核和再评价。

评估和投资决策阶段的任务是:审核、分析、判断可行性研究报告的可靠性和真实性,提出项目评估报告,为决策者提供最后的决策依据。工作内容主要包括项目的必要性评价、可能性评价、经济评价、综合评价,并编写评估报告。

该阶段要求从全局出发,客观、公正、可靠地评价拟建项目。

第三节　可行性研究的原则、依据和工作程序

一、可行性研究的原则

(一)科学性原则

科学性原则是可行性研究工作必须遵循的基本原则。要以认真负责的态度和科学的方法收集、分析和鉴别原始资料,去伪存真,确保所用数据和资料的真实性和可靠性。计算各种经济指标时要求有科学依据,计算过程要准确无误,结论必须是在经过分析计算得出的正确结果的基础上作出的。

(二)客观性原则

整个可行性研究工作要从客观实际出发,实事求是,项目建设各种条件必须是客观存在的,不是主观臆造的。对于收集的基础资料,要按照客观实际情况进行论证评价,如实地反映客观经济规律,从客观数据出发,通过科学分析,得出项目是否可行的结论。

（三）公正性原则

必须站在客观公正的立场上进行研究。研究工作过程中要排除各种干扰，尊重事实，不弄虚作假，使可行性研究各项工作和结果客观、公正，为投资或项目决策提供可靠的依据。

二、可行性研究的依据

一个拟建项目的可行性研究，必须在国家有关的规划、政策、法规的指导下完成，同时还必须要有相应的各种技术资料。进行可行性研究工作的主要依据包括以下内容：

（1）国家经济和社会发展的长期规划，部门、地区发展规划，经济建设的指导方针、任务、产业政策、投资政策和技术经济政策以及国家和地方法规等。

（2）经过批准的项目建议书和在项目建议书批准后签订的意向性协议、委托单位的要求等。

（3）对于大中型骨干建设项目，必须具有国家批准的资源报告、国土开发整治规划、区域规划和工业基地规划。对于交通运输项目，要有有关的江河流域规划与路网规划等。

（4）国家进出口贸易政策和关税政策。

（5）拟建厂址的自然、地理、气象、水文、地质、经济、社会、环保等基础资料。

（6）有关行业的工程技术和经济方面的规范、标准、定额资料，以及国家正式颁发的技术法规和技术标准。

（7）国家颁布的建设项目可行性研究及经济评价的有关规定、评价方法、基本参数和指标，如国家基准收益率、行业基准收益率、基准折现率、社会折现率、基准投资回收期、汇率等。

（8）包含各种市场信息的市场调研报告。

三、可行性研究的工作程序

可行性研究的基本工作程序可概括为七个步骤：①签订委托协议；②组建研究工作项目组；③制订工作计划；④市场调查与预测；⑤方案研制与优化；⑥项目评价；⑦编写可行性研究报告，与委托单位交换意见后，编写完成并提交可行性研究报告。基本工作步骤如图 9-2 所示。

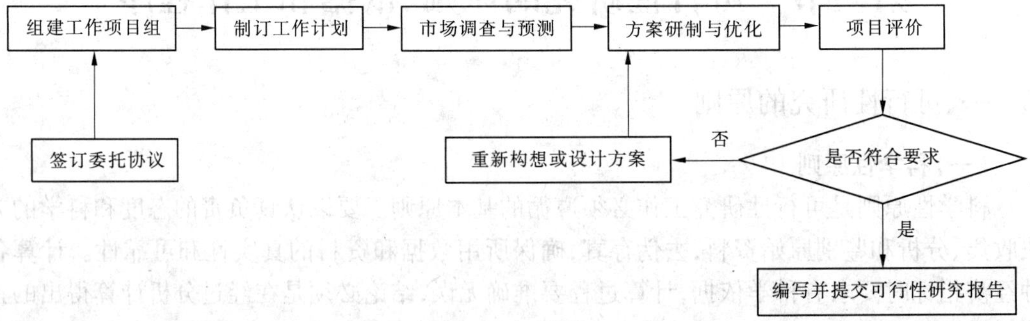

图 9-2　可行性研究的基本工作步骤

（一）签订委托协议

项目建议书批准后，工程咨询机构或者设计单位等可行性研究编制单位，接受投资方或者建设单位的委托,并就项目可行性研究工作的范围、内容、重点、深度要求、完成时间、经费预算及支付方式、质量要求等事项交换意见后,签订委托协议,作为开展可行性研究工作的基本依据。

(二)组建工作项目组

可行性研究编制单位根据受托项目可行性研究的范围、内容、技术难度、工作量大小、时间要求等因素,综合考虑后组建可行性研究工作项目组。一般工业项目和交通运输项目可设立市场组、工艺技术组、设备组、工程组、总图运输及公用工程组、环保组、技术经济组等专业组。各专业组的工作一般应由项目负责人统筹协调。

(三)制订工作计划

计划内容包括各项研究工作开展的步骤、方式、进度安排、人员配备、工作保证条件、工作质量评定标准和费用预算等,计划完成后,应与委托单位交换意见,(调整后)确定工作计划。

(四)市场调查与预测

市场调查的范围包括地区及国内外市场、有关企事业单位和行业主管部门等,主要收集项目建设、生产运营、市场规模等各方面必需的信息资料和数据,并对这些信息资料和数据进行详细的整理和分析评价。在此基础上进行预测,对项目产品未来市场供应和需求信息进行定性和定量分析。

(五)方案研制与优化

在市场调查和预测研究的基础上,针对项目的建设规模、产品规格、场址、工艺、设备、总图、运输、原材料供应、环境保护、公用工程和辅助工程、组织机构设置、实施进度等各方面的情况,综合研究设计出各种可行的方案。然后进行方案论证、比较和优化,提出推荐方案。

(六)项目评价

对推荐方案进行环境分析、财务分析、经济分析及风险分析,以判断项目的环境可行性、经济合理性和抗风险能力。当有关评价指标结论不足以支持项目方案成立时,应重新构建方案或对原设计方案进行调整,有时甚至完全否定该项目。

(七)编写并提交可行性研究报告

项目可行性研究各专业研究方案,经过技术经济论证和优化之后,由各专业组分工编写。经项目负责人衔接协调和综合汇总,提出可行性研究报告初稿。与委托单位交换意见并修改完善后,按时向委托方提交正式的可行性研究报告。

第四节　可行性研究报告

可行性研究过程形成的工作成果,一般要以可行性研究报告的形式固定下来,作为下一步研究的基础。可行性研究报告不必将可行性研究的所有工作过程都展示出来,对最优方案需要详细说明,其他备选方案简要描述即可。

一、可行性研究报告的作用

可行性研究是投资项目建设前期工作的关键环节。从宏观上可以控制投资的规模和方向,改进项目管理;从微观上可以减少投资决策失误,提高投资效果。具体主要有如下几方面的作用。

(一)项目投资决策的依据

在可行性研究中,对与建设项目有关的各个方面都进行了调查研究和分析,并以大量数据论证了项目的必要性、可实现性以及实现后的结果,项目投资者或国家主管部门正是根据可行性研究的评价结果,并结合国家财政经济条件和国民经济长远发展的需要,作出是否应该投资和如何进行投资的决定。

(二)筹集资金和向银行等金融机构申请贷款的依据

银行等金融机构通过审查项目可行性研究报告,确认了项目的经济效益水平、偿债能力和风险状况,才能作出是否贷款的决定。

(三)编制科研试验计划和新技术、新设备需用计划以及大型专用设备生产与安排的依据

项目拟采用的重大新技术、新设备必须经过周密慎重的技术经济论证,确认必需且可行的,才能拟定研究和制造计划。

(四)从国外引进技术、设备以及与外商谈判签约的依据

利用外资项目,不论是申请国外银行贷款,还是与合资、合作方进行技术谈判和商务谈判,可行性研究都是一项至关重要的基础工作,甚至决定着谈判的成功与否。

(五)与项目协作单位或企业签订经济合同或协议的依据

根据批准的可行性研究报告,项目法人可以与有关协作单位签订原材料、燃料、动力、运输、土建工程、安装工程、设备购置等方面的合同或协议。

(六)向当地政府、规划部门、环境保护部门等申请有关建设许可文件的依据

可行性研究报告经审查,拟定的项目及其建设方案符合市政当局、区域规划及环保部门的规定或经济立法,方能得到有关部门的许可,审批建设执照。

(七)项目工程建设的基础资料

可行性研究报告中提供了项目详细的基础数据,是项目工程建设的重要基础资料。项目建设过程中任何技术性和经济性的更改,都可以在原可行性研究报告的基础上,通过认真分析得出项目经济效益指标变动的信息。

(八)项目科研试验、机构组织、职工培训、生产组织的依据

根据批准的可行性研究报告,进行与建设项目有关的生产组织工作,包括设置相应的组织机构,进行职工培训以及合理的生产组织等工作安排。

(九)对项目考核和后评价的依据

工程项目竣工、正式投产后的生产考核以及项目的后评价,应以可行性研究所制订的生产纲领、技术标准以及经济效果指标作为考核标准。

二、可行性研究报告的格式与内容要点

工程项目的特点之一就是它的不重复性,因此每个工程项目应根据自身的技术经济特点确定可行性研究的工作内容,并将可行性研究形成的工作成果通过可行性研究报告固定下来。根据原国家计委的有关规定,一般工业项目可行性研究报告,应按以下格式和内容编写。

(一)总论

说明项目提出的背景、投资环境、项目投资建设的必要性和经济意义,项目投资对国民

经济的作用和重要性;提出项目设想的主要依据、工作范围和要求;项目的历史发展概况,项目建议书及有关审批文件;综述可行性研究的主要结论、存在的问题与建议,列表说明项目的主要技术经济指标。

(二)市场分析

市场分析包括市场调查和市场预测,是可行性研究的重要环节。其内容包括:国内、国外市场供需状况调查,产品供需预测,销售价格预测,价格分析,竞争能力分析及市场风险分析等。

(三)资源、原材料、燃料供应分析

资源、原材料、燃料供应分析的内容包括:资源可利用量、资源品质情况、资源赋存条件、资源开发价值,主要原料、辅助材料、燃料的种类、数量、来源和供应的可能性,有毒、有害及危险品的种类、数量和储运条件,材料试验情况,所需动力(水、电、气等)、供应方式、供应条件、外部协作条件以及所签协议、合同或意向的情况及供应方案,节能措施,节水措施。

(四)建设规模与产品方案

建设规模与产品方案的内容包括:拟建项目的规模、产品方案和发展方向的技术经济比较和分析,即建设规模与产品方案及其比选,推荐的建设方案与产品方案,技术改造项目与原有设施利用情况等。

(五)场址选择

场址选择的内容包括:场址现状及发展趋势(地理位置、气象、水文、地质、地形条件和社会经济现状,交通、运输及水、电、气的现状和发展趋势),场址方案的比较和选择,推荐的场址方案,技术改造项目当前场址的利用情况。

(六)技术方案、设备方案和工程方案

技术方案、设备方案和工程方案的内容包括:技术方案选择(技术方案和工艺流程的比选、推荐方案及理由)、主要设备方案选择(主要设备及辅助设备的选定及理由,对于引进设备说明必须引进的理由及国别)、工程方案选择(对项目所建构筑物的建筑与结构设计方案建议,工程量、造价估算及综合说明等)、技术改造项目改造前后的比较及原有固定资产利用情况。

(七)总图、运输与公用辅助工程

总图、运输与公用辅助工程的内容包括:总图布置方案,场内外运输方案、公用工程与辅助工程方案,技术改造项目现有公用辅助设施利用情况。

(八)环境影响评价

环境影响评价的内容包括:环境条件调查、影响环境因素分析、环境保护措施。调查环境现状,预测项目对环境的影响,提出环境保护、三废治理和劳动保护的初步方案。

(九)劳动安全、卫生与消防

劳动安全、卫生与消防的内容包括:危险因素和危害程度分析、安全防护措施、卫生保健措施、消防设施。

(十)组织机构与人力资源配置

组织机构与人力资源配置的内容包括:组织机构设置及其适应性分析、人力资源配置、员工培训。

生产组织、劳动定员和人员培训。全厂生产管理体制、机构设置,工程技术人员和管理人员素质、数量的要求,劳动定员的配备方案,人员培训的规划和费用估算。

(十一)项目实施进度

项目实施进度的内容包括:建设工期、实施进度安排、技术改造项目建设与生产的衔接。

根据指定建设工期和勘察设计、设备制造、工程施工、安装、试生产所需时间与进度要求,选择整个工程项目实施方案和总进度,用线条图或网格图表述最佳实施计划方案的选择。

(十二)投资估算与资金筹措

投资估算与资金筹措的内容包括建设投资和流动资金估算、资本金和债务资金筹措、融资方案分析。

(十三)财务分析(财务评价)

财务分析(财务评价)的内容包括财务分析基础数据与参数选取、销售收入与成本费用的估算、财务分析报表、盈利能力分析、偿债能力分析、风险与不确定性分析、财务分析结论。

(十四)经济分析(国民经济评价)

经济分析的内容包括影子价格及评价参数选取、效益费用范围与数值调整、国民经济分析报表、经济分析指标、经济分析结论。

(十五)社会效益分析(社会效益评价)

社会效益分析主要是对项目的社会效益和社会影响进行分析。其包括:增加就业机会、减少待业人口带来的社会稳定的效益;改善地区经济结构,提高地区经济发展水平;合理利用自然资源以及与地区科技文化、基础设施发展水平的相互适应性等方面的内容。

(十六)研究结论与建议

研究结论与建议的内容包括推荐方案的总体描述、推荐方案优缺点描析、主要对比方案、结论和建议。

尽管对可行性研究的主要内容概括为上述16个方面的内容,但可行性研究的基本内容可概括为三部分,即市场研究、技术研究和经济分析。这三部分内容构成了可行性研究的三大支柱:第一是市场研究,包括项目产品的市场调查和预测研究,这是工程建设项目成立的重要前提,其主要任务是解决工程项目建设的“必要性”问题;第二是技术研究,即建设条件和技术方案研究,从资源投入、场址、技术、设备和生产组织等问题入手,对工程项目的建设条件和技术方案进行研究,这是可行性研究的技术基础,它要解决建设项目在技术上的“可行性”问题;第三是经济分析,即经济效益研究,这是决定项目命运的关键,是项目可行性研究的核心,它要解决工程项目在经济上的“合理性”。可行性研究就是主要从这三个方面对项目进行优化研究,并为投资决策提供依据的。

三、可行性研究报告的深度要求

可行性研究报告应在以下方面达到使用要求:

(1)可行性研究报告应能充分反映项目可行性研究工作的成果,内容齐全,结论明确,数据准确,论据充分,满足决策者确定方案和项目决策的要求。

(2)可行性研究报告选用主要设备的规格、参数应能满足预订货的要求,引进技术设备的资料应能满足合同谈判的要求。

(3)可行性研究报告中的重大技术、经济方案,应有两个以上方案的比选。

(4)可行性研究报告中确定的主要工程技术数据,应能满足项目初步设计的要求。

(5)可行性研究报告中构建的融资方案,应能满足银行等金融部门信贷决策的需要。

(6)可行性研究报告中应反映可行性研究过程中出现的某些方案的重大分歧及未被采纳的理由,以供委托单位或投资者权衡利弊进行决策。

(7)可行性研究报告应附有评估、决策(审批)所必需的合同、协议、意向书及政府批件等。

需要注意的是,上述可行性研究的简要内容主要是针对新建工业项目而言的,鉴于工程项目的性质、任务、规模及工程复杂程度不同,可行性研究的内容有所侧重,深度和广度不尽一致。改扩建工业项目的可行性研究,应增加对企业现有情况及原有固定资产利用的说明和分析。非工业项目的可行性研究内容,应结合该行业特点,参照工业项目的要求,进行适当调整,应重视项目的经济和社会评价,重点评价项目的可持续性和经济社会环境影响。对于技术引进和设备进口的中小型工业项目及农业、商业、文教卫生等项目,如果经济技术条件不太复杂,协作关系比较简单,可行性研究的内容可以简化。对于合资项目,应按照原国家计委、原建设部发布的《中外合资经营项目经济评价方法》的要求编制可行性研究报告。不论哪一类项目的可行性研究的内容,一般均应设专章论述投资必要性、技术可行性、财务可行性、组织可行性和风险分析的内容。

中国目前缺乏对各类投资项目可行性研究的内容及深度进行统一规范的方法,各地区、各部门制订的各种可行性研究的规定,基本上都是根据工业项目可行性研究的内容为主线制订的,并且基本上是按照联合国工发组织的《工业项目可行性研究报告撰写手册》为蓝本来编写的。因此,中国目前急需一个各行业通用的对可行性研究的内容及深度提出共性要求的统一规定,以规范整个可行性研究工作,避免各种非工业项目可行性研究都要参照工业项目的尴尬局面。

小　结

可行性研究是指在工程项目投资之前,运用多种科学手段,对一项工程项目的必要性、可行性、合理性进行技术经济论证,从而为项目投资决策提供科学依据的一种论证方法。

可行性研究的基本任务是论证一个工程项目在技术上是否先进、实用和可靠,在经济上是否合理,在财务上是否盈利,作出环境影响、经济效益和社会效益的分析和评价,以及工程项目抗风险能力等结论。可行性研究具有先行性、预测性、不定性、决策性和综合性的特点;以投资必要性、技术可行性、财务可行性、组织可行性、经济可行性、环境可行性等为主要研究内容;分为投资机会研究、初步可行性研究和(详细)可行性研究三个阶段;应当坚持科学、客观、公正的原则;遵循可行性研究工作的基本程序,在国家有关的规划、政策、法规的指导下,使用相应的各种技术资料等依据完成。

可行性研究报告因可作为项目决策、筹资、技术引进和设备购置、签订协作协议、申领建设执照、项目生产组织及后评价等方面的依据而具有重要作用。可行性研究的基本内容具有共性,但不同工程项目因项目的性质、任务、规模及工程复杂程度不同,可行性研究的内容有所侧重,深度和广度不尽一致。

思考与练习题

9-1 什么是项目可行性研究？它有哪些特点？

9-2 可行性研究的主要内容有哪些？

9-3 可行性研究为什么要分阶段进行？一般分为哪几个阶段？

9-4 简述可行性研究的基本工作程序。

9-5 可行性研究报告有哪些作用？

9-6 可行性研究报告编制的依据有哪些？

9-7 可行性研究的工作原则有哪些？

9-8 简述可行性研究的三大支柱及其研究任务。

第十章 价值工程

【学习要求】

掌握价值工程的概念，了解价值工程的特点，掌握提高价值的途径和价值工程的工作程序，会用价值工程的方法选择最优方案，处理实际问题。

第一节 概 述

价值工程（Value Engineering，简称 VE）是一种系统化的管理技术，也是一种在世界各国被证明卓有成效的工程管理方法。自从美国通用公司于 1947 年开始应用 VE，至今已经 60 多年了。在美国，政府部门制订的 A－131 价值工程条款，以立法形式全面应用于工程管理。在日本，几千名价值工程专家活跃在各大公司，为日本成为制造业强国做出了卓越贡献。日本价值工程协会每年的年会上，90% 以上的代表来自于企业。在澳大利亚、加拿大及英国、法国等许多欧盟国家，价值工程的应用也卓有成效，成绩斐然。

一、价值工程的概念

价值工程又称为价值分析，是优化成本/绩效的活动，是指通过集体智慧和有组织的活动对产品或服务进行功能分析，使目标以最低的总成本（生命周期成本），可靠地实现产品或服务的必要功能，从而提高产品或服务的价值。用数学比例式表达如下

$$V = F/C \tag{10-1}$$

式中 V——产品的价值；

F——产品的功能；

C——产品的成本。

价值工程的主要思想是通过对选定研究对象的功能及费用分析提高对象的价值。价值工程包括三个基本要素，即价值、功能和成本。

（一）价值

价值工程中的价值，是评价某一产品、服务或工程项目的功能与实现这一功能所消耗费用之比的合理程度的尺度，也就是人们通常所说的“性价比”。

（二）功能

功能可解释为功用、作用、效能、用途、目的等，是指产品、服务、工程等能够满足用户或消费者某种需求的一种属性，它是产品的本身特性，用户或消费者购买的就是产品的功能，以满足其需求。

（三）成本

成本是指产品的寿命周期成本，它包括产品从开发研制到使用报废全过程的费用。这些费用可分为生产成本和使用成本，前者是生产产品必须付出的费用，后者是在使用过程中所付出的费用。

一般来说,生产成本是随着产品功能的提高而增加的,而功能越好则使用成本就越低,见图 11-1 成本—功能特性曲线。

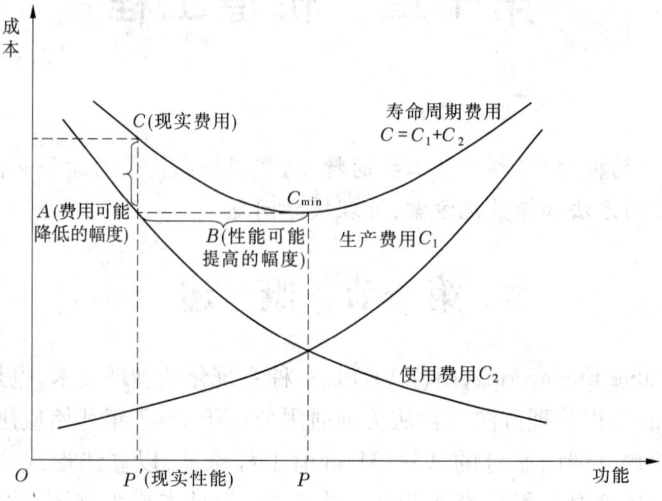

图 10-1　成本—功能特性曲线

从成本—功能特性曲线中可以看出,若采取一定的技术措施,使功能成本点从 C 移到 $C_{\min}$,则既提高了功能又降低了成本。

二、价值工程的特点

(1)价值工程是以提高产品价值为目的的,也就是用最低的寿命周期成本实现必要的功能,使用户和企业都得到最大的经济利益。因此,价值工程并不是单纯降低费用,而是以满足用户要求为前提,在保证产品必要功能和质量的条件下,以最低的寿命周期费用使产品具有这种功能。

(2)价值工程是以功能分析为核心的。价值工程不是通过一般性措施来降低成本,而是通过对功能的系统分析,找出存在的问题,提出更好的方法来实现功能,从而达到降低成本的目的。这样降低成本,就有了可靠的依据,方法也更科学,因而也就能取得比较大的成果。

(3)价值工程是一种依靠集体智慧所进行的有组织、有领导的系统活动。利用价值工程研究提高产品的价值,要涉及整个生产过程和各部门、各单位的工作,因此必须依靠全体职工有计划、有组织地进行。

三、提高价值的途径

在设备管理中,价值工程的目的就是尽量提高设备或维修作业这种特定的价值,从工程的一般表达式可以看出,提高特定价值的途径有以下几个方面:

(1)功能不变,用降低成本的方法提高价值;

(2)成本不变,用提高功能的方法提高价值;

(3)既提高功能又降低成本,这是提高价值的最佳方法;

(4)小幅度提高成本,大幅度提高功能的方法来提高价值;

(5)小幅度降低功能，大幅度降低成本的方法来提高价值。

以上途径可用以下表达式表示

$$V\uparrow = \frac{F}{C\downarrow}$$

$$V\uparrow = \frac{F\uparrow}{C}$$

$$V\uparrow = \frac{F\uparrow}{C\downarrow}$$

$$V\uparrow = \frac{F\uparrow\uparrow}{C\uparrow}$$

$$V\uparrow = \frac{F\downarrow}{C\downarrow\downarrow}$$

四、价值工程的工作程序

价值工程的工作过程实质就是针对产品的功能和成本提出问题、分析问题、解决问题的过程。针对 VE 的研究对象，整个活动围绕 7 个基本问题展开，这 7 个问题是：

(1)这是什么？

(2)这是做什么用的？

(3)其成本是多少？

(4)其价值是多少？

(5)有其他的方案能实现这个功能吗？

(6)新方案的成本是多少？

(7)新方案能满足要求吗？

这 7 个问题决定了价值工程的基本步骤和活动程序。一般可以分为三个阶段：分析、综合、评价。其基本步骤是功能定义、功能评价、制订改进方案。如果只有基本步骤，显得划分太粗。为了使工作顺利进行，还应有详细步骤。下面用表 10-1 说明 VE 的工作程序。

表 10-1　VE 的工作程序

问题的确定和解决	VE 构思的一般过程	VE 活动程序		
		基本步骤	详细步骤	对应的问题
确定问题	分析	功能定义	1. 确定对象 2. 收集情报	这是什么
			3. 功能定义 4. 功能整理	这是做什么用的
		功能评价	5. 功能成本分析 6. 功能评价	其成本是多少 其价值是多少
制订出解决问题的方法	综合	制订改进方案	7. 功能创造	有其他方法能实现这个功能吗
	评价		8. 概略评价 9. 方案具体化 10. 仔细评价 11. 试验研究 12. 提案审批、实施 13. 活动成果评价	新方案的成本是多少 新方案能满足要求吗

第二节　对象选择及信息资料的收集

一、选择价值工程对象的原则和方法

（一）选择价值工程对象的原则

价值工程是就某个具体对象开展的有针对性的分析评价和改进，有了对象才有分析的具体内容和目标。价值工程的对象选择过程就是逐步收缩研究范围、寻找目标、确定主攻方向的过程。

价值工程的目的在于提高产品价值，研究对象的选择要从市场需要出发，结合本企业实力，系统考虑。一般来说，对象选择的原则有以下几个方面：

（1）从设计方面看，对产品结构复杂、性能和技术指标差距大、体积大、重量大的产品进行价值工程分析，可使产品结构、性能、技术水平得到优化，从而提高产品价值。

（2）从生产方面看，对量多面广、关键部件、工艺复杂、原材料消耗高和废品率高的产品或零部件，特别是对量多、产值比重大的产品，只要成本下降，所取得的经济效果就大。

（3）从市场销售方面看，选择用户意见多、系统配套差、维修能力低、竞争力差、利润率低的，选择生命周期较长的，选择市场上畅销但竞争激烈的，选择新产品、新工艺等。

（4）从成本方面看，选择成本高于同类产品、成本比重大的，如材料费、管理费、人工费等。推行价值工程就是要降低成本，以最低的寿命周期成本可靠地实现必要功能。

根据以上原则，对生产企业，有以下情况之一者，应优先选择为价值工程的对象：

（1）结构复杂或落后的产品；

（2）制造工序多或制造方法落后及手工劳动较多的产品；

（3）原材料种类繁多和互换材料较多的产品；

（4）在总成本中所占比重大的产品。

对由各组成部分组成的产品，应优先选择以下部分作为价值工程的对象：

（1）造价高的组成部分；

（2）占产品成本比重大的组成部分；

（3）数量多的组成部分；

（4）体积或重量大的组成部分；

（5）加工工序多的组成部分；

（6）废品率高和关键性的组成部分。

（二）选择价值工程对象的方法

对象选择的方法应根据有关原则，找出价值工程活动中的重点组成部分与物质（或服务），作为下一步进行具体功能分析的主要目标。对象选择的方法，实质上就是要在大量的园林物质中通过筛选的方法找出价值工程活动的重点对象，这是开展价值工程活动的第一步。选择对象的方法很多，有的需要通过一定的组织方法调查研究就可以判断确定（称为定性分析），有的则要通过技术测定和计算（称为定量分析）。这里介绍几种常见、简易的选择方法。

1. 经验分析法

经验分析法又称因素分析法，是一种定性分析的方法。它主要凭借 VE 专家和活动人员的经验来选择和确定 VE 对象。用此法选择，根据对象选择的原则，凭借丰富经验，综合分析，既考虑需要又考虑可能，区别轻重缓急，尽可能地选择好 VE 活动的对象。

经验分析法的优点是简便易行，考虑问题综合全面，不需要特殊的人员培训。缺点是缺乏定量分析，准确性差。对象选择正确与否，主要取决于 VE 活动人员的经验及工作态度。所以，经验分析法要求参加 VE 活动的人员要熟悉业务，经验丰富，并且要发挥集体的智慧，共同确定对象。

在选择对象的过程中，可将这种方法与其他方法结合使用，利用经验分析法进行对象的粗选，再用其他方法进行精选，或者将用其他方法选出的对象，再利用经验分析法，通过对有关方面的综合分析加以修正。

2. 百分比法

通过分析和对比某个对象(作业或服务)内在的不同因素所占百分比的大小，从中找出一项或几项作为分析的重点对象。

【例 10-1】 某园林单位需在一景区内配置一座假山，其设计成本构成如表 10-2 所示。

表 10-2 成本构成

项次	成本项目	占金额(元)	占成本(%)	重点 VE 对象
1	石料费	5 000	64.9	√
2	运输费	1 200	15.6	
3	施工费	1 000	13.0	
4	日常维修费	500	6.5	
5	合计	7 700	100.0	

由表 10-2 数字，一看便知道石料费用较高，所占百分比较大，应首先作为 VE 的重点对象。如把石料费和运输费作为一项考虑也可，重点的 VE 对象应该就是原料问题。

【例 10-2】 某动物园需降低消耗，其费用构成如表 10-3 所示。

表 10-3 费用构成

构成要素		造园成本					管理成本				
		动物	建筑	植被	水体	总体	动物	建筑	植被	水体	总体
消耗费用	金额(万元)	80	90	12	15	197	7	1	2.5	2	12.5
	比重(%)	40.6	45.7	6.1	7.6	100	56	8	20	16	100
对象选择优先顺序		2	1	4	3		1	4	2	3	

3. ABC 分析法

ABC 分析法又称巴累托分析法、ABC 分类管理法、重点管理法等。它是根据事物有关方面的特征，进行分类、排队，分清重点和一般，以便有区别地实施管理的一种分析方法。

ABC 分析法起源于意大利数理经济学家、社会学家维尔雷多·巴累托对人口和社会问题的研究。其基本原理是“关键的少数和一般的多数”。该分析方法的核心思想是在决定一个事物的众多因素中分清主次,识别出少数的但对事物起决定作用的关键因素和多数的但对事物影响较小的次要因素。ABC 分析法的基本原理,可概括为“区别主次,分类管理”。它将管理对象分为 A、B、C 三类,以 A 类作为重点管理对象。其关键在于区别一般的多数和极其重要的少数。

ABC 分析法的基本程序如下所述。

1)开展分析

这是“区别主次”的过程,它包括以下步骤:

(1)收集数据。确定构成某一管理问题的因素,按分析对象和分析内容,收集相应的特征数据。以库存控制涉及的各种物资为例,如拟对库存物品的销售额进行分析,则应收集年销售量、物品单价等数据。

(2)计算整理。对收集的数据进行加工,并按要求进行计算和汇总,包括计算特征数值,特征数值占总计特征数值的百分数,累计百分数;因素数目及其占总因素数目的百分数,累计百分数。

(3)根据一定分类标准,进行 ABC 分类,列出 ABC 分析表。各类因素的划分标准,并无严格规定。习惯上常把主要特征值的累计百分数达 70% ~80% 的若干因素称为 A 类,累计百分数在 10% ~20% 区间的若干因素称为 B 类,累计百分数在 10% 左右的若干因素称为 C 类。A 类因素通常占累计因素数目的 5% ~15%,为主要因素或重点因素;B 类因素占累计因素数目的 20% ~30%,为次要因素;C 类因素占累计因素数目的 60% ~80%,为最次要因素。ABC 分析表有两种形式:一种是将全部因素逐个列表的大排队式,它适用于因素数目较少的分析项目;另一种是对各种因素进行分层的分析表,它适用于因素数目较多,无法全部排列于表中或没有必要全部排列的情况,列表时要先按主要特征值进行分层,以减少因素栏内的项数,再根据分层结果将 A 类因素逐一列出,进行个别管理。

(4)绘制 ABC 分析图。以累计因素百分数为横坐标,累计主要特征值百分数为纵坐标,按 ABC 分析表所列示的对应关系,按 ABC 分析曲线对应的数据,按 ABC 分析表确定 A、B、C 三个类别的方法,在图上标明 A、B、C 三类,并连结各点成曲线,即绘制成 ABC 分析图,如图 10-2 所示。在管理时,除利用直角坐标绘制曲线图外,也可绘制成直方图。

2)实施对策

这是“分类管理”的过程。根据 ABC 分类结果,权衡管理力量和经济效果,制订出 ABC 分类管理标准表,对三类对象进行区别管理。ABC 分析的结果,只是理顺了复杂事物,搞清了各局部的地位,明确了重点。ABC 分析主要目的在于通过一定的技巧解决困难,因此在分析的基础上必须提出解决的办法,才能真正达到 ABC 分析的目的。

ABC 分析法是储存管理中常用的分析方法,也是经济工作中一种基本工作和认识方法,它较多地应用于企业物资管理,但也可应用于企业管理的其他领域,如生产管理、质量管理、设备管理或作为其他现代化管理技术(如价值工程)的辅助工具。

4.强制确定法(FD 法)

强制确定法(Forced Decision Method)是一种应用评分方法来选择对象的方法,是联系功能和成本,从价值角度考虑的方法。这种方法一般分以下三个步骤。

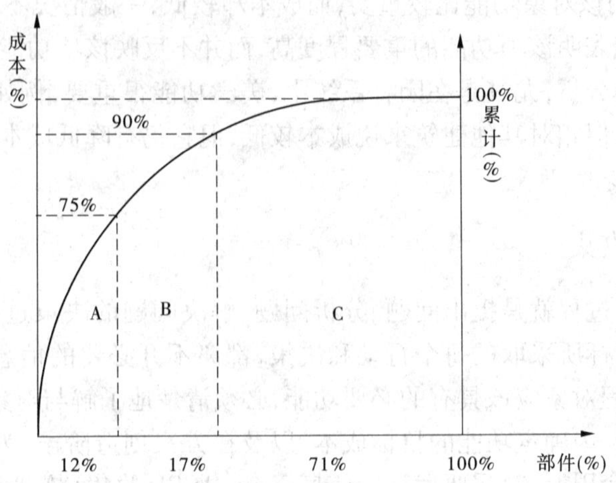

图 10-2　ABC 分析图

1) 求功能系数

把待选的分析对象列在一种矩阵形的表上,根据它们在功能上的重要程度,做一对一的比较并计算功能系数。功能系数的具体计算详见本章第三节功能评价部分。

2) 求成本系数

查出各对象的目前成本,相加后得到成本的总和值,然后以成本总和值分别去除每个对象的单项成本,即得该对象的成本系数(见表 10-4)。

3) 求价值系数

根据价值工程的基本公式,可以推导出价值系数等于功能系数与成本系数之比(见表 10-4)。

表 10-4　求成本系数和价值系数

分析对象	得分 f	功能系数 F	目前成本 c	成本系数 C	价值系数 V
A	4	0.267	75	0.231	1.156
B	2	0.133	42	0.129	1.031
C	3	0.200	76	0.234	0.855
D	3	0.200	60	0.184	1.087
E	1	0.067	34	0.105	0.638
F	2	0.133	38	0.117	1.137
Σ	15	1.000	325	1.000	

根据价值系数可进行选择。从上面计算可知价值系数分两种情况,即 $V<1.0$ 和 $V>1.0$。

(1) $V<1.0$,说明功能系数小,而成本系数大,也就是说,该对象在功能上并不太重要,而在成本上却占了较大的比例,这就是应当重点研究改进的具体对象(如 C、F),并把改进的重点放在降低目前成本上。

(2) $V>1.0$，说明该对象功能比较重要，而成本却较低，一般情况不作为重点选择对象。由于功能系数高只能表明该项功能的重要程度高，而并不反映该项功能是否已充分实现，所以也要具体问题具体分析，尤其是在园林系统中，美学功能很重要，例如园路作为特殊的建筑，在功能上很重要，但相对其他建筑来说成本较低，但它仍有降低成本的可能，有时也要作为 VE 对象进行分析。

二、信息资料收集

价值工程的工作过程就是提出问题、分析问题、解决问题的决策过程。在此过程中，为了实现提高价值的目标所采取的每个行动和决策，都离不开必要的信息资料。在功能定义阶段，为弄清价值工程对象应该具有的必要功能，必须清楚地了解与对象有关的各种信息资料。在功能评价阶段，为确定功能的目标成本，以及在方案创造阶段，为创造和选择最优改进方案、实现最低寿命周期，都需要大量的信息资料。所以，收集、整理信息资料的工作贯穿于价值工程的全过程。价值工程的工作过程同时也是对信息资料收集、整理和运用的过程。可以说，价值工程成果在很大程度上取决于占有信息资料的质量、数量和取得的适宜时间。

价值工程所需要的信息资料，视具体情况而定，一般包括以下几个方面的内容。

（一）使用及销售方面的内容

收集这方面的信息资料是为了充分理解用户对对象产品的期待、要求。例如，用户对产品规格、使用环境、使用条件、耐用寿命、价格、性能、可靠性、服务、操作及美观等方面的要求。

（二）技术方面的内容

收集这方面的信息资料是为了明白如何进行产品的设计改进才能更好地满足用户的要求，根据用户的要求内容如何进行设计和改造。例如：科技进步方面的有关科研成果、技术发明、专利、新材料、新结构、新工艺、新技术，国内外同类产品的发展趋势和技术资料，标准化要求及发展动态等；设计及制造方面的加工工艺，作业方法，使用的设备、工器具，合格品率、废品率，外协件供应者、外协方法等。

（三）经济方面的内容

成本是计算价值的必需依据，是功能成本分析的主要内容。实际的产品往往由于设计、生产、经营等方面的原因，其成本存在较大的改善潜力。在广泛占有经济资料（主要是成本资料）的基础上，通过实际的成本与标准的成本之间的比较、不同企业之间的比较，揭露矛盾、分析差距，降低成本，提高产品价值，这方面的信息资料是必不可少的。

（四）企业生产经营方面的内容

掌握这方面的资料是为了明白价值工程活动的客观制约条件，使创造出的方案既先进又切实可行。这方面的资料包括企业设计研究能力，加工制造能力，质量保证能力，采购、供应、运输能力，筹措资金的能力。

（五）国家和社会方面诸如政策、方针、规定等方面的内容

了解这方面的内容是为了使企业的生产经营活动包括开展价值工程活动必须与国民经济的发展方向协调一致。

收集信息资料必须遵循四个原则，即目的性、计划性、可靠性、适时性。所谓目的性，就是以价值工程的对象为目标，将与其有关的信息资料尽量收集到。所谓计划性，就是收集资

料不能漫无边际,要有明确的范围和内容,编制好计划,并有步骤地逐步实现。所谓可靠性,就是要对信息资料的真伪加以处理,做到去伪存真。所谓适时性,就是只有在需要信息资料的时候提供所需的当时的信息资料才有价值,才能适应决策的需要。

第三节　功能分析、整理与评价

一、功能分析

功能分析既是价值工程的基础,又是价值工程的核心,通过功能分析可以弄清楚产品各功能之间的关系,舍去不合理功能,调节各功能之间的比重,使功能结构更加合理化,并结合实现功能的成本,来确定其价值的大小。功能分析的目的,是通过给功能下定义、分类使功能系统化,回答"它是干什么用的"提问,从而为功能数量化提供依据。

(一)功能分类

用户对产品功能的要求是多种多样的,为了确定功能的性质和重要程度,很有必要对功能进行区别分类。

1. 按功能的重要程度分类

1)基本功能

基本功能是指产品或作业所要达到的主要目的,或是必不可少的效用。如果不具备这个功能,产品就失去了它存在的价值,它是产品存在的主要条件,也是用户购买的主要原因。如果基本功能不足或没有,就没有人需要这种产品了。如自来水笔的基本功能是写字,如果它写字不顺利或不能写字,我们就不会花钱买这样的笔,也就是说笔失去了它的价值。在产品的分析中,基本功能是不能改变的,若基本功能变了,产品的名称也就变了。

2)辅助功能

辅助功能是指为了达到基本功能而必须采取的手段。它相对于基本功能来说是次要的,但它又是实现基本功能必备的手段。例如,手表的基本功能是显示时间,而防水、防震、防磁、夜光等则是手表的辅助功能,这些辅助功能相对于基本功能来说是次要的,但它可以使手表在水、震、磁等环境中也能准确地显示时间,即能更好地实现基本功能。

对于任何一种产品来说,基本功能是不变的,辅助功能是添加的。因此,生产者应千方百计地保护基本功能,在此前提下,增加辅助功能,可以增强产品的竞争能力。

2. 按功能的性质分类

1)使用功能

使用功能是指产品在使用过程中所提供的功能,是产品的实际用途、特定用途或使用价值。使用功能就是满足用户要求的功能,这是用户关心的焦点,一般用产品的内在指标来表示。如产品的使用寿命、维修性及产品的自动化程度等。

2)美学功能

美学功能表现在为用户提供外表的美观,并给人一种享受。但不同的产品或是不同行业的产品,对使用功能和美学功能的要求是不同的。

美学功能还具有吸引用户的作用。在产品的性能、价格相同的条件下,最受欢迎的是美观的产品,美的东西不仅使人心情舒畅,还使拥有者引以为豪。特别是轻工产品,美学功能占有重要地位，它的优势常成为决定产品销路的重要原因。

3. 按用户的要求分类

1) 必要功能

这是产品必须具备的功能，如载重汽车的载重量、羽绒服的保暖功能等。

2) 不必要功能

不必要功能是指没有使用价值的功能，发现并去掉这种功能，在价值工程中具有重要的作用，也是降低产品成本的主要途径之一。不必要功能主要表现为：一无用功能，即功能对产品本身来说是没有价值的，有时不但无用，还可能有害；二过剩功能，即功能很重要，但太多了，超出了用户所要求的功能范围。

(二) 功能定义

1. 功能定义的目的

开展价值工程活动，自始至终都是围绕用户要求的功能，对事物进行本质的思考，产品不同，功能的定义就不同。功能定义就是给产品及组成部分下定义，以限定每一功能的内容，明确功能的本质，使每一功能在概念上与其他功能相区别，使价值工程得以顺利开展。具体地说，功能定义的目的有以下三个方面。

1) 明确用户要求的功能

实现用户要求的功能是制订方案的出发点，功能定义的目的就是明确和确认这一出发点，使设计者掌握用户对功能的要求，为创造出高价值的方案打下基础。以功能为基础，进行破旧立新和创造，这是开展价值工程时必须遵守的指导思想。

2) 有利于打开设计思路

实现同一功能的手段很多，如果只从现行方案和实现功能的某一手段出发考虑问题，就容易使思想受到束缚。通过给功能下定义，促使人们从用户的功能要求出发，抓住问题的本质，扩大思考范围，就能打开设计思路，为创造出好的改进方案打下基础。

3) 便于进行功能评价

功能评价是价值工程的重要阶段，这一阶段要求确定实现功能的最低费用。但功能费用是与功能水平相联系的，而功能水平的确定有赖于功能定义，通过功能定义尽量对功能作出定量的表述，就能具体确定出功能水平，从而便于功能评价。

2. 功能定义的方法

功能定义的方法要能体现出功能定义的目的，为此要做到以下几点：

(1) 功能的定义要简洁明了。给功能下定义要准确概括，通常用一个动词加一个名词来表示，必要的时候可以加点限制词，但不能过长，如：

对象	动词	名词
自行车	代替	步行
手表	显示	时间
车床	切削	工件

对于动词来说，要准确、概括，不能限制人们的思路，因为它决定着改进方案的方向和实现这一功能的手段，如果动词发生变化，会引起整个方案的变动。功能定义准确与否，取决于分析人员对分析对象的了解程度，因此必须对分析对象作深入研究。

(2) 功能定义应尽可能做到定量化。所谓功能定义的定量化，是指尽量使用可测量的语言来给功能下定义。用一个动词加一个名词定义的功能一般属于定性描述，而功能或方案的成本高低是与功能的实现水平相联系的。因此，如果能在功能定义中加上定量的概念，那么评价功能或方案成本高低时，就有了定量的依据，如提供光能中的光能、调节电压中的电压等就是可以测量的。

（3）功能定义的表达要适当抽象。价值工程在设计改进方案时，鼓励打破原方案的框框，以创新为目的扩大思路，创造出符合所需功能的更好的方案。因此，功能定义的表达应有利于打开设计思路，尽量避免实现功能的具体方案的写实，要适当抽象。如夹紧装置：若定义为“螺旋夹紧”，就会很自然地想到丝杆、螺母等；若抽象些，就会想到平面凸转夹紧、偏心夹紧、压力夹紧及气动电动夹紧等。思路宽，创造好方案的可能性就大。

（4）必须了解可靠地实现功能的制约条件。在给功能下定义时，必须了解可靠地实现功能的制约条件，这就要解决三个问题，即为什么要实现（why）、由谁来实现（who）、实现的手段如何（how to）。在功能定义时，决不能忘记这些条件，否则就抓不住本质的东西。

（5）必须以事实为基础。在给功能下定义时，必须深入实际收集各方面的情报，要以事实为基础，千万不要主观地想当然地设想一个功能。

二、功能整理

（一）功能整理的概念

功能整理是用系统的思想分析明确各功能之间的内在联系，并按功能的逻辑体系编制功能系统图，以掌握必要功能，发现和消除不必要功能，把握住价值改善的功能区域，明确改进对象的等级。

功能整理强调系统的观点，就是把一个产品的全部功能都考虑在内，形成一个系统。如果不从功能系统角度去研究问题，就不可能真正把握必要功能，发现不必要功能，就弄不清功能之间的相对重要性，也就提不出最优的设计方案。

（二）功能整理的方法——功能系统图

在产品的各功能之间，存在着上下关系和并列关系。所谓功能的上下关系，是指一个功能系统中，功能之间存在着目的和手段的关系。如甲功能是乙功能的目的，乙功能是实现甲功能的手段，同时乙功能又是丙功能的目的等。我们把目的功能称为上位功能，把手段功能称为下位功能，同时二者又是相对的，一个功能对它的上位功能来说是手段，对它的下位功能来说就是目的。功能整理的方法就是将功能按照目的和手段的关系加以排列，从而形成一个系统，这个系统就称为功能系统，所组成的图形就是功能系统图。对于复杂一点的产品来说，为了实现其上位功能往往需要几个缺一不可的下位功能，下面以 XC624 型万能铣床为例加以说明，如图 10-3 所示。

从上面的例子可以推出功能系统图的一般形式，如图 10-4 所示。F_0 为最上位功能，也可称为一级功能，F_1、F_2、F_3 是 F_0 的下位功能，称为二级功能，以下为三级功能，依此类推。同时，F_{11} 和 F_{12} 又组成了一个功能区域，F_2、F_3 也有各自的功能区域。

绘制功能系统图是一项比较复杂的工作，下面介绍一种绘制功能系统图常用方法的步骤：

（1）编制功能卡片。把产品及构成要素的所有功能都编制成功能卡片，每一个卡片记载一个功能，卡片的内容和形式如图 10-5 所示。

（2）把功能分成基本功能和辅助功能。当功能卡片的数量很多时，功能系统图内部之

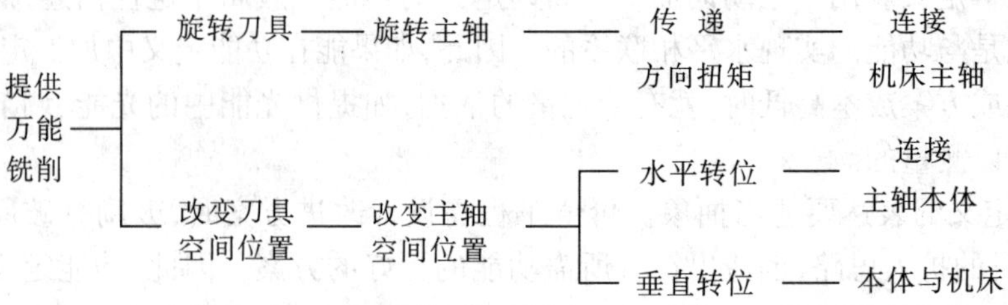

图 10-3　万能铣床功能系统

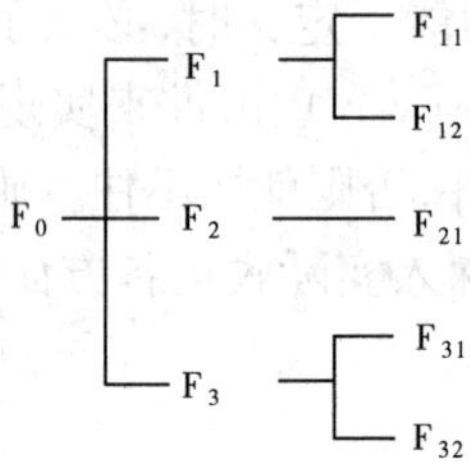

图 10-4　功能系统

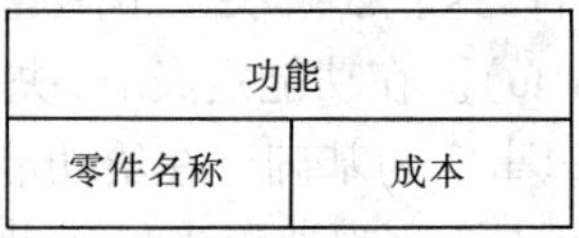

图 10-5　功能卡片

间的关系就比较复杂，为了方便起见，先把基本功能抽出来，连接成功能系统图的主要骨架，然后再连接辅助功能。

(3)通过目的和手段的关系，形成功能系统卡片图。从已抽出的基本功能卡片中任意取出一张，通过寻找和提问它的目的功能和手段功能，确认各功能之间的准确位置，然后用同样的方法再把辅助功能连接到基本功能系统图中，最终形成功能系统图的卡片图形。

(4)绘制功能系统图。就是把各功能之间的卡片系统图，绘制成文本资料图，并对功能系统图作最后审定。

(三)功能整理的要求

1. 找出必要功能

产品的价值取决于实现要求功能所花费的成本，因此为了提高价值，一定要正确掌握所要求的功能。通过功能整理可以找出产品或零部件各组成部分的上下位关系，以明确各组成部分的必要功能和功能间的相对重要性。

2. 找出不必要功能

在排列产品或零部件功能相互关系的过程中，有时会出现挂不上关系的功能，这可能就是不必要功能。再把它放到功能系统图中，若此功能没有上位功能，那就是不必要功能。

3. 找出功能区域

从功能系统图的一般形式中可知，为实现功能 F_0，需要三个下位功能，即 F_1、F_2、F_3，而实现 F_1、F_2、F_3，又有其各自的下位功能，这就是功能区域。在价值工程中，要以功能区域为研究对象，不要以单个功能部分为对象。

4. 明确改进的功能级别

如图 11-4 所示，F_0 为一级功能，F_1、F_2、F_3 为二级功能等。功能级别越高，改变功能时，价值提高的幅度越大，研究范围也越大。开展价值工程时，应抓住主要功能级别进行研究。

三、功能评价

功能评价就是用价值分析的方法，找出实现某一特定功能所需要的最低费用，并用这个最低费用与实际费用的比值，作为评价功能的一项指标。因此，功能评价不是评价某零部件的费用高低，而是评价功能价值的高低，找出低价值的功能区域，明确需要改进的具体功能范围。其目的是保证价值工程的研究方案能取得更好的经济效果。

功能评价的方法有很多种，但大体上可以分成两大类：一类是绝对值评价法，另一类是相对值评价法。不论是哪种评价方法，它们都有一个共同的特点，即都是以价值系数的大小作为选取价值工程研究对象的依据。下面我们以功能评价系数法为例，简单扼要地介绍功能评价的具体步骤。

（一）求功能重要性系数

功能重要性系数就是指产品某构成要素的功能 f_i 与产品总功能 $\sum f_i$ 之比，可用公式表示如下

$$F_i = \frac{f_i}{\sum f_i} \tag{10-2}$$

功能系数的确定方法很多，但各种确定方法都比较简单，下面我们仅以两种方法加以说明。

1. 直接评分法

请若干有关方面的专家或是比较关心产品的用户，对产品构成要素的功能进行综合评定，并根据其重要程度对各功能区域的功能进行打分，分值可以是五分制、十分制、百分制，然后对各专家或用户的评价值进行综合，取其平均值，再与总分值进行比较，就可以得出该功能的功能重要性系数。

例如，某厂对所生产的收录机的功能进行调查，并请有关专家进行评价，其评价的结果如表 10-5 所示。

表 10-5　某收录机功能评价

专家	功能					总分
	清晰度	灵敏度	音量	可靠性	美观度	
王	28	20	28	9	15	100
李	30	15	25	10	20	100
赵	32	16	24	10	18	100
平均得分	30	17	25.7	9.7	17.7	100
功能系数	0.30	0.17	0.26	0.10	0.17	1.00

此方法的优点是简单易行，缺点是主观性很大，当产品分类比较复杂时难以进行。

2. 强制决定法（0，1 评分法）

此方法的具体步骤是先将各构成要素的功能填入表中，根据用户的要求将每个构成要素的功能与其他构成要素的功能进行一对一的比较，功能重要的得 1 分，功能不重要的得 0 分，把各功能的得分加起来，再与总分值比较，就可求出各构成要素的功能重要性系数，如表 10-6 所示。

表 10-6　功能评价系数表

功能名称	一对一比较的结果						功能得分	功能评价系数
	A	B	C	D	E	F		
A	1	0	0	1	1	1	4	0.19
B	1	1	0	1	1	1	5	0.24
C	1	1	1	1	1	1	6	0.29
D	0	0	0	1	0	0	1	0.05
E	0	0	0	1	1	1	3	0.14
F	0	0	0	1	0	1	2	0.09
合计							21	1.00

在实际工作中,怎样比较各构成要素的功能是非常重要的,一般来说,实现基本功能的构成要素是重要的,实现辅助功能的要素是次要的。但问题往往是比较复杂的,而且每个人的认识也不完全相同,这时就应多作几次评价,然后再作出最后的结论。

这种方法的优点是直观简单,比较容易计算,不仅可求出功能的重要次序,而且可以计算出各功能的大小。当功能较复杂时,要经过几个人的多次综合才能得出最后的正确结论。

(二)求成本系数

当一个构成要素只承担一个功能时,一般以构成要素的现实成本来计算功能成本系数;当多个构成要素承担一个功能时,就以各构成要素的现实成本合计来计算功能成本系数;当一个构成要素承担多个功能时,则应首先按功能重要程度进行成本分摊,然后再计算功能成本系数。其公式为

$$\text{某功能成本系数 } C_i = \frac{\text{某功能现实成本 } c_i}{\text{所有功能现实成本合计} \sum c_i} \tag{10-3}$$

构成要素的现实成本一般包括直接材料费、直接人工费、间接费用和管理费用。前两项费用容易计算,后两项费用应分摊后再进行计算,分摊时应考虑下面几方面因素:一是建筑费用按使用场地面积分摊,二是照明费用按有关灯光负荷分摊,三是动力费用按有关动力负荷分摊,四是管理费用按有关人员分摊。

例如,一个产品有四种构成要素,共承担六种功能,其成本分配如表 10-7 所示。

表 10-7　成本系数计算资料表

构成要素	功能区域						
名称	成本	F_1	F_2	F_3	F_4	F_5	F_6
A	300	100		100			100
B	500		50	150	200		100
C	60				40		20
D	140	50	40			50	
现实成本	c	c_1	c_2	c_3	c_4	c_5	c_6
	1 000	150	90	250	240	50	220
成本系数		0.15	0.09	0.25	0.24	0.05	0.22

（三）求价值系数

价值系数是功能系数与成本系数的比值，即 $V = F/C$，计算过程如表 10-8 所示。

表 10-8　计算数据资料表

功能区域	功能系数	目前成本	成本系数	价值系数	分摊值	$C-F$
F_1	0.19	350	0.35	0.54	171	197
F_2	0.24	190	0.19	1.26	216	-26
F_3	0.29	300	0.30	0.97	261	39
F_4	0.05	60	0.06	0.83	45	15
F_5	0.14	20	0.02	7.00	126	-106
F_6	0.09	80	0.08	1.13	81	-1
合计	1.00	1 000	1.00		900	

（四）根据价值系数进行分析

从表 10-8 中可以看出，价值系数的数值不外乎有以下三种：

（1）价值系数近似等于 1，即 $V_i \approx 1$。说明零部件在功能上所占的比重同其在成本上所占的比重相当，可以不作为价值工程的重点改进对象。

（2）价值系数小于 1，即 $V_i < 1$。说明功能系数小而成本系数大，也就是说该零部件在功能上不太重要，在成本上却占了很大的比重，这时该功能就应列为价值工程的重点研究对象，以便降低成本，提高功能水平，使功能与成本互相匹配。

（3）价值系数大于 1，即 $V_i > 1$。说明该零部件在功能上比较重要，而分配的成本比较低。从价值工程的本意来说，这正是价值工程所追求的目标，但是用以上方法求得的价值系数，只能表明功能的重要程度，而不能说明该功能能否充分实现。因此，价值系数大于 1 的背后，往往隐藏着这样两种情况：一是这个功能很重要，但由于原设计者分配给它的成本较低，而未能充分实现；二是价值系数高确实是由该零部件本身的系数造成的。因此，价值系数大于 1 时，仍然应该做进一步分析。根据国外的经验，当价值系数 $V_i > 3$ 或 $V_i < 0.5$ 时，可作为价值工程的重点分析对象。

（五）求成本降低幅度

求成本降低幅度首先应确定目标成本，目标成本是指通过功能评价后所要达到的成本期望值。在确定目标成本时考虑了两种情况：第一种情况是出于竞争的需要，以赶超产品的最低成本为目标成本，将目标成本按功能系数分摊给各功能区域，作为该功能的成本控制指标，从而求出成本降低幅度；第二种情况是根据分析确定改进的具体范围，提出初步改进设想，并估算出成本（即预计成本），然后再按功能系数分摊。其计算过程如表 10-8 所示，其中成本降低幅度大的，应作为价值工程的重点改进对象。

第四节　方案改进与评价

从价值工程的实践来看，成果的取得主要来自功能成本分析和方案创造，所以制订改进方案是价值工程出成果的重要阶段，是决定价值工程成果大小的关键阶段。在制订方案时，应树立这样一个信念:改进是无止境的,现在的方案总有改进的余地。只有树立这样的信念,才能从更积极的角度创造出更多更好的可行方案。制订改进方案的具体步骤如图 10-6 所示。

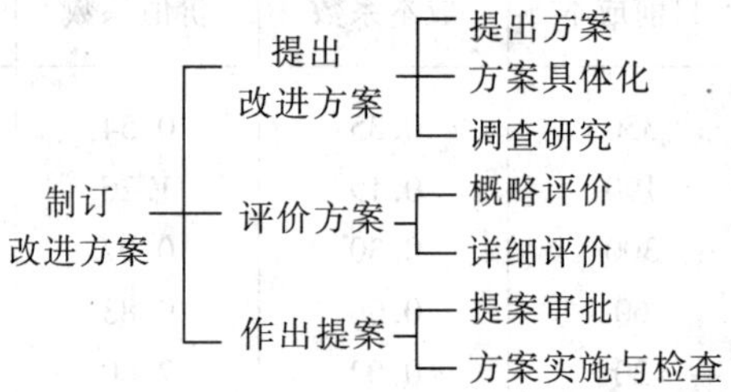

图 10-6　制订改进方案的步骤

方案创造首先是从用户要求的功能出发的,形成各种设计构思,然后通过集体讨论和汇集,创造出各种方案。由于最初提出的方案很多,因此应进行概略评价,粗选出有价值的方案,然后再进行详细评价。若方案可行,就把选出的方案付诸实施;若方案不可行,就重新回到方案创造阶段,重新构思方案。

一、提出改进方案

提出改进方案就是进行方案创造,方案创造是一种智力开发性的工作,只有充分发挥人脑的创造力,才能取得丰硕的成果。为能创造出好的方案,应鼓励解放思想、勇于创新,因为价值工程本身就是一种破旧立新的活动,是与循规蹈矩根本不相容的。只有鼓励解放思想、勇于创新,才能充分发挥人的创造性,制订出高价值的改进方案。同时,应依靠集体的智慧,发挥各种专业人才的特长。提出改进方案的方法是多种多样的,下面介绍几种常用的方案改进方法。

(一)头脑风暴法

头脑风暴法也叫智暴法,原意是神经病患者的胡思乱想,这里借用来形容参加会议的人思想活跃,创造性地思考问题。该方法由美国 BBDO 广告公司奥斯本于 1941 年首次提出,他通过这种方法创造出许多新颖的广告。

这种方法的程序非常简单,就是召集一些有经验、有特定专长的专家参加会议,就会前所通知的问题提出自己的设想,要求提案人要自由奔放、打破常规、创造性地思考问题,抓住瞬间的灵感或意识得到新的构思方案。开会时,要求会议的气氛热烈、协调,环境幽雅,但必须对到会的人员作出以下规定:①提倡自由奔放的思考;②提出的方案越多越好;③不允许对别人的设想加以评价;④欢迎在别人意见的基础上进行补充和完善。

这种方法的特点是简单易行,能互相启发、集思广益,用这种方法提出的方案,比同样多人单独提出方案的效率要高出 70% 左右。其缺点是会后的整理工作量较大。

(二)哥顿法

这是美国人哥顿于 1961 年提出的一种方法,这种方法的指导思想是:把所研究的问题适当抽象,以利于开拓思路。在研究改进方案时,会议主持人在会议开始时,不要把解决的问题全部摊开,只对大家作一抽象笼统的介绍,要求大胆地提出各种各样的设想。例如,要研究剪草机的改进方案时，开始就可以提出“用什么方法可以把一种东西弄断”，这样就可能想到剪开、刀切、扯断等不同方式，等到了适当的时候，再把具体问题讲明，作进一步的探讨，这样有利于构思出优秀的方案。

（三）缺点、希望点列举法

提出改进时，有时往往是针对原方案存在的缺陷提出来的。所以，只要弄清原方案存在的问题，就会自然想到消除缺陷的办法，提出改进的措施。

希望点列举法是从积极方面提出希望，可能提出更高的标准，促进改进方案达到更高的要求。

提出改进方案的方法还有许多，如检查提问法、焦点法、形式组合法等，这些也是比较常用的方法。

二、方案评价

方案评价分为概略评价和详细评价两个阶段。

（一）概略评价

概略评价是对方案创造阶段提出的许多设想进行粗略评价，目的是筛选出有价值的设想，进行方案的进一步具体制订。概略评价可采用定性分析法对方案进行粗选，舍弃明显不合理的方案，但要求尽快得出结论，以便有效利用时间。

（二）详细评价

与概略评价相比，详细评价不论从内容上还是从方法上都比较复杂，因为详细评价必须提供详尽而有说服力的数据，才可论证方案的效果。详细评价主要包括四个方面的评价内容：一是技术可行性评价，主要是评价方案对用户要求的满足程度，如功能的实现程度、可靠性、维修性、操作性、安全性、整个系统的协调性等；二是经济可行性评价，主要是从经济效益角度来评价方案的经济效果，如投资回收期、净现值、内部收益率等；三是方案的社会效果评价，主要是评价方案对社会利益产生的影响，其内容视具体情况而定；四是方案的综合评价，主要是对方案的综合效果作出整体评价。虽然综合评价的内容未超过技术评价、经济评价和社会评价所包含的指标，但它不是孤立地从某一方面进行研究，而是对各方面的指标进行综合考虑和评价。目前，综合评价的方法已有上百种，但大部分尚未付诸实施，下面以一种简单常用的表格判定法，说明综合评价的过程，如表10-9所示。

表10-9　表格判定法评价

评价要素	比重 W(%)	方案满足程度		方案评价值	
		A_1	A_2	WA_1	WA_2
可靠性	60	80	60	4 800	3 600
成本	30	60	50	1 800	1 500
外表	10	10	80	100	800
合计	100	150	190	6 700	5 900

三、作出提案

作出提案主要是提案的通过，最常见的是开会通过。它是在详细评价的基础上再权衡利弊，基本取得一致通过，然后付诸实施。在方案实施过程中，价值工程活动小组成员应自始至终参加，决不能认为方案创造后，就万事大吉，要及时总结经验，出现问题及时解决，以便以后价值工程的开展。

小　结

价值工程是“必要的功能”与“最低的成本”两个要素的结合，在工程技术经济中，它是一种思维方式、组织管理方法、设计理念和建造原则。

价值工程的实施步骤一般划分为功能定义、功能评价、制订改进方案等三个基本步骤。

价值工程以功能分析为核心，以产品、工艺技术、设备等为研究对象，以信息收集和整理为基础，其目标在于方案的创造。

思考与练习题

10-1　什么是价值工程？价值工程中价值的含义是什么？

10-2　价值工程这一概念的含义是什么？

10-3　什么是寿命周期和寿命周期成本费用？价值工程为什么要考虑寿命周期成本费用？

10-4　以你熟悉的某一产品为例，试对其进行功能分析。

10-5　简述价值工程的工作步骤。

第十一章　设备更新经济分析

【学习要求】

通过本章的学习，了解设备的磨损、补偿及设备的寿命等概念；掌握设备折旧方法及设备经济寿命的确定方法；熟悉设备更新方案比较的原则，掌握设备更新的经济分析方法。

第一节　设备更新概述

一、设备的磨损及补偿方式

（一）设备的磨损

设备更新源于设备的磨损。随着使用时间的增长，设备的技术状况逐渐劣化，其价值也会随着时间逐渐降低，这种现象称为磨损。磨损分为有形磨损和无形磨损两种形式，设备磨损是有形磨损和无形磨损共同作用的结果。

1. 设备的有形磨损（物质磨损）

设备在使用（或闲置）过程中所发生的实体磨损称为有形磨损。有形磨损按形成的原因分为两类：第一类有形磨损是由于设备使用在外力作用（如摩擦、受到冲击、超负荷作用、受热不均匀等）造成设备的实体磨损、变形或损坏；第二类有形磨损是指设备在闲置过程中，由于自然力作用（生锈、腐蚀、老化等）造成的磨损。第一类有形磨损的程度和快慢取决于其工作负荷大小、使用时间长短和本身质量优劣。此外，也与维修水平、工人技术素质、装配、安装质量等因素有关。第二类有形磨损的程度与闲置时间长短有关。

设备有形磨损的结果可使设备精度降低，劳动生产力下降。当这种有形磨损达到一定程度时，整个设备的功能就会下降，发生故障，导致设备使用费增加，严重时造成设备丧失工作能力，丧失设备的使用价值，不能正常工作。

2. 设备的无形磨损（精神磨损）

无形磨损是由于科学技术的进步而引起的设备原始价值的贬值，表现为设备实体的变化和损坏，也称经济磨损或精神磨损。设备的无形磨损按形成的原因分为两类：第一类无形磨损是由于设备制造工艺改进，造成制造同种设备的成本降低，劳动生产率不断提高，而使相同结构设备的市场价格降低，使原有设备价值贬值；第二类无形磨损是由于技术进步，出现性能更完善、效率更高的新型设备，使原有设备陈旧落后，其经济性能相对降低而使原设备价值贬值。

3. 设备的综合磨损

机器设备在使用期内，既要遭受有形磨损，又要遭受无形磨损，所以机器设备所受的磨损是双重磨损的综合。两种磨损都引起机器设备原始价值的贬值，这一点两者是相同的。不同的是：遭受有形磨损的设备，特别是有形磨损严重的设备，在修理之前，常常不能工作；遭受无形磨损的设备，即使无形磨损很严重，仍然可以使用，只不过继续使用它在经济上是否适用,需要分析研究。

(二)设备磨损的补偿形式

设备磨损的形式不同,补偿的方式也不同。设备的磨损有两种补偿方式,即局部补偿和完全补偿。设备有形磨损的局部补偿是修理,设备无形磨损的局部补偿是现代化技术改装;有形磨损和无形磨损完全补偿是更新,即淘汰旧设备更换成新设备。设备的磨损形式与补偿形式之间的关系如图 11-1 所示。

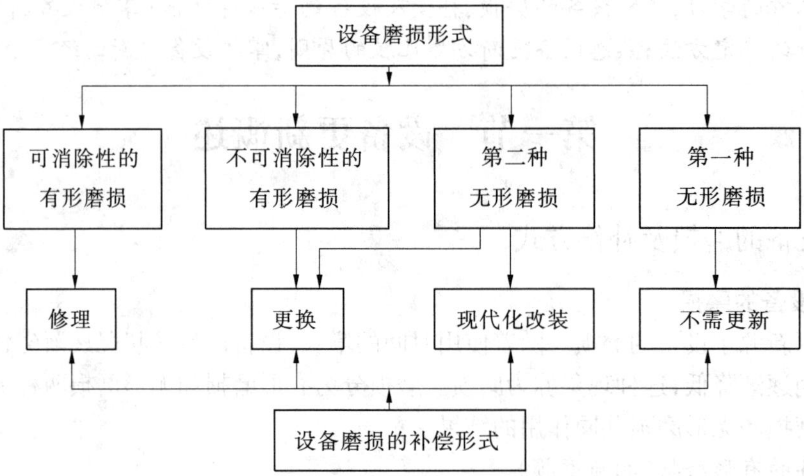

图 11-1　设备磨损形式与补偿形式之间的关系

(三)设备折旧

1. 折旧的概念

折旧是指设备在使用过程中,由于磨损使其逐渐减少的那部分价值,称为设备的折旧。折旧费是摊入成本的,摊入过程是设备在生产过程中的价值转移过程。摊入成本的折旧费,随着产品的销售而得到补偿。

2. 折旧的因素

影响折旧的因素有以下三个方面。

1)账面价值

账面价值在分析期开始时,应等于设备的原值,即设备初期购置时的费用(原始投资)。在分析开始后的任一年,账面价值应等于资产原值减去这一年以前累计折旧费用之和。

2)设备的残值

设备的残值是指预计在设备报废时,可以收回的残余价值。由于人们无法知道设备在使用期末的确切价值,所以在折旧计算时只能是人为地估计,不可避免地会产生主观臆断。一般设备残值按照设备原值的 3% ~5% 取用,由设备使用者自主确定。

3)设备使用年限

设备使用年限的长短直接影响着生产经营各期应提计的折旧额。确定设备使用年限时,不仅要考虑设备的有形磨损,还要考虑设备的无形磨损。由于这两种磨损难以准确估计,因此设备的使用年限也只能是预计,同样具有主观随意性。所以,在折旧分析计算中,一般取设备的使用年限为设备折旧的分析期。

3. 设备的折旧方法

计算折旧的方法很多,一般采用直线折旧法、工作量法、、双倍余额递减法和年数总和法。

1)直线折旧法

直线折旧法又称为平均年限法,是一种最简单的方法,它是将设备价值(扣除残值)在设备使用期内平均分摊,即各年提取的折旧费是一个常数,也是国内外广泛应用的一种方法。其计算公式为

$$d = \frac{P_0 - L}{N} \tag{11-1}$$

式中 d——设备年折旧额;

P_0——设备原值或称为设备价值;

L——设备残值;

N——设备使用年限。

【例 11-1】 某设备原有价值为 8 500 元,使用期为 5 年,使用期末残值为 500 元,试用直线折旧法,计算各年折旧费和账面价值。

解 利用公式(11-1)计算各年的折旧费,其计算成果列于表 11-1 之中。

$$d = \frac{P_0 - L}{N} = \frac{8\,500 - 500}{5} = 1\,600(\text{元/年})$$

直线折旧法的优点是计算比较方便,易于理解,比较适合各个时期使用程度和效益大致相同的设备。直线折旧法的不足是只考虑设备使用年限的长短,没有考虑设备的强度和效率。

表 11-1 某设备年折旧费、账面价值 (单位:元)

年	年初账面价值	年折旧费	累计年折旧费	年末账面价值
0				8 500
1	8 500	1 600	1 600	6 900
2	6 900	1 600	3 200	5 300
3	5 300	1 600	4 800	3 700
4	3 700	1 600	6 400	2 100
5	2 100	1 600	8 000	500(残值)

2)工作量法

工作量法是按照设备生产经营过程中所完成的工作量计提折旧的一种方法,是平均年限法派生出来的方法。适用于各种时期使用程度不同的专业化大型机械、设备。

采用工作量法的设备折旧费的计算公式如下:

(1)按照行驶里程计算折旧的公式为

$$\text{单位里程折旧额} = \frac{\text{设备原值} \times (1 - \text{预计净残值率})}{\text{总行程里程}} \tag{11-2}$$

$$\text{年折旧额} = \text{年行驶里程} \times \text{单位里程折旧额}$$

(2)按照工作小时计算折旧的公式为

$$每工作小时折旧额=\frac{设备原值\times(1-预计净残值率)}{总工作小时} \tag{11-3}$$

$$年折旧额=年工作小时\times每小时折旧额$$

【例 11-2】 某企业购入货运卡车一辆,原有价值为 15 万元,预计净残值率为设备原值的 5%,总行程里程为 60 万 km,当年行驶里程 3.6 万 km,该卡车的年折旧额是多少?

解

$$单位里程折旧额=\frac{设备原值\times(1-预计净残值率)}{总行程里程}$$

$$=\frac{15\times(1-5\%)}{60}=0.24(万元/万 km)$$

$$年折旧额=年行驶里程\times单位里程折旧额=3.6\times0.24=0.86(万元)$$

工作量法实际上也是直线法,只不过是按照设备所完成的工作量平均计算每期的折旧额。工作量法折旧计算比较简便,但是它只按完成工作量的数量来进行折旧分析是不公平的。

3)双倍余额递减法

双倍余额递减法是在不考虑设备残值的情况下,按照设备资产账面价值和固定的折旧率计算折旧费,是加速折旧法的一种。

其年折旧率是平均年限法的 2 倍,并且在计算年折旧率时不考虑设备的预计净残值。在计算折旧额时,以设备资产账面价值(即设备资产原值减去已折旧后的余额)为折旧基数。采用这种方法时,折旧率是固定的,但计算基数是逐年递减的,因此折旧额也是逐年递减的。年折旧率为

$$f=\frac{2}{N}\times100\% \tag{11-4}$$

则年折旧额为

$$d_i=f\times P_i=\frac{2}{N}\times100\%\times P_i \tag{11-5}$$

式中 N——设备使用期;

P_i——年初账面价值;

其他符号意义同前。

实行双倍余额递减法进行设备折旧时,为了使最后一年的设备资产的账面价值不低于其预计残值,应当在其设备资产折旧年限到期前 2 年内,将设备资产账面价值扣除预计残值后的净额进行平均摊销。

【例 11-3】 一台设备原有价值为 10 000 元,预计净残值 400 元,预计设备使用年限 5 年。试采用双倍余额递减法计算该设备各年的折旧费及相应的账面价值。

解 利用式(11-4)计算年折旧率

$$f=\frac{2}{N}\times100\%=\frac{2}{5}\times100\%=40\%$$

其计算结果如表 11-2 所示。

表 11-2　某设备用双倍余额递减法计算年折旧费及相应的账面价值　（单位:元）

年	年初账面价值	年折旧费	累计年折旧费	年末账面价值
0				10 000
1	10 000	4 000	4 000	6 000
2	6 000	2 400	6 400	3 600
3	3 600	1 440	7 840	2 160
4	2 160	880	8 720	1 280
5	1 280	880	9 600	400(残值)

4)年数总和法

年数总和法就是以设备原值减去预计净残值后的余额为基数,按照逐年递减的折旧率计提折旧的一种方法,是加速折旧法的一种。该法的折旧率是以该项设备预计尚可使用的年数(包括当年)为分子,而以逐年可使用年数之和为分母。分母是固定的,而分子逐年递减,所以折旧率逐年递减。采用这种方法时,计算基数是固定的,但折旧率是逐年递减的,因此计提的折旧额是逐年递减的。

采用年数总和法的设备资产折旧率和折旧额的计算公式分别为

$$f_i = \frac{N+1-i}{\sum_{i=1}^{N} i}$$

$$d_i = f_i(P_0 - L) \tag{11-6}$$

式中　f_i——第 i 年折旧率;

其他符号意义同前。

【例 11-4】　以例 11-1 的数据来分析,试用年数总和法求计算该设备的各年折旧额和各年账面价值。

解　先计算年数总和,即

$$\sum_{i=1}^{N} = 1+2+3+4+5 = 15(\text{年})$$

则第 1 年的折旧率为

$$f_1 = \frac{N+1-i}{\sum_{i=1}^{N} i} = \frac{5+1-1}{15} = \frac{1}{3}$$

第 1 年折旧额为

$$d_1 = f_1 \times (P_0 - L) = \frac{1}{3} \times (8\,500 - 500) = 2\,667(\text{元})$$

其计算结果如表 11-3 所示。

表 11-3 某设备用年数总和法计算年折旧费、账面价值 （单位:元）

年	年初账面价值	年折旧费	累计年折旧费	年末账面价值
0				8 500
1	8 500	2 667	2 667	5 833
2	5 833	2 133	4 800	3 700
3	3 700	1 600	6 400	2 100
4	2 100	1 067	7 467	1 033
5	1 033	533	8 000	500(残值)

二、设备的更新

(一)设备更新的概念

设备更新是指适时地更换设备,既能促进技术进步,加速经济增长,又能节约资源,提高经济效益。

(二)设备更新的形式

(1)用相同的设备去更换有形磨损严重,不能继续使用的旧设备——原型设备更新。

(2)用较经济和较完善的新设备,即用技术更先进、结构更完善、效率更高、性能更好、耗费能源和原材料更少的新型设备来更换那些技术上不能继续使用或经济上不宜继续使用的旧设备——新型设备更新。

(三)设备的寿命

设备的寿命由于受到有形磨损和无形磨损的影响,有几种不同的形态。

1. 设备的自然寿命

设备的自然寿命又称设备物质寿命、设备使用寿命、设备物理寿命,是由设备的有形磨损决定的,是指设备以全新状态投入使用开始到技术性能不能按原有用途继续使用为止所延续的时间。可以通过维护和保养延长设备的自然寿命,但不能从根本上避免设备的磨损。

2. 设备的技术寿命

设备的技术寿命又称设备有效寿命,它是由无形磨损决定的,是指设备以全新状态投入使用开始到由于新技术出现使原有设备因技术落后丧失其使用价值为止所经历的时间。设备的技术寿命一般比自然寿命要短,科学技术进步越快,设备技术寿命越短。

3. 设备的经济寿命

设备的经济寿命又称设备的折旧寿命,是由设备维持费用的提高和使用价值降低决定的,是指设备以全新状态投入使用开始到因继续使用不经济而提前更新所经历的时间。设备更新的时机一般取决于设备的技术寿命和经济寿命。技术寿命是从技术的角度看设备最合理的使用期限,它是由无形磨损决定的;经济寿命是从经济的角度看设备最合理的使用期限,它是由有形磨损和无形磨损共同决定的。

(四)设备更新的特点分析

(1)设备更新的中心内容是确定设备的经济寿命。

(2)设备更新分析应站在咨询者的立场分析问题。

设备更新问题的要点是站在咨询师的立场上,而不是站在旧资产所有者的立场上考虑问题。咨询师并不拥有任何资产,故若要保留旧资产,首先要付出相当于旧资产当前市场价值的现金,才能取得旧资产的使用权。这是设备更新分析的重要概念。

(3)设备更新分析只考虑未来发生的现金流量。在分析中只考虑今后所发生的现金流量,对于以前发生的现金流量及沉没成本,它们都属于不可恢复的费用,与更新决策无关,故不需再参与经济计算。

(4)设备更新分析只比较设备的费用。通常在比较更新方案时,假定设备产生的收益是相同的,因此只对它们的费用进行比较。

(5)设备更新分析以费用年值法为主。由于不同设备方案的服务寿命不同,因此通常都采用年值法进行比较。

第二节　设备经济寿命的确定

设备的经济寿命是指设备从投入使用到因继续使用而在经济上不合理为止所经历的时间。它是由有形磨损和无形磨损共同决定的,是确定设备更新时机的基础。

一、设备的年度费用

设备在其整个寿命期内发生的费用包括以下几方面。

(一)原始费用

原始费用是指采用新设备时一次性投入的费用,包括设备原有价值、运输费和安装费等。

(二)使用费

使用费是指设备在使用过程中发生的费用,包括运行费(人工、燃料、动力、刀具、机油等消耗)和维修费(保养费、修理费、停工损失费等)。

(三)设备残值

设备残值是指对旧设备进行更换时,旧设备的处理价值。

一般来讲,新设备的原始费用比较高,但运行和维修费用低,而旧设备恰恰相反。实际上,当一台新设备投入使用后,随着使用年限的延长,每年分摊的设备的原始费用就越来越少。与此同时,设备的使用费用却逐年增加(称为设备的低劣化)。因此,随着使用年限的增加,每年分摊的原始费用较少的效果会因为使用费用的增加而逐渐减少,直至原始费用减少到不足以抵消使用费用的增加,这时,如果继续使用设备显然是不经济的,所以就存在设备的经济寿命的问题。设备的经济寿命就是指设备的年度费用最小的使用年限,如图 11-2 所示。

从图 11-2 中可以看出设备的年度费用由两个部分组成:一是资金恢复费用,是指设备的原始费用扣除设备弃置不用时的估计净残值后分摊到设备使用各年上的费用;二是年使用费用,包括运行费和维修费。

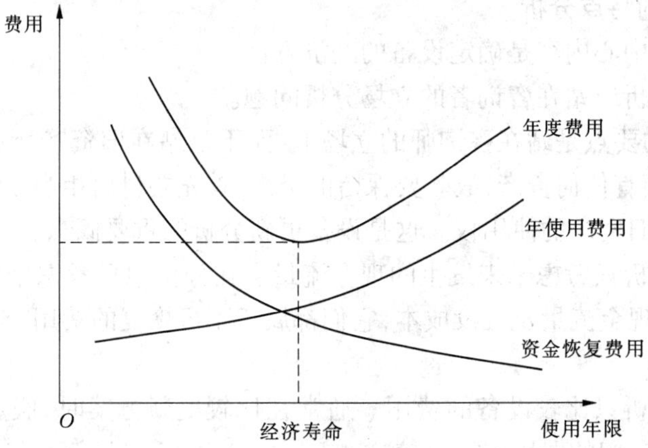

图 11-2 设备的经济寿命

二、经济寿命计算原理

(一)设备经济寿命的静态计算方法

设备经济寿命的静态计算方法,就是在不考虑资金的时间价值因素的情况下,确定设备的经济寿命。设备寿命静态计算分为一般情况和特殊情况两种。

1. 一般情况

设:P 为设备的原始费用,C_j 为第 j 年的设备使用费用(包括运行费和维修费),L_n 为设备使用到第 n 年年末的残值,n 为设备的使用年限,PC 为在设备使用年限内的总成本,AC 为设备使用到第 n 年年末时的年费用。在设备经济寿命计算中,n 是一个自变量。

n 年内设备的总成本为

$$PC = P - L_n + C_j \tag{11-7}$$

n 年内设备的年等额总成本为

$$AC = \frac{PC}{n} = \frac{P - L_n}{n} + \frac{1}{n}\sum_{j=1}^{n} C_j \tag{11-8}$$

式中 $\frac{P - L_n}{n}$——资金的恢复费用;

$\frac{1}{n}\sum_{j=1}^{n} C_j$——年使用费用。

由式(11-8)可知,设备的年等额总成本 AC 等于设备的年等额资金的恢复成本 $\frac{P - L_n}{n}$ 与设备的年等额运营成本 $\frac{1}{n}\sum_{j=1}^{n} C_j$ 之和,则可通过计算不同使用年限的年等额总成本 AC 来确定设备的经济寿命。若设备的经济寿命为 m 年,则应满足下列条件:$AC_m \leqslant AC_{m-1}$,$AC_m \leqslant AC_{m+1}$。

【例 11-5】 某型号轿车购置费为 30 000 元,在使用中有如表 11-4 所示的统计资料,如果不考虑资金的时间价值,试计算其经济寿命。

表 11-4　某型号轿车使用过程统计数据表　　（单位：元）

使用年度	1	2	3	4	5	6	7
j 年度运营成本	5 000	6 000	7 000	9 000	11 500	14 000	17 000
n 年末残值	15 000	7 500	3 750	1 875	1 000	1 000	1 000

解　该型号轿车在不同使用期限的年等额总成本 AC 如表 11-5 所示。

表 11-5　某型号轿车年等额总成本计算　　（单位：元）

使用期限 n	资产恢复成本 $P-L_n$	年等额资金恢复成本 $\frac{P-L_n}{n}$	年度运营成本 C_j	使用期限内运营成本累计 $\sum_{j=1}^{n}C_j$	年等额运营成本 $\frac{1}{n}\sum_{j=1}^{n}C_j$	年等额总成本 AC ⑦=③+⑥
①	②	③	④	⑤	⑥	⑦
1	15 000	15 000	5 000	5 000	5 000	20 000
2	22 500	11 250	6 000	11 000	5 500	16 750
3	26 250	8 750	7 000	18 000	6 000	14 750
4	28 125	7 031	9 000	27 000	6 750	13 781
5*	29 000	5 800	11 500	38 500	7 700	13 500*
6	29 000	4 833	14 000	52 500	8 750	13 583
7	29 000	4 143	17 000	69 500	9 929	14 072

注："*"表示年等额总成本最低。

由结果来看，该型号轿车使用 5 年时，其年等额总成本最低（AC = 13 500 元），使用期限大于或小于 5 年时，其年等额总成本均大于 13 500 元，故该汽车的经济寿命为 5 年。

2. 特殊情况

一般而言，随着设备使用期限的增加，年运营成本每年以某种速度在递增，这种运营成本的逐年递增称为设备的劣化。现假定每年运营成本的增量是均等的，即运营成本呈线性增长，如图 11-3 所示。

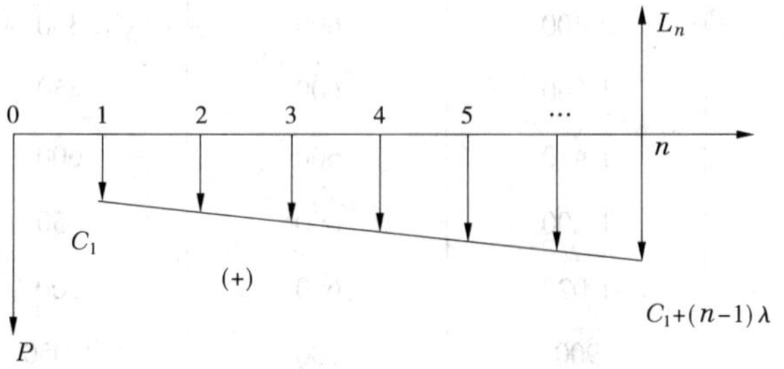

图 11-3　劣化增量均等的现金流量图

设：P 为设备购置费，n 为设备的使用年限，L_n 第 n 年年末的残值，C_1 为第 1 年的经营成本（使用费用），λ 为年经营成本的增加额，如图 11-3 所示。

则设备第 j 年的经营成本为

$$C_j = C_1 + (j-1)\lambda \tag{11-9}$$

n 年内设备的年等额总成本为

$$AC = \frac{P-L_n}{n} + \frac{1}{n}\sum_{j=1}^{n} C_j = \frac{P-L_n}{n} + C_1 + \frac{n-1}{2}\lambda \tag{11-10}$$

假设设备每年的残值相等均为 L，若使年等额总成本 AC 最小，则令 $\frac{\mathrm{d}(AC)}{\mathrm{d}n}=0$，有

$$\frac{\mathrm{d}(AC)}{\mathrm{d}n} = -\frac{P-L}{n^2} + \frac{\lambda}{2} = 0$$

$$n = \sqrt{\frac{2(P-L)}{\lambda}} \tag{11-11}$$

解出的 n，即为设备的经济寿命 m。

【例 11-6】 某一台设备，设备购置费为 8 000 元，设备预计残值为 800 元，设备运营成本初始值为 600 元，年运行成本每年增长 300 元，求该设备的经济寿命。

解 由式(11-11)可得设备的经济寿命为

$$m = n = \sqrt{\frac{2(P-L)}{\lambda}} = \sqrt{\frac{2\times(8\,000-800)}{300}} = 7(\text{年})$$

则最低年费用为

$$AC_{\min} = \frac{P-L}{n} + C_1 + \frac{n-1}{2}\lambda = \frac{8\,000-800}{7} + 600 + \frac{7-1}{2}\times 300 = 2\,529(\text{元})$$

也可列表进行计算，如表 11-6 所示。

表 11-6 某设备静态经济寿命计算表(特殊情况) (单位:元)

n	$P-L$	$\frac{P-L}{n}$	C_1	$\frac{n-1}{2}\lambda$	年等额总成本 AC ⑥=③+④+⑤
①	②	③	④	⑤	⑥
1	7 200	7 200	600	0	7 800
2	7 200	3 600	600	150	4 350
3	7 200	2 400	600	300	3 300
4	7 200	1 800	600	450	2 850
5	7 200	1 440	600	600	2 640
6	7 200	1 200	600	750	2 550
7*	7 200	1 029	600	900	2 529*
8	7 200	900	600	1 050	2 550
9	7 200	800	600	1 200	2 600
10	7 200	720	600	1 350	2 670

注:“*”表示年等额成本最低。

由结果来看，该设备经济寿命为 7 年时，其年等额总成本最低(AC = 2 529 元)，使用期

限大于或小于7年时,其年等额总成本均大于2 529元,故设备的经济寿命为7年。

(二)设备经济寿命的动态计算方法

设备的经济寿命是在考虑资金的时间价值因素的情况下,确定设备的经济寿命。设备寿命动态计算也分为一般情况和特殊情况两种。

1. 一般情况

设:P为设备购置费,n为设备的使用年限,设备第n年残值为L_n,C_j为第j年的经营成本(使用费用),基准收益率为i_c。

则n年内设备的总成本现值为

$$PC_n = P - L_n(P/F,i_c,n) + \sum_{j=1}^{n} C_j(P/F,i_c,j) \tag{11-12}$$

n年内设备的年等额总成本为

$$AC_n = PC_n(A/P,i_c,n) \tag{11-13}$$

由 $(A/P,i_c,n) \times (P/F,i_c,n) = \dfrac{i_c(1+i_c)^n - i_c[(1+i_c)^n - 1]}{(1+i_c)^n - 1} = (A/P,i_c,n) - i_c$

整理式(11-13)可以得到

$$AC_n = (P - L_n)(A/P,i_c,n) + L_n i_c + \sum_{j=1}^{n} C_j(P/F,i_c,j)(A/P,i_c,n) \tag{11-14}$$

用年总成本估算设备的经济寿命过程是:在已知设备现金流量和利率的情况下,逐年计算寿命从1~n年的全部使用期的等效值,从中找出平均年成本的最小值对应的年限,即为设备的经济寿命。

【例11-7】 假设基准收益率$i_c = 6\%$,试计算例11-5中设备的经济寿命。

解 该型轿车在不同使用期限的年等额总成本AC如表11-7所示。

表11-7 某型号轿车不同年限等额总成本 (单位:元)

n	$P-L_n$	$(A/P,6\%,n)$	$L_n \times 6\%$	②×③+④	C_j	$(P/F,6\%,n)$	Σ(⑥×⑦)×③	AC=⑤+⑧
①	②	③	④	⑤	⑥	⑦	⑧	⑨
1	15 000	1.060 0	900.0	16 800.0	5 000	0.943 4	5 000.0	21 800.0
2	22 500	0.545 4	450.0	12 721.5	6 000	0.890 0	5 485.1	18 206.6
3	26 250	0.374 1	225.0	10 045.1	7 000	0.839 6	5 961.0	16 006.1
4	28 125	0.288 6	112.5	8 229.4	9 000	0.792 1	6 656.0	14 885.4
5	29 000	0.237 4	60.0	6 944.6	11 500	0.747 3	7 515.4	14 460.0
6*	29 000	0.203 4	60.0	5 958.6	14 000	0.705 0	8 446.6	14 405.2*
7	29 000	0.179 1	60.0	5 253.9	17 000	0.665 1	9 462.5	14 716.4

注:"*"表示等额总成本最低。

由表11-7可以看出,第6年的年成本最小值为14 405.2元。因此,该型号轿车的经济寿命为6年。

2. 特殊情况

设λ为年经营成本的增加额,其他符号同前,则设备使用到第n年年末时的年度费用为

$$AC_n = (P - L_n)(A/P, i_c, n) + L_n i_c + C_1 + \lambda(A/G, i_c, n) \tag{11-15}$$

【例 11-8】 某设备购置费为 24 000 元,第 1 年的设备运营费为 8 000 元,以后每年增加 5 600 元,设备逐年减少的残值如表 11-8 所示。设利率为 12%,求该设备的经济寿命。

解 设备在使用年限内的等额年总成本计算如表 11-8 所示。

表 11-8 某设备经济寿命动态计算表 (单位:元)

第 j 年末	设备使用到第 n 年末的残值	年度运营成本	等额年资产恢复成本	等额年运营成本	等额年总成本
1	12 000	8 000	14 880	8 000	22 880
2*	8 000	13 600	10 427	10 642	21 069*
3	4 000	19 200	8 807	13 178	21 985
4	0	24 800	7 902	15 610	23 512

注:"*"表示等额年总本成最低。

根据计算结果,设备的经济寿命为 2 年。

第三节 设备更新方法及其应用

设备更新分析的结论取决于所采用的分析方法,而设备更新分析的假定条件和设备的研究期是选用设备更新分析方法时应考虑的重要因素。研究期是互斥方案进行现金流量计算时共同的计算期,它是为消除各方案计算周期的长短不一而建立的可比条件。

一、设备更新的原则

设备更新是对旧设备的整体更换。就实物而言,设备更新是用新的设备替代陈旧落后的设备;就价值而言,设备的更新是设备在运动过程中消耗掉的价值的重新补偿。设备是否更新、何时更新、如何更新、怎么更新,既要考虑技术发展的需要,也要考虑经济效益。因此,要对设备更新进行方案的比较。

设备更新方案比较的基本原则和互斥方案的比较相同,但在实际比较中,因更新分析涉及新旧设备的比较,故应遵循以下原则:

(1)不考虑沉没成本。沉没成本是指过去已经发生的,与以后的方案均无关的成本费用。也就是说,费用对所有备选方案都是相同的,是无法改变的。因此,在进行设备更新方案比选时,原设备的价值要按目前实际价值计算,且不考虑其原有价值或目前的折旧余额。

(2)不要简单的按照新旧设备方案的直接现金流量进行比较,而应立足于客观的立场上,同时对原设备目前的价值(或净残值)考虑买卖双方及机会成本并使之实现均衡。

(3)逐年滚动比较。该原则是指在确定最佳更新时机时,应该首先计算现有设备的剩余经济寿命和新设备的经济寿命,然后利用逐年滚动计算方法进行比较。

【例 11-9】 某工厂在 4 年前以原始费用 4 400 元买了机器 A,估计还可以使用 6 年,第 6 年年末估计残值为 400 元,年度使用费为 1 400 元。现在市场上出现了机器 B,原始费用为4 800元,估计可使用 10 年,第 10 年年末残值为 600 元,年度使用费为 800 元。现采用两个方案:方案甲继续使用机器 A(不更换方案);方案乙把机器 A 以 1 200 元出售,然后购买机器 B(更新)。如果基准收益率为 15%,试比较甲、乙两方案。

解 如果按照甲、乙两个方案的直接现金流量图 11-4 来判断,计算结果如下。

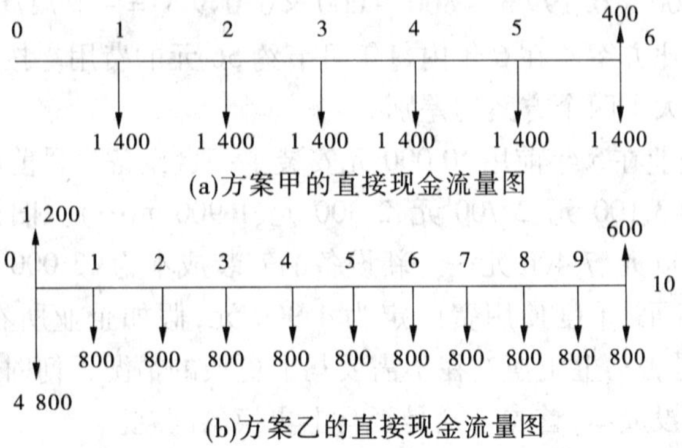

图 11-4 方案的直接现金流量图 (单位:元)

直接现金流量图是指方案实际执行的现金流量。如方案乙,把机器 A 出售是收入,所有在 0 年有 1 200 元的收入,箭头向上,再花 4 800 元购进机器 B,支出 4 800 元,箭头向下,年度使用费是支出,箭头向下。在第 10 年末的残值是收回,箭头向上。

采用费用年值来进行计算比较,有

$$AC_{甲} = -1\,400 + 400(A/F,15\%,6) = -1\,400 + 400 \times 0.114\,2 = -1\,354(元/年)$$

$$AC_{乙} = (-4\,800 + 1\,200)(A/P,15\%,10) - 800 + 600(A/F,15\%,10)$$

$$= (-4\,800 + 1\,200) \times 0.199\,3 - 800 + 600 \times 0.049\,3 = -1\,488(元/年)$$

按照直接现金流量计算,方案甲比方案乙在 6 年内每年可以节约 134 元的费用。这种用直接现金流量的计算方法是错误的,其原因是把机器 A 的残值(售价)分摊在机器 B 的寿命 10 年的期间,而实际上机器 A 还能使用 6 年,应该分摊到 6 年的期间。此外,把旧机器 A 的售价作为新机器 B 的收入也是不合理的,因为这笔收入(1 200 元)不是由新机器 B 本身所得来的。正确的方法是:站在这样一个客观的立场上,要么花 1 200 元购买机器 A,要么花 4 800 元购买新机器 B,这样两个方案进行比较,客观立场上的方案甲、乙的现金流量图如图 11-5 所示。

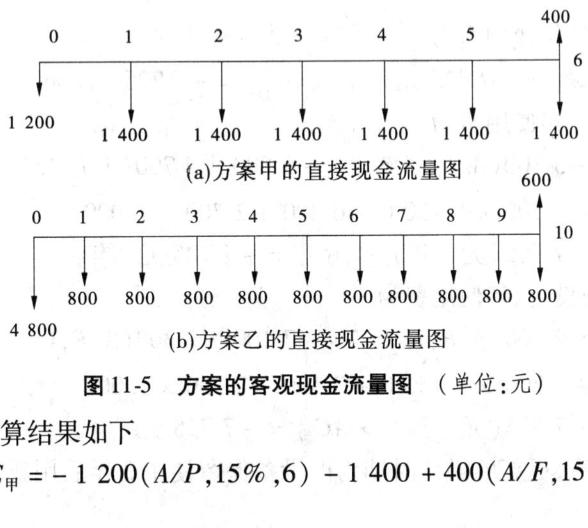

图 11-5 方案的客观现金流量图 (单位:元)

客观立场上计算结果如下

$$AC_{甲} = -1\,200(A/P,15\%,6) - 1\,400 + 400(A/F,15\%,6)$$

$$= -1\,200 \times 0.264\,2 - 1\,400 + 400 \times 0.114\,2 = -1\,671(\text{元/年})$$

$$AC_{乙} = -4\,800(A/P,15\%,10) - 800 + 600(A/F,15\%,10)$$

$$= -4\,800 \times 0.199\,3 - 800 + 600 \times 0.049\,3 = -1\,727(\text{元/年})$$

由此可见,方案甲比方案乙在6年内每年可节约56元的费用。按方案现金流量比较的结果是134元,显然夸大了两个方案的差别。

【例11-10】 某企业在5年前用10 000元安装了一台设备。目前的价值为3 500元,以后每年贬值400元(即3 100元、2 700元、2 300元、1 900元…)。旧设备的年度使用费为6 500元、6 800元、7 100元、7 400元…。新设备的安装成本为13 000元,经济寿命为8年,8年末的价值为1 000元,年度使用费固定为4 900元,假如企业所在行业基准收益率为15%。试分析旧设备是否马上更换?在不需要马上更换的情况下何时更换最经济?

解 1 000元是沉没成本,首先讨论是否马上更换的问题。

旧设备保留使用1年的年度费用为

$$AC_{旧1} = -3\,500(A/P,15\%,1) - 6\,500 + 3\,100(A/F,15\%,1)$$

$$= -3\,500 \times 1.150\,0 - 6\,500 + 3\,100 \times 1.000 = -7\,425(\text{元/年})$$

旧设备保留使用2年的年度费用为

$$AC_{旧2} = -3\,500(A/P,15\%,2) - [6\,500(P/F,15\%,1) + 6\,800(P/F,15\%,2)]$$
$$(A/P,15\%,2) + 2\,700(A/F,15\%,2)$$
$$= -3\,500 \times 0.615\,1 - [6\,500 \times 0.869\,6 + 6\,800 \times 0.756\,1] \times 0.615\,1 + 2\,700 \times 0.465\,1$$
$$= -7\,536(\text{元/年})$$

即旧设备的剩余寿命为1年,剩余经济寿命时的年度费用为7 536元。

新设备的经济寿命为8年。新设备经济寿命时的年度使用费为

$$AC_{新} = -13\,000(A/P,15\%,8) - 4\,900 + 1\,000(A/F,15\%,8)$$

$$= -13\,000 \times 0.222\,9 - 4\,900 + 1\,000 \times 0.072\,9 = -7\,725(\text{元/年})$$

由于旧设备剩余经济寿命1年时的年费用为7 425元小于新设备经济寿命8年的年费用7 725元,故旧设备不需要马上更换。下面讨论旧设备最佳更换时期。

采用逐年滚动法:

第1年采用旧设备,年使用费为

$$AC_{旧1} = -7\,425\text{元/年} < AC_{新} = -7\,725\text{元/年}$$

第2年采用旧设备,年使用费为

$$AC_{旧2} = -3\,100(A/P,15\%,1) - 6\,800 + 2\,700(A/F,15\%,1)$$

$$= -3\,100 \times 1.150\,0 - 6\,800 + 2\,700 \times 1.000$$

$$= -7\,665(\text{元/年}) < AC_{新} = -7\,725\text{元/年}$$

第3年还是采用旧设备,年使用费为

$$AC_{旧3} = -2\,700(A/P,15\%,1) - 7\,100 + 2\,300(A/F,15\%,1)$$

$$= -2\,700 \times 1.150\,0 - 7\,100 + 2\,300 \times 1.000$$

$$= -7\,905(\text{元/年}) > AC_{新} = -7\,725\text{元/年}$$

所以,根据以上计算,更新的最佳时期为旧设备保留使用2年后用新设备更换旧设备。

二、原型设备更新分析

所谓原型设备更新分析，就是假定企业的生产经营期较长，并且设备均采用原型设备重复更新，这相当于研究期为各设备自然寿命的最小公倍数。其原理图如图 11-6 所示。

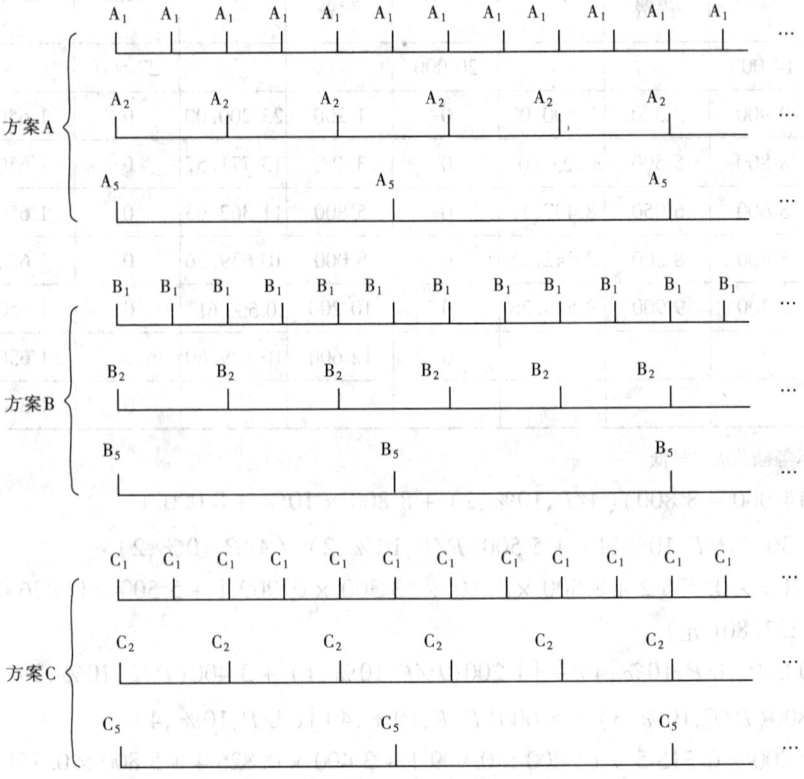

图 11-6　原型设备更新原理图

原型设备更新分析主要有三个步骤：

(1)确定各方案共同的研究期(各方案自然寿命的最小公倍数)；

(2)用费用年值法确定各方案设备的经济寿命；

(3)通过比较每个方案设备的经济寿命确定最佳方案，即旧设备是否更新以及新设备未来的更新周期(以各方案设备经济寿命对应的等额年总成本为比较依据)。

【例 11-11】　某公司未来生产经营期能维持相当长的时间，公司现有一台设备 O，目前市场上另有两种与 O 同样功能的设备 A 和 B，这三台设备构成了互斥的方案组。现有设备 O 还有 5 年使用期，设备 A 和 B 的自然寿命分别为 6 年和 7 年，设备各年的现金流量如表 11-9所示。设基准收益率为 10%，试采用原型设备更新分析方法，比较三个设备方案的优劣。

解　(1)研究期为 5、6、7 的最小公倍数，即 210 年。

(2)用费用年值法确定各台设备的经济寿命，设备 O 有 5 个更新策略；设备 A 和 B 分别有 6 个和 7 个更新策略，更新分析的互斥策略数为 5 + 6 + 7 = 18(个)。各设备等额年总成本最低的策略所对应的使用期限即该设备的经济寿命。三个方案的经济寿命计算结果(用上述经济寿命的计算公式)如表 11-9 所示。

表 11-9 各方案设备经济寿命计算表 （单位：元）

n 年末	设备 O			设备 A			设备 B		
	第 n 年残值	n 年期间的运营费	等额年总成本	第 n 年残值	n 年期间的运营费	等额年总成本	第 n 年残值	n 年期间的运营费	等额年总成本
0	14 000			20 000			27 500		
1	9 900	3 300	8 800.00	0	1 200	23 200.00	0	1 650	31 900.00
2	8 800	5 500	8 223.80*	0	3 400	13 771.57	0	1 650	17 495.50
3	6 600	6 050	8 497.17	0	5 800	11 362.63	0	1 650	12 707.75
4	5 500	8 800	8 942.61	0	8 000	10 639.36	0	1 650	10 326.25
5	3 300	9 900	9 549.26	0	10 200	10 566.61*	0	1 650	8 904.50
6				0	12 600	10 829.80	0	1 650	7 964.00
7							0	1 650	7 298.50*

注： * 表示等额总成本最低。

$$AC_{O2} = (14\,000-8\,800)(A/P,10\%,2)+8\,800\times10\%+8\,000+$$
$$[3\,300(P/F,10\%,1)+5\,500(P/F,10\%,2)](A/P,10\%,2)$$
$$=5\,200\times0.576\,2+8\,800\times0.10+(3\,300\times0.909\,1+5\,500\times0.826\,4)\times0.576\,2$$
$$=8\,223.80(\text{元})$$

$$AC_{A4} = 20\,000(A/P,10\%,4)+[1\,200(P/F,10\%,1)+3\,400(P/F,10\%,2)+$$
$$5\,800(P/F,10\%,3)+8\,000(P/F,10\%,4)](A/P,10\%,4)$$
$$=20\,000\times0.315\,5+(1\,200\times0.909\,1+3\,400\times0.826\,4+5\,800\times0.751\,3+8\,000\times$$
$$0.683)\times0.315\,5$$
$$=10\,639.36(\text{元})$$

$$AC_{A5} = 20\,000(A/P,10\%,5)+[1\,200(P/F,10\%,1)+3\,400(P/F,10\%,2)+$$
$$5\,800(P/F,10\%,3)+8\,000(P/F,10\%,4)+10\,200(P/F,10\%,5)](A/P,10\%,5)$$
$$=20\,000\times0.263\,8+(1\,200\times0.909\,1+3\,400\times0.826\,4+5\,800\times0.751\,3+$$
$$8\,000\times0.683+10\,200\times0.620\,9)\times0.263\,8$$
$$=10\,566.61(\text{元})$$

$$AC_{B7} = 27\,500(A/P,10\%,7)+1\,650=27\,500\times0.205\,4+1\,650=7\,298.50(\text{元})$$

设备 O 的经济寿命为 2 年，新设备 A 的经济寿命为 5 年，新设备 B 的经济寿命为 7 年。

(3)由于设备 B 的经济寿命对应的等额年总成本为 7 298.50 元，小于设备 O 的8 223.80 元及设备 A 的 10 566.61 元，所以方案 B 为最优。

三、新型设备更新分析

所谓新型设备更新分析，就是假定企业现有设备可被其经济寿命内等额年总成本最低的新设备取代。

新型设备更新分析的主要步骤如下：

(1)先用费用年值法确定各方案的经济寿命。

(2)除现有设备外,在各方案中选择经济寿命对应的年总成本最低的方案作为现有设备的取代。

(3)将选定的更新方案与现有设备方案放在一起,进行策略组合(就是确定现有设备使用几年以后更新为步骤(2)中选定的方案)。

设O为原设备,B为根据费用年值法从众多方案中选出来的在经济寿命下费用成本最低的方案,B方案的经济寿命为5年。那么方案组合可以表示为如图11-7所示。

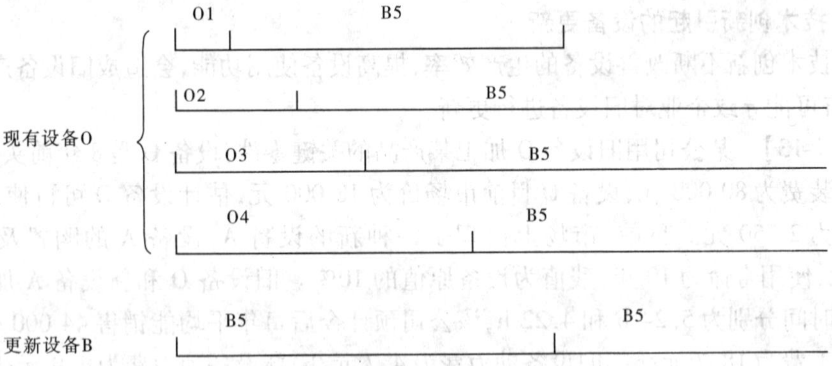

图11-7　新型设备更新图分析图

【例11-12】　假定例11-10中的现有设备O,可采用经济寿命内等额年总成本最低的新设备进行更新,试进行更新决策。

解　在对现有设备O进行更新的新设备中,设备B在其间距寿命内的等额年总成本7 298.50元,低于设备A在经济寿命5年内的等额年成本10 566.61元,则将设备B作为现有设备O的潜在更新设备,这相当于在A、B设备的13个互斥策略中选择了一个策略B_7,这样策略数减少为12个。

由于7年后,各策略的现金流量相同,故选择新设备B的经济寿命7年为研究期,采用总成本现值法根据表11-9中数据比较设备方案。

$$PC_{01} = 8\,800(P/A,10\%,1) + 7\,289.5(P/A,10\%,6)$$
$$= 8\,800 \times 0.909\,1 + 7\,289.5 \times 4.355\,3$$
$$= 39\,748.04(\text{元})$$

$$PC_{02} = 8\,223.8(P/A,10\%,2) + 7\,289.5(P/A,10\%,5)$$
$$= 8\,223.8 \times 1.735\,5 + 7\,289.5 \times 3.790\,8$$
$$= 41\,905.44(\text{元})$$

$$PC_{03} = 8\,497.17(P/A,10\%,3) + 7\,289.5(P/A,10\%,4)$$
$$= 8\,497.17 \times 2.486\,9 + 7\,289.5 \times 3.169\,9$$
$$= 44\,238.60(\text{元})$$

$$PC_{04} = 8\,942.61(P/A,10\%,4) + 7\,289.5(P/A,10\%,3)$$
$$= 8\,942.61 \times 3.169\,9 + 7\,289.5 \times 2.486\,9$$
$$= 46\,475.44(\text{元})$$

$$PC_{O5} = 9\ 549.26(P/A,10\%,5) + 7\ 289.5(P/A,10\%,2)$$
$$= 9\ 549.26 \times 3.790\ 8 + 7\ 289.5 \times 1.735\ 5$$
$$= 48\ 850.26(\text{元})$$
$$PC_{B7} = 7\ 289.5(P/A,10\%,7)$$
$$= 7\ 289.5 \times 4.868\ 4 = 35\ 488.20(\text{元})$$

策略 B_7 的等额年总成本现值最低，则应采用新设备 B 立即更新现有设备 O。

四、设备更新分析方法应用

(一)技术创新引起的设备更新

通过技术创新不断改善设备的生产效率，提高设备使用功能，会造成旧设备产生精神磨损，从而有可能导致企业对旧设备进行更新。

【例 11-13】 某公司用旧设备 O 加工某产品的关键零件，设备 O 是 8 年前买的，当时的购置及安装费为 80 000 元，设备 O 目前市场价为 18 000 元，估计设备 O 可再使用 2 年，退役时残值为 2 750 元。目前，市场上出现了一种新的设备 A，设备 A 的购置及安装费为 120 000元，使用寿命为 10 年，残值为设备原值的 10%。旧设备 O 和新设备 A 加工 100 个零件所需时间分别为 5.24 h 和 4.22 h，该公司预计今后每年平均能销售 44 000 件该产品。该公司人工费为 18.7 元/h。旧设备动力费为 4.7 元/h，新设备动力费为 4.9 元/h。基准折现率为 10%，试分析是否应采用新设备 A 更新旧设备 O。

解 选择旧设备 O 的剩余使用寿命 2 年为研究期，采用年值法计算新旧设备的等额年总成本。

$$AC_O = (18\ 000 - 2\ 750)(A/P,10\%,2) + 2\ 750 \times 10\% + 5.24 \div 100 \times 44\ 000 \times (18.7 + 4.7)$$
$$= 63\ 013.09(\text{元})$$
$$AC_A = (120\ 000 - 12\ 000)(A/P,10\%,10) + 12\ 000 \times 10\% + 4.22 \div 100 \times 44\ 000 \times (18.7 + 4.9)$$
$$= 62\ 592.08(\text{元})$$

从以上计算结果可以看出，使用新设备 A 比使用旧设备 O 每年节约 421 元，故应立即用设备 A 更新设备 O。

(二)市场需求变化引起的设备更新

有时旧设备的更新是由于市场需求增加超过了设备现有的生产能力，这种设备更新分析可通过下面的例子来说明。

【例 11-14】 由于市场需求量增加，某钢铁集团公司高速线材生产线面临两种选择：方案 1 是在保留现有生产线 A 的基础上，3 年后再上一条生产线 B，使生产能力增加 1 倍；方案 2 是放弃现在的生产线 A，直接上一条新的生产线 C，使生产能力增加一倍。

生产线 A 是 10 年前建造的，其剩余寿命估计为 10 年，到期残值为 100 万元，目前市场上有厂家愿以 700 万的价格收购 A 生产线。生产线今后第 1 年的经营成本为 20 万元，以后每年等额增加 5 万元。

生产线 B3 年后建设，总投资 6 000 万元，寿命期为 20 年，到期残值为 1 000 万元，每年经营成本为10万元。

生产线C目前建设，总投资8 000万元，寿命期为30年，到期残值为1 200万元，年运营成本为8万元。

基准折现率为10%，试比较方案1和方案2的优劣，设研究期为10年。

解 方案1和方案2的现金流量如图11-8所示。

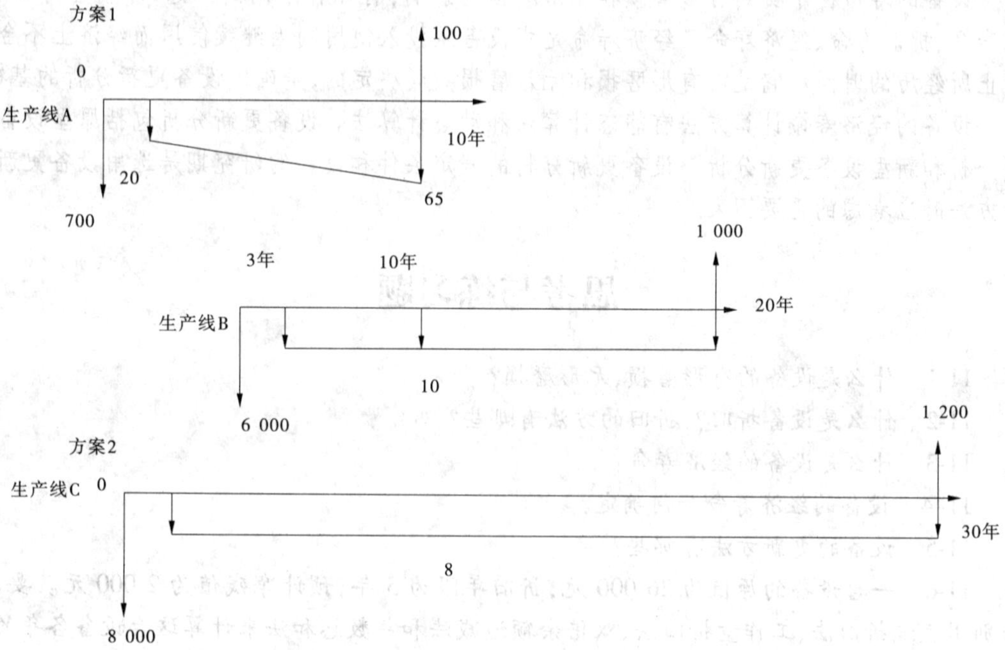

图11-8 方案1和方案2的现金流量图 （单位：万元）

设定研究期为10年，各方案的等额年总成本计算如下。

方案1：

$$AC_A = 700(A/P,10\%,10) - 100(A/F,10\%,10) + 20 + 5(A/G,10\%,10)$$
$$= 700 \times 0.162\,7 - 100 \times 0.062\,7 + 20 + 5 \times 3.725\,5 = 146.25(\text{万元})$$

$$AC_B = [6\,000(A/P,10\%,20) - 1\,000(A/F,10\%,20) + 10](F/A,10\%,7)(A/F,10\%,10)$$
$$= [6\,000 \times 0.117\,5 - 1\,000 \times 0.017\,5 + 10] \times 9.487\,2 \times 0.062\,7 = 414.91(\text{万元})$$

$$AC_1 = 146.25 + 414.91 = 561.16(\text{万元})$$

方案2：

$$AC_C = 8\,000(A/P,10\%,30) - 1\,200(A/F,10\%,30) + 8$$
$$= 8\,000 \times 0.106\,1 - 1\,200 \times 0.006\,1 + 8 = 849.48(\text{万元})$$

即 $AC_2 = 849.48(\text{万元})$

从以上比较结果来看，应采用方案1。

小 结

设备磨损分为有形磨损和无形磨损。设备在使用（或闲置）过程中所发生的实体的磨损称为有形磨损,设备的有形磨损的结果可使设备精度降低,劳动生产率下降。无形磨损是指由于技术进步所引起的设备原始价值的贬值,也称为经济磨损或精神磨损。这种磨损将导致企业的产品或服务在市场上竞争能力的下降,影响企业的经济效益。

设备逐渐转移到产品成本中并等于其损耗的那部分价值,称为设备的折旧。设备折旧的方法有直线折旧法、工作量法、双倍余额递减法和年数总和法。

设备的寿命由于受到有形磨损和无形磨损的影响,有几种不同的形态,即物理寿命、技术寿命、折旧寿命、经济寿命。经济寿命是指设备从投入使用到因继续使用而经济上不合理为止所经历的时间。它是由有形磨损和无形磨损共同决定的,是确定设备更新分析的基础。

设备的经济寿命计算方法有静态计算法和动态计算法。设备更新分析包括原型设备更新分析和新型设备更新分析。设备更新分析的假定条件和设备的研究期是选用设备更新分析方法时应考虑的重要因素。

思考与练习题

11-1 什么是设备的有形磨损、无形磨损?

11-2 什么是设备折旧?折旧的方法有哪些?

11-3 什么是设备的经济寿命?

11-4 设备的经济寿命如何确定?

11-5 设备的更新方法有哪些?

11-6 一台设备的原值为26 000元,折旧年限为5年,预计净残值为2 000元。要求:分别用直线折旧法、工作量折旧法、双倍余额递减法和年数总和法来计算这台设备各年的折旧额和年末账面价值。

11-7 某施工设备的原值为200 000元,预计净残值为3 000元,按规定可使用2 000个台班,当年实际使用台班数为300个。试计算该施工设备当年应计提的折旧额。

11-8 某设备的原值为15 000元,初始运行费用为1 000元,年劣化值(年运行费递增值)为800元,不计设备的残值。试分别用静态和动态($i_c=10\%$)计算其经济寿命和最低年度费用。

11-9 某设备购置费为60 000元,年运行费用和各年年末的残值如表11-10所示,从考虑资金的时间价值($i_c=10\%$)和不考虑资金的时间价值两个方面确定其经济寿命。

表11-10 某设备使用过程统计数据 (单位:元)

使用年限	1	2	3	4	5	6	7
年使用费	10 000	12 000	14 000	18 000	23 000	28 000	34 000
年末残值	30 000	15 000	7 500	3 700	2 000	2 000	2 000

11-10 某一工程单位4年前花2 500元购置了设备A,目前设备的剩余寿命为6年,寿命终止时设备的残值为200元,设备A每年的运营费用为700元。当前,有一个制造厂家出售的与设备A具有相同功效的设备B,设备B售价为2 400元,寿命期为10年,残值为300元,每年运营费用为400元。如果该工程单位购买设备B,该制造厂家愿意出价600元购买

设备 A。设基准收益率 $i_c = 15\%$，研究期为 6 年，试确定工程单位应保留设备 A，还是用设备 B 更新设备 A。

11-11　某企业 4 年前出 2 200 元购置了设备 A，目前设备 A 的剩余寿命为 6 年，寿命终了时的残值为 200 元，设备 A 每年的运营费用为 700 元。目前，有一个设备制造厂出售与设备 A 具有相同功效的设备 B，设备 B 售价 2 400 元，寿命为 10 年，残值为 300 元，每年运营费用为 400 元。如果企业购买设备 B，设备制造厂愿出价 600 元购买旧设备 A。设基准收益率为 15%，研究期为 6 年，试判断现在公司应保留设备 A，还是用设备 B 更新设备 A。

11-12　某企业现有一台设备 A，目前在市场上与设备 A 具有相同功效的两种设备 B 和 C，这三台设备构成了互斥方案组。现有设备 A 还有 5 年使用期，设备 B 和设备 C 的自然寿命为 6 年和 7 年，设备各年的现金流量如表 11-11 所示。设基准收益率 $i_c = 10\%$，试分别采用原型设备更新分析和新型设备更新分析方法，比较三个设备方案的优劣。

表 11-11　各方案现金流量表　（单位：元）

n 年末	A 设备		B 设备		C 设备	
	第 n 年残值	n 年期间的运营费	第 n 年残值	n 年期间的运营费	第 n 年残值	n 年期间的运营费
0	18 000		26 000		33 000	
1	12 000	3 600	0	2 000	0	2 250
2	9 500	5 600	0	3 800	0	2 250
3	7 600	7 900	0	6 300	0	2 250
4	5 800	9 900	0	8 600	0	2 250
5	3 400	12 000	0	11 300	0	2 250
6			0	14 800	0	2 250
7					0	2 250

11-13　一台已经使用到剩余经济寿命的旧设备，其各项指标列于表 11-10 中。现有另一种性能更好的新设备，售价及安装费用为 160 000 元，其各项其他技术经济指标如表 11-12所示，试进行更新分析（年利率为 8%）。

表 11-12　某种新型设备残值、年运行维修费用表　（单位：元）

使用年限	1	2	3	4	5	6	7
年运行、维修费	8 000	10 000	12 000	14 000	16 000	18 000	20 000
残值	120 000	100 000	80 000	60 000	40 000	20 000	0

第十二章　工程项目财务分析案例

——某新建钢铁联合企业财务分析[1]

【学习要求】

通过工程项目财务分析案例学习，熟悉工程项目经济评价全过程，掌握项目经济评价的方法的实际应用。

学习和研究工程经济学的最终目的，是将工程经济学的基本原理和方法应用到工程实践中。前面各章我们已系统地介绍了工程项目经济评价的基本过程与方法，本章通过一个具体的工程项目经济评价过程，将这些知识融会贯通并应用于实际项目的经济评价中。通过一个较完整的案例，给出项目经济评价的应用示范，了解项目经济评价的全貌，更好地学习和掌握项目经济评价的过程。

第一节　项目概况

中国的钢铁工业，从1949年新中国成立时的年产不足百万吨，发展到2005年的钢3.5亿t，钢材3.7亿t，钢铁产能已超过全世界的1/3。中国已变为钢铁产品的净出口国，其生产能力与年产量都位居世界首位。今后的工作重点将放在淘汰落后设备、提高企业集中度、节能降耗、增强产品竞争力方面。本案例就是在上述方针下，将在沿海某地建设一座大型联合钢铁企业以替代该地区众多的小型钢铁企业。本项目所在地临近港口，铁路、公路系统发达，交通便利。

案例建设内容包括原料场、烧结、焦化、球团、炼铁、炼钢、连铸、热连轧、冷连轧等主要生产厂及与之配套的辅助公用设施。项目生产所需的铁矿石拟主要依靠进口，煤炭、石灰石、白云石从周边地区采购，电力需求除自供外，不足部分由当地电网供应。

第二节　项目基础数据

案例设计年产烧结矿1 010.7万t、球团389.1万t、焦炭233.5万t、铁水898.2万t、转炉钢水950.4万t、连铸坯926.6万t、热轧商品板卷351.8万t、冷轧商品板卷共计505.0万t(其中冷轧商品板卷213.0万t、冷轧镀锌商品板卷192.0万t、冷轧硅钢板卷100.0万t)。

项目建设期4年，生产期20年，项目建成后第1年达产60%，第2年达产90%，第3年达产100%。

[1]选自《建设项目经济评价案例》，中国计划出版社，2006。本书仅做部分文字和技术处理。

第三节　财务分析

一、价格预测

按照《建设项目经济评价方法与参数》(第3版)(中国计划出版社,2006)的要求,财务评价"采用以市场价格体系为基础的预测价格"。在实际工作中,对固定资产投资,通行的做法是按照国家有关部门发布的价格变动指数作相应调整(即在投资中增加涨价预备金项),当涨价预备金系数为零时,固定资产投资按编制时的价格计算(涨价预备金项为零)。对产品销售价格、成本价格,通常有以下几种做法:一是在建设期内考虑价格变动因素,预测一套投产开始时的投入产出价格,生产期内价格不再变动;二是在整个项目评价期内,投入产出的各种价格各自按照一定规律进行变动。

本分析中的产品销售价格、成本价格将按照上述第一种方法选取。

根据钢铁项目的特点,主要选取销售产品的价格和成本中的矿石、煤炭等价格进行预测。

通过近8～10年的统计资料显示,国内和国际钢材市场的价格变化规律基本相同,说明我国钢铁市场基本与国际市场接轨,甚至有时中国的市场需求对国际市场价格会产生决定性的影响。

财务分析中各种投入产出物价格确定的原则是:建设期各年采用时价(考虑通货膨胀因素),生产期各年均采用建设期末价格(生产期不考虑通货膨胀因素)。

(一)价格确定的背景(设定2006年为基期)

20世纪90年代以来,随着国民经济快速稳定发展,我国钢材生产和消费增长较快,从1996年起,我国钢产量首次突破1亿t,跃居世界第一产钢大国,到2005年我国钢产量已达3.5亿t。

进入21世纪,随着世界经济的复苏和结构调整的加快,特别是我国经济的快速发展,使我国钢铁工业呈现持续高增长的发展态势,令世人瞩目。钢铁的高增长,为我国用钢行业的快速发展提供了基础原材料保障,为我国国民经济的快速发展做出了巨大贡献,并为推动世界钢铁工业的发展做出了巨大贡献。同时,中国国内市场的持续高需求,也为钢铁工业快速发展提供了广阔的市场空间,城市化进程的加快、消费结构的升级、"世界加工中心"向中国转移等,为钢铁需求持续提升注入活力。

2002年以来,在需求高速增长的带动下,我国钢铁行业更是得到了前所未有的快速发展,钢铁产品的价格也进入了快速增长期。在钢铁行业高利润的刺激下,产能的增长超过市场需求,造成上游能源、资源的短缺,2005年下半年,由于产能的集中释放,造成市场供过于求,钢材价格又开始快速下跌,尤其以板材价格更为明显,在上下游市场的双重挤压和国家政策的宏观调控下,钢材价格的波动逐渐加大。

为使经济分析采用的计算价格更趋于合理,在确定主要投入产出物价格时,收集了近10年的实际价格,并根据我国钢铁工业发展的具体状况,分段进行了整理分析。

(二)价格的确定

经过对历史价格的分析发现,1994～2001年投入产出物的价格水平呈上下波动状态,价格与时间相关度不大，只在 1994 年、1995 年出现过一个小高峰，1996～2001 年均较平稳，而在 2002 年以后，尤其是 2003 年、2004 年和 2005 年的上半年，钢材及原燃料价格呈现快速上升态势，详见图 12-1～图 12-10 和表 12-1。

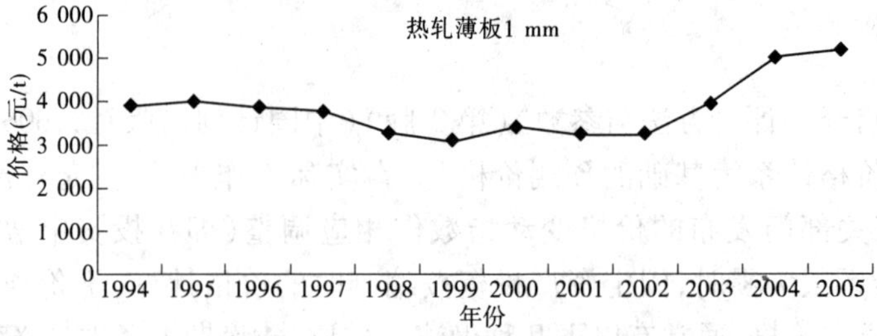

图 12-1　1994～2005 年热轧薄板价格

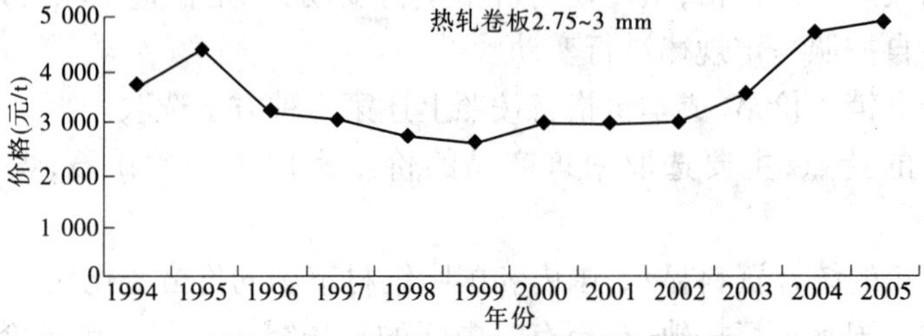

图 12-2　1994～2005 年热轧卷板价格

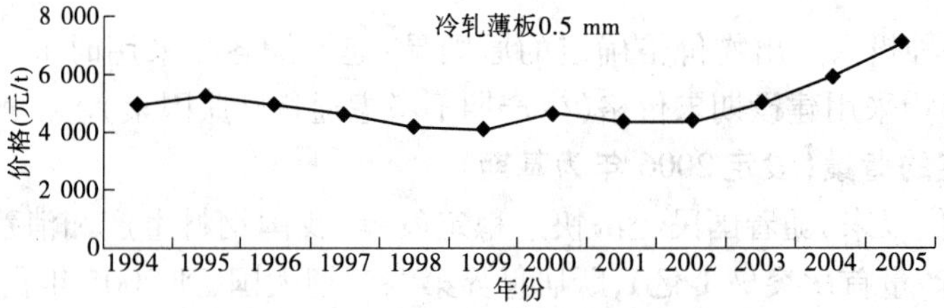

图 12-3　1994～2005 年冷轧薄板价格

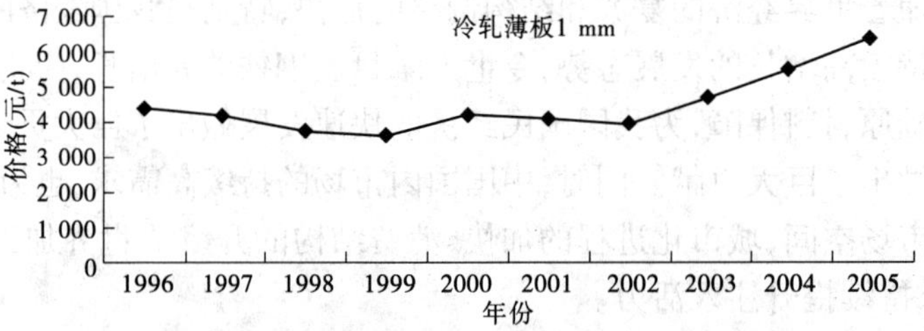

图 12-4　1996～2005 年冷轧薄板价格

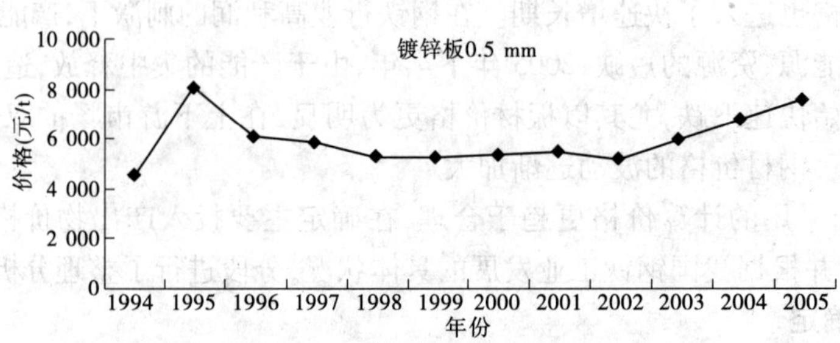

图 12-5　1994～2005 年镀锌板价格

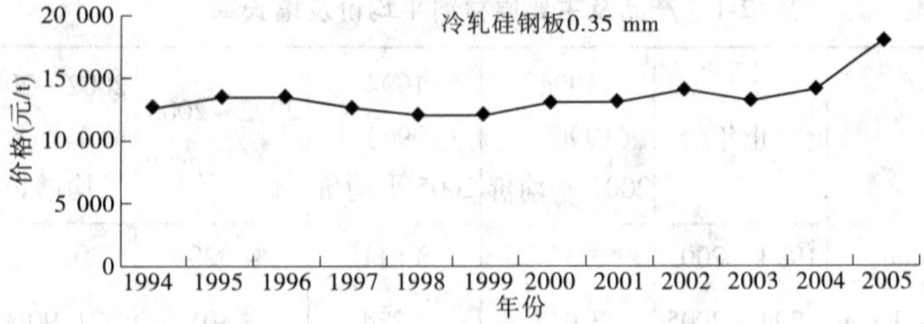

图 12-6 1994～2005 年冷轧硅钢板价格

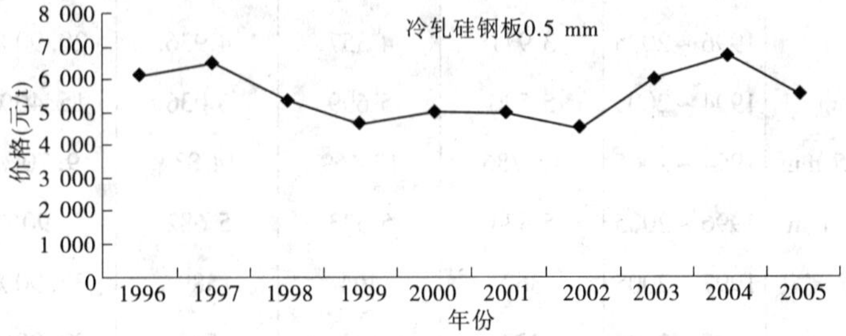

图 12-7 1996～2005 年冷轧硅钢板价格

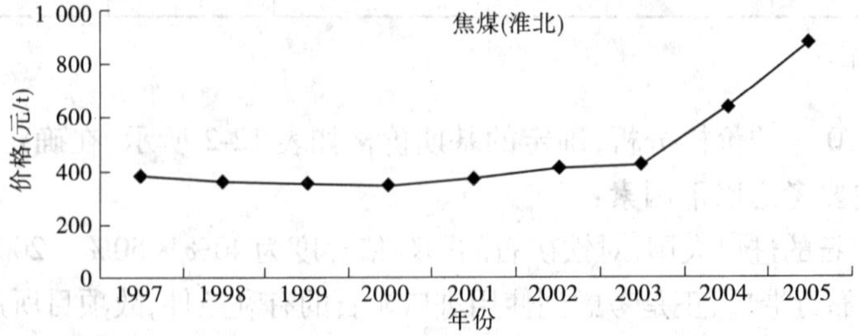

图 12-8 1997～2005 年淮北焦煤价格

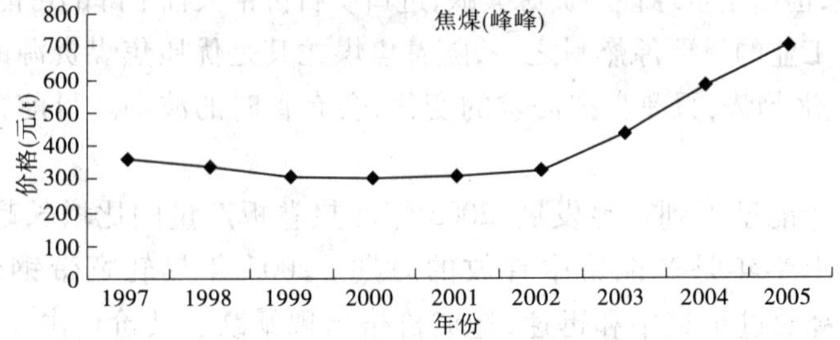

图 12-9 1997～2005 年峰峰焦煤价格

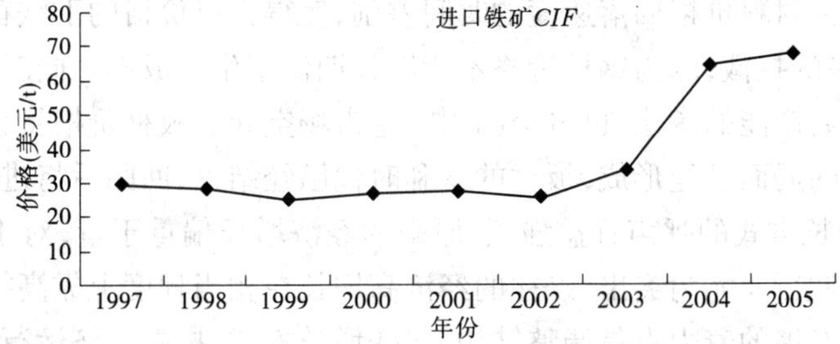

图 12-10 1997～2005 年进口铁矿石价格

表 12-1　产品及主要原材料平均价及增长率　（单位：元）

序号	品种	起止年份	1994（1996）~2001 平均价	1994（1996）~2005 平均价	2002 ~ 2005 平均价	2002 ~ 2005 简单算术年平均增长率	2002 ~ 2005 年环比递增率
1	热轧薄板 1 mm	1994 ~ 2005	3 557	3 811	4 320	20.30%	17.20%
2	热轧卷板 2.75 ~ 3 mm	1994 ~ 2005	3 011	3 274	3 801	21.90%	18.30%
3	冷轧薄板 0.5 mm	1994 ~ 2005	4 533	4 821	5 397	22.00%	18.40%
4	冷轧薄板 1 mm	1996 ~ 2005	3 971	4 357	4 936	20.90%	17.60%
5	镀锌板 0.5 mm	1994 ~ 2005	5 530	5 699	6 036	15.40%	13.50%
6	冷轧硅钢板 0.35 mm	1994 ~ 2005	12 786	13 469	14 834	9.70%	8.90%
7	冷轧硅钢板 0.5 mm	1996 ~ 2005	5 434	5 533	5 682	7.90%	7.30%
8	焦煤（淮北）	1997 ~ 2005	363	464	589	37.90%	28.80%
9	焦煤（峰峰）	1997 ~ 2005	322	405	509	37.90%	28.80%
10	进口铁矿	1997 ~ 2005	218	288	376	56.50%	39.10%

注：1 美元 = 8 元人民币。

经过上述对近 10 年的价格分析，确定的基期价格如表 12-2 所示，在确定基期价格及其建设期增长率时，主要考虑以下因素：

（1）我国是铁矿石的进口大国，对铁矿石的国际依存度为 40% ~ 50%。2005 年，共进口矿石 2.7 亿 t。本项目靠近港口，正是考虑到使用进口矿石的有利条件，故项目所用矿石按 100% 进口考虑，进口矿石的价格近年上涨较快，但如果国内钢铁工业增长速度趋缓，进口矿石价格的增长速度将会减慢，但由于全球性的资源紧缺，进口矿石价格大幅下降的可能性不大。

（2）焦煤是钢铁工业的重要原燃料之一，随着焦煤尤其是优质焦煤资源的日益短缺，其价格总的看来将是上涨趋势，只是根据需求的变化，会有暂时的波动。目前，国际市场价为 100 ~ 110 美元/t。

（3）我国板材的产能已得到长足发展，2005 年冷热卷板产量同比增长超过 40%，2005 年下半年和 2006 年上半年是产能集中释放的时期。2005 年热轧宽带钢轧机产能新增 2 722 万 t。由于产能释放过于集中和迅速，造成价格出现暴跌。其价格由年初的历史最高点急转直下，深度下探，由“暴利”跌至“无利可图”，跌幅达 48.9%，最低时已低于螺纹钢的水平，但钢铁产品和原材料价格回落速度的时间差别，使得钢材价格的下跌首先遭遇回落速度较慢的总成本水平的拦截，因为钢材价格不能够长期低于生产成本。同时，随着钢铁产业政策的贯彻，一批落后产能的淘汰，也将会腾出一些市场空间。板材价格将会回归到一个理性水平，但供大于求的局面已经形成，板材的暴利时代已经结束，回归后将进入微利时代。

（4）转变经济增长方式的呼声日益强烈，原来的经济增长偏重于量，对于具体的经济质量却考虑得不多，钢铁行业尤为突出，以往的经济高增长在相当程度上靠高投入支撑。今后一段时期，钢铁行业发展的着力点是调整结构、转变增长方式、提高经济运行质量和效益，因此钢铁工业高增长的发展态势将会趋缓，但中国传统工业化阶段尚未结束，钢材消费力度仍处于历史较强阶段。只要全球经济不发生大的危机，中国钢材消费不出现绝对量的减少，钢铁行业发展仍会处于稳定增长态势。

(5)本项目的产品立足于高端领域，项目装备水平在今后若干年内应属全国一流，因此其产品具有一定的市场竞争力，产品价格与普通板材相比，应有一定差异。基期价格及其建设期增长率选取结果见表12-2。

表12-2　产品及主要原燃料基期价格及建设期增长率

序号	品种	基期价格(不含税，元/t)	建设期平均年增长率(%)
1	热轧薄板1 mm	3 900	4
2	热轧卷板2.75～3 mm	3 300	3
3	冷轧薄板0.5 mm	4 600	4
4	冷轧薄板1 mm	4 200	3.5
5	镀锌板0.5 mm	4 800	3.5
6	冷轧硅钢片0.35 mm	14 500	5
7	冷轧硅钢片0.5 mm	5 800	5
8	焦煤(淮北)	850	10
9	焦煤(峰峰)	730	10
10	进口铁矿	533.8	8

二、项目总投资与资金筹措

项目建设投资6 342 000.0万元，建设期利息442 468.7万元，流动资金648 969.9万元，其中铺底流动资金194 691.0万元。项目总投资合计7 433 438.6万元。项目建设投资估算见附表12-8——财务分析辅助报表1。

项目建设投资6 342 000.0万元，其中3 805 200.0万元由人民币贷款解决，贷款年利率为6.12%，其余2 536 800.0万元由项目各投资方出资(资本金)解决。计算见附表12-9——财务分析辅助报表2。

项目需流动资金648 969.9万元中，铺底流动资金194 691.0万元(30%)由资本金解决，流动资金贷款454 278.9万元(70%)，流动资金贷款年利率5.58%。计算见附表12-10——财务分析辅助报表3。

项目建设期4年，各年建设投资投入比例分别为15%、30%、35%、20%。

三、总成本费用计算

成本计算中，各种物料的消耗均为设计指标，各种物料价格采用建设期末价格。

固定资产折旧年限按20年计算，固定资产残值率按建设投资和建设期利息合计的5%计算；修理费提取率按建设投资的3%计算，制造费用按建设投资的1.8%计算。

摊销费15 000.0万元，按5年摊销。

工资及福利费按45 960.0元/(人·年)计算。全部劳动定员为5 581人。

管理费用按照制造成本的4.0%计算。

其他营业费用按照营业收入的1.5%计算。

经计算，年成本及费用 3 084 593.3 万元（第 13 年开始），正常年经营成本 2 736 982.3 万元。年成本及费用计算见附表 12-1——财务分析报表 1。

四、营业收入

为简化计算，营业收入计算中，将产品产量全部视为代表规格产量。

产品销售价格采用建设期末价格，均为不含税价。经计算，年营业收入为 4 538 351.3 万元，计算见表 12-3。

表 12-3　营业收入计算表

序号	产品名称	基期价格（元/t）	产量（万 t）	建设期价格平均年增长率（%）	建设期末价格（元/t）	营业收入（万元）
1	热轧薄板 1 mm	3 900	105.53	4.0	4 562.4	481 489.3
2	热轧卷板 2.75～3 mm	3 300.0	246.24	3.0	3 714.2	914 593.9
3	冷轧薄板 0.5 mm	4 600.0	63.9	4.0	5 381.3	343 868.2
4	冷轧薄板 1 mm	4 200.0	149.1	3.5	4 819.6	718 601.9
5	镀锌板 0.5 mm	4 800.0	192.0	3.5	5 508.1	1 057 557.2
6	冷轧硅钢片 0.35 mm	14 500.0	30.0	5.0	17 624.8	528 745.2
7	冷轧硅钢片 0.5 mm	5 800.0	70.0	5.0	7 049.9	493 495.5
	合计	5 297.0	856.8			4 538 351.3

五、税金及利润计算

增值税税率为 17%，城市维护建设税及教育费附加分别按增值税的 7% 及 4% 缴纳，经计算，生产正常年进项税为 306 954.1 万元，销项税为 771 519.7 万元，增值税为 464 565.6 万元，城市维护建设税及教育费附加为 51 102.2 万元。

年利润总额为 1 402 655.8 万元（第 13 年开始）。

所得税税率按 33% 计算，经计算，年所得税为 462 876.4 万元（第 13 年开始）。

年税后利润为 939 779.4 万元（第 13 年开始）。

企业盈余公积金为税后利润的 10%。

利税计算见附表 12-2——财务分析报表 2。

计算项目投资现金流量时，应剔除所有利息因素的影响，剔除利息因素的调整所得税为 471 241.5 万元（第 13 年开始）。

六、财务盈利能力分析

本项目生产期按 18 年计算。通过项目投资现金流量及项目资本金现金流量分析，其计算结果如下：

（1）项目投资财务内部收益率（税后）（*FIRR*）：13.5%（见附表 12-3——财务分析报表 3）。

（2）财务净现值（$i_c = 12\%$）（*FNPV*）：623 198.9 万元。

（3）项目投资回收期：10 年（含建设期 4 年）。

（4）项目资本金财务内部收益率（税后）（*FIRR*）：16.2%（见附表 12-4——财务分析报表 4）。

(5)总投资收益率(ROI):17.4%(运营期内平均)。

(6)项目资本金投资净利润率(ROE):27.3%(运营期内平均)。

七、偿债能力分析

偿债能力分析中采用等额还本,利息照付的还款方式,等额还本期为8年。

(1)经计算,项目偿债能力指标:利息备付率(ICI)与偿债备付率($DSCR$)见表12-4。

表12-4 偿债指标表

项目	偿还期均值	偿债期各年							
		4	5	6	7	8	9	10	11
利息备付率	7.3	1.2	4.3	6.1	7.3	9.1	11.7	16.1	25.2
偿债备付率	1.7	0.9	1.9	2.3	2.4	2.6	2.8	3.0	3.2

从表12-4可见,在偿还期内各年的利息备付率均大于1,偿债备付率从投产第2年(计算期第5年)开始均大于1,说明项目的偿债能力较强。

(2)资产负债率($LOAR$)(第10年)。计算见附表12-6——财务分析报表6。

$$LOAR=\frac{总负债}{总资产}\times100\%=\frac{670\ 481.3}{6\ 141\ 485.9}\times100\%=26.4\%$$

八、财务生存能力分析

项目计算期内各年的净现金流量及累计盈余资金均为正值,各年均有足够的净现金流量维持项目的正常运营,可保证项目财务的可持续性。详见附表12-7——财务分析报表7。

第四节 不确定性分析

一、盈亏平衡分析

(1)投产年:

$$BEP=\frac{年固定成本}{年营业收入-年可变成本-年税金}\times100\%=\frac{804\ 411.2}{4\ 538\ 351.3-2\ 457\ 840.8-51\ 102.2}\times100\%=39.6\%$$

(2)正常年(第13年):

$$BEP=\frac{年固定成本}{年营业收入-年可变成本-年税金}\times100\%=\frac{804\ 411.2}{4\ 538\ 351.3-2\ 283\ 182.1-51\ 102.2}\times100\%=36.5\%$$

从 *BEP* 计算结果可见，项目抗风险能力较强。

二、敏感性分析

分析中选取了产品售价、经营成本、静态投资和产品产量四个因素的变化对全部投资内部收益率的影响。分析结果见表 12-5。

从表 12-5 可见，产品售价与经营成本的变动对 *FIRR* 的影响较大，是较敏感的因素，其他两个因素次之。

表 12-5　敏感性分析表

序号	项目	不确定因素变化率	项目财务内部收益率	敏感度系数	临界点
	基本方案		13.5%		
1	产品产量	-30.0%	11.1%	8.0%	80.0%
		-20.0%	11.7%	8.9%	
		-10.0%	12.3%	11.6%	
		10.0%	14.6%	10.9%	
		20.0%	15.1%	8.0%	
		30.0%	15.6%	7.0%	
2	产品售价	-30.0%	6.3%	24.0%	-32.9%
		-20.0%	8.3%	25.9%	
		-10.0%	10.2%	33.2%	
		10.0%	16.4%	29.4%	
		20.0%	17.8%	21.5%	
		30.0%	19.1%	18.7%	
3	建设投资	-30.0%	16.1%	8.7%	483.0%
		-20.0%	15.4%	9.4%	
		-10.0%	14.7%	12.0%	
		10.0%	12.4%	10.4%	
		20.0%	12.0%	7.6%	
		30.0%	11.5%	6.5%	
4	经营成本	-30.0%	17.2%	12.5%	55.9%
		-20.0%	16.3%	14.2%	
		-10.0%	15.4%	19.2%	
		10.0%	11.4%	20.5%	
		20.0%	10.4%	15.6%	
		30.0%	9.2%	14.2%	

注：计算临界点的基准收益率为 12%。

第五节　分析与结论

中国钢铁产品生产与销售已完全实行了市场经济原则，其产品与原材料的价格均随着市场行情而变化。对钢铁建设项目财务评价结果的分析判断，也应该充分认识这种变化。在有条件时，对项目所选用的价格系统尽量采用预测的方法，而不应该采用“时价”对项目进行分析评价，以避免同一项目，在不同时期，由于采用不同时点的价格，使评价结果出现不同甚至相反的结果。

本案例在选取价格时采用了将价格从建设期开始预测到投产时为止的方法。这种预测虽然比“在整个项目分析评价期内，投入产出的各种价格按照一定规律各自进行变动”的方法简单一些，但仍然需要分析人员积累相当丰富的价格资料，了解多种预测方法，同时具备综合判断能力。

如果评价人员认为对价格预测较难把握，也可采取将过去几年的统计价格（如 3 年、5 年或 10 年）算术平均后作为项目投产时的预测价格使用。这在国内、外也是一种常用的方法。

当项目分析人员收集到相当长的价格数据（如 5 年、10 年），但数据与时间的相关性较差，不易找到价格趋势时，采用上述预测方法的说服力将下降。此时可采取“假设”的方法进行评价分析。具体做法是，根据已掌握的价格资料，找出成本或成本中的主要原料（如生铁项目的生铁与矿石、轧钢项目的钢材与钢坯等）与产品之间的差价（或毛利润）。选择最高、最低和平均差价，分别计算出盈利指标（如 *IRR*）。这样可以得到的项目财务评价结论是：根据过去的经验，该项目可能的盈利结论最高、最低各是多少，平均盈利水平是多少，以供投资方决策。

总之，钢铁项目评价结果的判断，应该采用动态、市场的观点，同时应该看到，我国钢铁生产能力在总量上已经可以满足国民经济建设的需求了，对于基础材料项目的经济效益，已不会像过去出现“暴利”的情况了。

如果能够实现上述测算结果，本项目的财务分析和评价指标是可以接受的。

案例点评

本案例以某新建钢铁项目为背景，演示了一个钢铁联合企业财务分析的简单过程。

（1）大型钢铁联合企业包括原料场、烧结、焦化、球团、炼铁、炼钢、连铸、热连轧、冷连轧等主要生产厂及与之配套的辅助公用设施，其工序连续，投入产出关系复杂，本案例没有对联合企业内部投入产出关系以及相关的费用与效益流量进行深入的梳理和分析，而是抓住外部原材料投入与成品钢材产出两个环节，界定了项目的财务边界，简化了分析过程。

（2）费用 - 效益估算是项目经济评价的基础与重要内容，其估算的准确程度与可靠性对评价结果有重要影响。费用 - 效益估算包括产品产量与价格、原材料投入与价格预测。在项目规模确定的情况下，价格预测的准确性就成为项目成败的关键。本案例利用历史统计资料，结合对未来我国经济发展趋势与市场形势的分析，对项目的主要产品和主要原材料的价格进行了相对可靠的预测，保证项目经济评价结论的可信性。

（3）价格预测方法的总结对大多数项目也有借鉴意义。

（4）项目经济评价中的有关方法、参数和所用表格，要符合最新的《建设项目经济评价方法与参数》的规定。

附表 12-1　财务分析报表 1——总成本费用估算表(生产要素法)　（单位:万元）

序号	项目	合计	计算期											
			1	2	3	4	5	6	7	8	9	10	11	12
1	外购原材料	22 175 330.9					682 317.9	1 023 476.8	1 137 196.5	1 137 196.5	1 137 196.5	1 137 196.5	1 137 196.5	1 137 196.5
2	辅助材料费用	5 598 923.4					172 274.6	258 411.8	287 124.3	287 124.3	287 124.3	287 124.3	287 124.3	287 124.3
3	外购燃料及动力费	15 589 762.9					479 685.0	719 527.5	799 475.0	799 475.0	799 475.0	799 475.0	799 475.0	799 475.0
4	工资及福利费	513 005.5					25 650.3	25 650.3	25 650.3	25 650.3	25 650.3	25 650.3	25 650.3	25 650.3
5	修理费	3 805 200.0					190 260.0	190 260.0	190 260.0	190 260.0	190 260.0	190 260.0	190 260.0	190 260.0
6	其他制造费用	2 283 120.0					114 156.0	114 156.0	114 156.0	114 156.0	114 156.0	114 156.0	114 156.0	114 156.0
7	其他管理费用	2 300 900.0					115 045.0	115 045.0	115 045.0	115 045.0	115 045.0	115 045.0	115 045.0	115 045.0
8	其他营业费用	1 330 871.5					40 845.2	64 671.5	68 075.3	68 075.3	68 075.3	68 075.3	68 075.3	68 075.3
9	经营成本	53 597 114.1					1 820 233.9	2 511 199.0	2 736 982.3	2 736 982.3	2 736 982.3	2 736 982.3	2 736 982.3	2 736 982.3
10	折旧费	6 445 245.2					322 262.3	322 262.3	322 262.3	322 262.3	322 262.3	322 262.3	322 262.3	322 262.3
11	摊销费	15 000.0					3 000.0	3 000.0	3 000.0	3 000.0	3 000.0			
12	利息支出	1 544 615.2					249 952.2	227 079.9	200 007.4	170 897.7	141 787.9	112 678.1	83 568.3	54 458.5
13	总成本费用合计	61 601 974.6					2 395 448.3	3 063 541.1	3 262 252.0	3 233 142.2	3 204 032.4	3 171 922.7	3 142 812.9	3 113 703.1
	其中:可变成本	45 589 068.1					1 604 652.2	2 260 831.8	2 457 840.8	2 428 731.0	2 399 621.3	2 370 511.5	2 341 401.7	2 312 291.9
	固定成本	16 012 906.5					790 796.1	802 709.3	804 411.2	804 411.2	804 411.2	804 411.2	804 411.2	804 411.2

续附表 12-1

序号	项目	计算期											
		13	14	15	16	17	18	19	20	21	22	23	24
1	外购原材料	1 137 196.5	1 137 196.5	1 137 196.5	1 137 196.5	1 137 196.5	1 137 196.5	1 137 196.5	1 137 196.5	1 137 196.5	1 137 196.5	1 137 196.5	1 137 196.5
2	辅助材料费用	287 124.3	287 124.3	287 124.3	287 124.3	287 124.3	287 124.3	287 124.3	287 124.3	287 124.3	287 124.3	287 124.3	287 124.3
3	外购燃料及动力费	799 475.0	799 475.0	799 475.0	799 475.0	799 475.0	799 475.0	799 475.0	799 475.0	799 475.0	799 475.0	799 475.0	799 475.0
4	工资及福利费	25 650.3	25 650.3	25 650.3	25 650.3	25 650.3	25 650.3	25 650.3	25 650.3	25 650.3	25 650.3	25 650.3	25 650.3
5	修理费	190 260.0	190 260.0	190 260.0	190 260.0	190 260.0	190 260.0	190 260.0	190 260.0	190 260.0	190 260.0	190 260.0	190 260.0
6	其他制造费用	114 156.0	114 156.0	114 156.0	114 156.0	114 156.0	114 156.0	114 156.0	114 156.0	114 156.0	114 156.0	114 156.0	114 156.0
7	其他管理费用	115 045.0	115 045.0	115 045.0	115 045.0	115 045.0	115 045.0	115 045.0	115 045.0	115 045.0	115 045.0	115 045.0	115 045.0
8	其他营业费用	68 075.3	68 075.3	68 075.3	68 075.3	68 075.3	68 075.3	68 075.3	68 075.3	68 075.3	68 075.3	68 075.3	68 075.3
9	经营成本	2 736 982.3	2 736 982.3	2 736 982.3	2 736 982.3	2 736 982.3	2 736 982.3	2 736 982.3	2 736 982.3	2 736 982.3	2 736 982.3	2 736 982.3	2 736 982.3
10	折旧费	322 262.3	322 262.3	322 262.3	322 262.3	322 262.3	322 262.3	322 262.3	322 262.3	322 262.3	322 262.3	322 262.3	322 262.3
11	摊销费												
12	利息支出	25 348.8	25 348.8	25 348.8	25 348.8	25 348.8	25 348.8	25 348.8	25 348.8	25 348.8	25 348.8	25 348.8	25 348.8
13	总成本费用合计	3 084 593.3	3 084 593.3	3 084 593.3	3 084 593.3	3 084 593.3	3 084 593.3	3 084 593.3	3 084 593.3	3 084 593.3	3 084 593.3	3 084 593.3	3 084 593.3
	其中：可变成本	2 283 182.1	2 283 182.1	2 283 182.1	2 283 182.1	2 283 182.1	2 283 182.1	2 283 182.1	2 283 182.1	2 283 182.1	2 283 182.1	2 283 182.1	2 283 182.1
	固定成本	804 411.2	804 411.2	804 411.2	804 411.2	804 411.2	804 411.2	804 411.2	804 411.2	804 411.2	804 411.2	804 411.2	804 411.2

附表 12-2　财务分析报表 2——利润与利润分配表

（单位：万元）

序号	项目	合计	计算期											
			1	2	3	4	5	6	7	8	9	10	11	12
1	营业收入	88 497 850.2					2 723 010.8	4 084 516.2	4 538 351.3	4 538 351.3	4 538 351.3	4 538 351.3	4 538 351.3	4 538 351.3
2	营业税金及附加	996 493.2					30 661.3	45 992.0	51 102.2	51 102.2	51 102.2	51 102.2	51 102.2	51 102.2
3	总成本费用	61 601 974.6					2 395 448.3	3 063 541.1	3 262 252.0	3 233 142.2	3 204 032.4	3 171 922.7	3 142 812.9	3 113 703.1
4	补贴收入													
5	利润总额	25 899 382.4					296 901.1	974 983.0	1 224 997.1	1 254 106.9	1 283 216.6	1 315 326.4	1 344 436.2	1 373 546.0
6	弥补以前年度亏损													
7	应纳税所得额	25 899 382.4					296 901.1	974 983.0	1 224 997.1	1 254 106.9	1 283 216.6	1 315 326.4	1 344 436.2	1 373 546.0
8	所得税	8 546 796.2					97 977.4	321 744.4	404 249.0	413 855.3	423 461.5	434 057.7	443 663.9	453 270.0
9	净利润	17 352 586.2					198 923.7	653 238.6	820 748.0	840 251.6	859 755.1	881 268.7	900 772.3	920 275.8
10	期初未分配利润							150 387.7	300 775.5	451 163.2	601 551.0	751 938.7	905 326.4	1 058 714.2
11	可供分配的利润	36 117 665					198 923.7	803 626.4	1 121 523.5	1 291 414.8	1 461 306.1	1 633 207.4	1 806 098.7	1 978 990.0
12	提取法定盈余公积金	1 641 280.7					19 892.4	65 323.9	82 074.8	84 025.2	85 975.5	88 126.9	90 077.2	92 027.6
13	可供投资者分配的利润	34 476 385.1					179 031.4	738 302.5	1 039 448.7	1 207 389.7	1 375 330.6	1 545 080.5	1 716 021.5	1 886 962.4
14	应付优先股股利													
15	提取任意盈余公积金													
16	应付普通股股利	14 367 186.9					28 643.6	437 527.0	588 285.5	605 838.7	623 391.9	639 754.1	657 307.3	674 860.5
17	未分配利润						150 387.7	300 775.5	451 163.2	601 551.0	751 938.7	905 326.4	1 058 714.2	1 212 101.9
	附：息税前利润	27 443 997.6					546 853.3	1 202 063.0	1 425 004.5	1 425 004.5	1 425 004.5	1 428 004.5	1 428 004.5	1 428 004.5
	息税折旧摊销前利润	33 904 242.9					872 115.6	1 527 325.2	1 750 266.8	1 750 266.8	1 750 266.8	1 750 266.8	1 750 266.8	1 750 266.8

续附表 12-2

序号	项目	计算期											
		13	14	15	16	17	18	19	20	21	22	23	24
1	营业收入	4 538 351.3	4 538 351.3	4 538 351.3	4 538 351.3	4 538 351.3	4 538 351.3	4 538 351.3	4 538 351.3	4 538 351.3	4 538 351.3	4 538 351.3	4 538 351.3
2	营业税金及附加	51 102.2	51 102.2	51 102.2	51 102.2	51 102.2	51 102.2	51 102.2	51 102.2	51 102.2	51 102.2	51 102.2	51 102.2
3	总成本费用	3 084 593.3	3 084 593.3	3 084 593.3	3 084 593.3	3 084 593.3	3 084 593.3	3 084 593.3	3 084 593.3	3 084 593.3	3 084 593.3	3 084 593.3	3 084 593.3
4	补贴收入												
5	利润总额	1 402 655.8	1 402 655.8	1 402 655.8	1 402 655.8	1 402 655.8	1 402 655.8	1 402 655.8	1 402 655.8	1 402 655.8	1 402 655.8	1 402 655.8	1 402 655.8
6	弥补以前年度亏损												
7	应纳税所得额	1 402 655.8	1 402 655.8	1 402 655.8	1 402 655.8	1 402 655.8	1 402 655.8	1 402 655.8	1 402 655.8	1 402 655.8	1 402 655.8	1 402 655.8	1 402 655.8
8	所得税	462 876.4	462 876.4	462 876.4	462 876.4	462 876.4	462 876.4	462 876.4	462 876.4	462 876.4	462 876.4	462 876.4	462 876.4
9	净利润	939 779.4	939 779.4	939 779.4	939 779.4	939 779.4	939 779.4	939 779.4	939 779.4	939 779.4	939 779.4	939 779.4	939 779.4
10	期初未分配利润	1 212 101.9	1 212 101.9	1 212 101.9	1 212 101.9	1 212 101.9	1 212 101.9	1 212 101.9	1 212 101.9	1 212 101.9	1 212 101.9	1 212 101.9	1 212 101.9
11	可供分配的利润	2 151 881.3	2 151 881.3	2 151 881.3	2 151 881.3	2 151 881.3	2 151 881.3	2 151 881.3	2 151 881.3	2 151 881.3	2 151 881.3	2 151 881.3	2 151 881.3
12	提取法定盈余公积金	93 977.9	93 977.9	93 977.9	93 977.9	93 977.9	93 977.9	93 977.9	93 977.9	93 977.9	93 977.9	93 977.9	
13	可供投资者分配的利润	2 057 903.3	2 057 903.3	2 057 903.3	2 057 903.3	2 057 903.3	2 057 903.3	2 057 903.3	2 057 903.3	2 057 903.3	2 057 903.3	2 057 903.3	2 151 881.3
14	应付优先股股利												
15	提取任意盈余公积金												
16	应付普通股股利	845 801.4	845 801.4	845 801.4	845 801.4	845 801.4	845 801.4	845 801.4	845 801.4	845 801.4	845 801.4	845 801.4	807 762.7
17	未分配利润	1 212 101.9	1 212 101.9	1 212 101.9	1 212 101.9	1 212 101.9	1 212 101.9	1 212 101.9	1 212 101.9	1 212 101.9	1 212 101.9	1 212 101.9	1 344 118.6
	附:息税前利润	1 428 004.5	1 428 004.5	1 428 004.5	1 428 004.5	1 428 004.5	1 428 004.5	1 428 004.5	1 428 004.5	1 428 004.5	1 428 004.5	1 428 004.5	1 428 004.5
	息税折旧摊销前利润	1 750 266.8	1 750 266.8	1 750 266.8	1 750 266.8	1 750 266.8	1 750 266.8	1 750 266.8	1 750 266.8	1 750 266.8	1 750 266.8	1 750 266.8	1 750 266.8

附表 12-3　财务分析报表 3——项目投资现金流量表

（单位:万元）

序号	项目	合计	计算期							
			1	2	3	4	5	6	7	8
1	现金流入	89 463 920.1					2 723 010.2	4 084 516.2	4 538 351.3	4 538 351.3
1.1	营业收入	88 497 850.2					2 723 010.2	4 084 516.2	4 538 351.3	4 538 351.3
1.2	补贴收入									
1.3	回收固定资产余值	317 100.0								
1.4	回收流动资金	648 969.9								
2	现金流出	61 584 577.3	951 300.0	1 902 600.0	2 219 700.0	1 268 400.0	2 288 016.5	2 716 881.0	2 840 243.0	2 788 084.5
2.1	建设投资	6 342 000.0	951 300.0	1 902 600.0	2 219 700.0	1 268 400.0				
2.2	流动资金	648 969.9					437 121.3	159 690.1	52 158.5	
2.3	营业税金及附加	996 493.2					30 661.3	45 992.0	51 102.2	51 102.2
2.4	经营成本	53 597 114.1					1 820 233.9	2 511 199.0	2 736 982.3	2 736 982.3
2.5	维持运营投资									
3	所得税前净现金流量	27 879 342.9	−951 300.0	−1 902 600.0	−2 219 700.0	−1 268 400.0	434 994.2	1 367 635.1	1 698 108.3	1 750 266.8
4	累计所得税前净现金流量		−951 300.0	−2 853 900.0	−5 073 600.0	−6 342 000.0	−5 907 005.8	−4 539 370.6	−2 841 262.3	−1 090 995.6
5	调整所得税	9 056 519.2					180 461.6	396 680.8	470 251.5	470 251.5
6	所得税后净现金流量	18 822 823.6	−951 300.0	−1 902 600.0	−2 219 700.0	−1 268 400.0	254 532.6	970 954.3	1 227 856.8	1 280 015.3
7	累计所得税后净现金流量		−951 300.0	−2 853 900.0	−5 073 600.0	−6 342 000.0	−6 087 467.4	−5 116 513.0	−3 888 656.2	−2 608 640.9

续附表 12-3

序号	项目	计算期							
		9	10	11	12	13	14	15	16
1	现金流入	4 538 351.3	4 538 351.3	4 538 351.3	4 538 351.3	4 538 351.3	4 538 351.3	4 538 351.3	4 538 351.3
1.1	营业收入	4 538 351.3	4 538 351.3	4 538 351.3	4 538 351.3	4 538 351.3	4 538 351.3	4 538 351.3	4 538 351.3
1.2	补贴收入								
1.3	回收固定资产余值								
1.4	回收流动资金								
2	现金流出	2 788 084.5	2 788 084.5	2 788 084.5	2 788 084.5	2 788 084.5	2 788 084.5	2 788 084.5	2 788 084.5
2.1	建设投资								
2.2	流动资金								
2.3	营业税金及附加	51 102.2	51 102.2	51 102.2	51 102.2	51 102.2	51 102.2	51 102.2	51 102.2
2.4	经营成本	2 736 982.3	2 736 982.3	2 736 982.3	2 736 982.3	2 736 982.3	2 736 982.3	2 736 982.3	2 736 982.3
2.5	维持运营投资								
3	所得税前净现金流量	1 750 266.8	1 750 266.8	1 750 266.8	1 750 266.8	1 750 266.8	1 750 266.8	1 750 266.8	1 750 266.8
4	累计所得税前净现金流量	659 271.2	2 409 538.0	4 159 804.8	5 910 071.6	7 660 338.4	9 410 605.1	11 160 871.9	12 911 138.7
5	调整所得税	470 251.5	471 241.5	471 241.5	471 241.5	471 241.5	471 241.5	471 241.5	471 241.5
6	所得税后净现金流量	1 280 015.3	1 279 025.3	1 279 025.3	1 279 025.3	1 279 025.3	1 279 025.3	1 279 025.3	1 279 025.3
7	累计所得税后净现金流量	−1 328 625.6	−49 600.3	1 229 425.0	2 508 450.3	3 787 475.6	5 066 500.8	6 345 526.1	7 624 551.4

续附表 12-3

序号	项目	计算期							
		17	18	19	20	21	22	23	24
1	现金流入	4 538 351.3	4 538 351.3	4 538 351.3	4 538 351.3	4 538 351.3	4 538 351.3	4 538 351.3	5 504 421.2
1.1	营业收入	4 538 351.3	4 538 351.3	4 538 351.3	4 538 351.3	4 538 351.3	4 538 351.3	4 538 351.3	4 538 351.3
1.2	补贴收入								317 100.0
1.3	回收固定资产余值								648 969.0
1.4	回收流动资金								
2	现金流出	2 788 084.5	2 788 084.5	2 788 084.5	2 788 084.5	2 788 084.5	2 788 084.5	2 788 084.5	2 788 084.5
2.1	建设投资								
2.2	流动资金								
2.3	营业税金及附加	51 102.2	51 102.2	51 102.2	51 102.2	51 102.2	51 102.2	51 102.2	51 102.2
2.4	经营成本	2 736 982.3	2 736 982.3	2 736 982.3	2 736 982.3	2 736 982.3	2 736 982.3	2 736 982.3	2 736 982.3
2.5	维持运营投资								
3	所得税前净现金流量	1 750 266.8	1 750 266.8	1 750 266.8	1 750 266.8	1 750 266.8	1 750 266.8	1 750 266.8	2716336.7
4	累计所得税前净现金流量	14 661 405.5	16 411 672.3	18 161 939.1	19 912 205.8	21 662 472.6	23 412 739.4	25 163 006.2	27 879 342.9
5	调整所得税	471 241.5	471 241.5	471 241.5	471 241.5	471 241.5	471 241.5	471 241.5	471 241.5
6	所得税后净现金流量	1 279 025.3	1 279 025.3	1 279 025.3	1 279 025.3	1 279 025.3	1 279 025.3	1 279 025.3	2 245 095.2
7	累计所得税后净现金流量	8 903 576.7	10 182 602.0	11 461 627.3	12 740 652.6	14 019 677.9	15 298 703.2	16 577 728.5	18 822 823.6

项目投资内部收益率(所得税前)=17.8%

项目投资内部收益率(所得税后)=13.5%

项目投资净现值(所得税前)=2 656 190.7 万元

项目投资净现值(所得税后)=623 198.9 万元

投资回收期=10 年

附表 12-4　财务分析报表 4——项目资本金现金流量表

（单位：万元）

序号	项目	合计	计算期											
			1	2	3	4	5	6	7	8	9	10	11	12
1	现金流入	89 486 043.6					2 723 010.8	4 084 516.2	4 538 351.3	4 538 351.3	4 538 351.3	4 538 351.3	4 538 351.3	4 538 351.3
1.1	营业收入	88 497 850.2					2 723 010.8	4 084 516.2	4 538 351.3	4 538 351.3	4 538 351.3	4 538 351.3	4 538 351.3	4 538 351.3
1.2	补贴收入													
1.3	回收固定资产余值	339 223.4												
1.4	回收流动资金	648 969.9												
2	现金流出	71 664 178.4	397 985.9	830 903.5	1 033 428.9	716 950.4	2 805 611.2	3 629 572.3	3 883 638.5	3 848 487.4	3 828 983.9	3 810 470.3	3 790 966.8	3 771 463.2
2.1	项目资本金	3 173 959.6	397 985.9	830 903.5	1 033 428.9	716 950.4	131 136.4	47 907.0	15 647.5					
2.2	建设投资借款偿还	3 805 200.0					475 650.0	475 650.0	475 650.0	475 650.0	475 650.0	475 650.0	475 650.0	475 650.0
2.3	流动资金借款偿还	454 278.9												
2.4	借款利息支付	1 544 615.2					249 952.2	227 079.9	200 007.4	170 897.7	141 787.9	112 678.1	83 568.3	54 458.5
2.5	经营成本	53 597 114.1					1 820 233.9	2 511 199.0	2 736 982.3	2 736 982.3	2 736 982.3	2 736 982.3	2 736 982.3	2 736 982.3
2.6	营业税金及附加	996 493.2					30 661.3	45 992.0	51 102.2	51 102.2	51 102.2	51 102.2	51 102.2	51 102.2
2.7	所得税	8 546 796.2					97 977.4	321 744.4	404 249.0	413 855.3	423 461.5	434 057.7	443 663.9	453 270.2
2.8	维持运营投资													
3	净现金流量	17 821 865.1	-397 985.9	-830 903.5	-1 033 428.9	-716 950.4	-82 600.4	454 943.9	654 712.8	689 863.9	709 367.4	727 881.0	747 384.5	766 888.1

续附表 12-4

序号	项目	计算期											
		13	14	15	16	17	18	19	20	21	22	23	24
1	现金流入	4 538 351.3	4 538 351.3	4 538 351.3	4 538 351.3	4 538 351.3	4 538 351.3	4 538 351.3	4 538 351.3	4 538 351.3	4 538 351.3	4 538 351.3	5 526 544.6
1.1	营业收入	4 538 351.3	4 538 351.3	4 538 351.3	4 538 351.3	4 538 351.3	4 538 351.3	4 538 351.3	4 538 351.3	4 538 351.3	4 538 351.3	4 538 351.3	4 538 351.3
1.2	补贴收入												
1.3	回收固定资产余值												339 223.4
1.4	回收流动资金												648 969.9
2	现金流出	3 276 309.7	3 276 309.7	3 276 309.7	3 276 309.7	3 276 309.7	3 276 309.7	3 276 309.7	3 276 309.7	3 276 309.7	3 276 309.7	3 276 309.7	3 276 309.7
2.1	项目资本金												
2.2	建设投资借款偿还												
2.3	流动资金借款偿还												454 278.9
2.4	借款利息支付	25 348.8	25 348.8	25 348.8	25 348.8	25 348.8	25 348.8	25 348.8	25 348.8	25 348.8	25 348.8	25 348.8	25 348.8
2.5	经营成本	2 736 982.3	2 736 982.3	2 736 982.3	2 736 982.3	2 736 982.3	2 736 982.3	2 736 982.3	2 736 982.3	2 736 982.3	2 736 982.3	2 736 982.3	2 736 982.3
2.6	营业税金及附加	51 102.2	51 102.2	51 102.2	51 102.2	51 102.2	51 102.2	51 102.2	51 102.2	51 102.2	51 102.2	51 102.2	51 102.2
2.7	所得税	462 876.4	462 876.4	462 876.4	462 876.4	462 876.4	462 876.4	462 876.4	462 876.4	462 876.4	462 876.4	462 876.4	462 876.4
2.8	维持运营投资												
3	净现金流量	1 262 041.6	1 262 041.6	1 262 041.6	1 262 041.6	1 262 041.6	1 262 041.6	1 262 041.6	1 262 041.6	1 262 041.6	1 262 041.6	1 262 041.6	2 250 234.9

项目资本金内部收益率 = 16.2%

附表 12-5　财务分析报表 5——借款还本付息计划表

（单位：万元）

序号	项目	合计	计算期											
			1	2	3	4	5	6	7	8	9	10	11	12
1	借款													
1.1	当期借款		570 780.0	1 141 560.0	1 331 820.0	761 040.0								
1.2	期初借款余额			570 780.0	1 712 340.0	3 044 160.0	3 805 200.0	3 329 550.0	2 853 900.0	2 378 250.0	1 902 600.0	1 426 950.0	951 300.0	475 650.0
1.3	当期还本付息													
	其中：还本						475 650.0	475 650.0	475 650.0	475 650.0	475 650.0	475 650.0	475 650.0	475 650.0
	付息		17 465.9	69 863.5	145 548.9	209 590.4	232 878.2	203 768.5	174 658.7	145 548.9	116 439.1	87 329.3	58 219.6	29 109.8
1.4	期末借款余额		570 780.0	1 712 340.0	3 044 160.0	3 805 200.0	3 329 550.0	2 853 900.0	23 782 50.0	1 902 600.0	1 426 950.0	951 300.0	475 650.0	
2	债券													
2.1	当期借款													
2.2	期初借款余额													
2.3	当期还本付息													
	其中：还本													
	付息													
2.4	期末借款余额													
3	借款和债券合计													
3.1	当期借款		570 780.0	1 141 560.0	1 331 820.0	761 040.0								
3.2	期初借款余额			570 780.0	1 712 340.0	3 044 160.0	3 805 200.0	3 329 550.0	2 853 900.0	2 378 250.0	1 902 600.0	1 426 950.0	951 300.0	475 650.0
3.3	当期还本付息		17 465.9	69 863.5	145 548.9	209 590.4	708 528.2	679 418.5	650 308.7	951 300.0	951 300.0	951 300.0		
	其中：还本						475 650.0	475 650.0	475 650.0	475 650.0	475 650.0	475 650.0	475 650.0	475 650.0
	付息		17 465.9	69 863.5	145 548.9	209 590.4	232 878.2	203 768.5	174 658.7	145 548.9	116 439.1	87 329.3	58 219.6	29 109.8
3.4	期末借款余额		570 780.0	1 712 340.0	3 044 160.0	3 805 200.0	3 329 550.0	2 853 900.0	2 378 250.0	1 902 600.0	1 426 950.0	951 300.0	475 650.0	
	计算指标： 利息备付率	7.3					1.2	4.3	6.1	7.3	9.1	11.7	16.1	25.2
	偿债备付率	1.7					0.9	1.9	2.3	2.4	2.6	2.8	3.0	3.2

附表 12-6 财务分析报表 6——资产负债表

（单位：万元）

序号	项目	计算期											
		1	2	3	4	5	6	7	8	9	10	11	12
1	资产	968 765.9	2 941 229.3	5 306 478.2	6 784 468.7	7 060 941.5	7 025 553.9	6 856 145.2	6 614 908.1	6 375 621.3	6 141 485.9	5 909 300.9	5 679 066.2
1.1	流动资产总额				0.0	586 735.1	876 609.8	1 032 463.3	1 116 488.5	1 202 464.0	1 290 590.8	1 380 668.1	1 472 695.6
1.1.1	货币资金				0.0	60 388.7	127 698.1	210 056.6	294 081.7	380 057.3	468 184.1	558 261.4	1 472 695.6
1.1.2	应收账款					194 872.8	271 002.8	295 938.3	295 938.3	295 938.3	295 938.3	295 938.3	295 938.3
1.1.3	预付账款												
1.1.4	存货					331 473.5	477 908.8	526 468.4	526 468.4	526 468.4	526 468.4	526 468.4	526 468.4
1.1.5	其他												
1.2	在建工程	968 765.9	2 941 229.3	5 306 478.2	6 784 468.7								
1.3	固定资产净值					642 206.4	6 139 944.1	5 817 681.9	5 495 419.6	5 173 157.4	4 850 895.1	4 528 632.8	4 206 370.6
1.4	无形及其他资产净值					12 000.0	9 000.0	6 000.0	3 000.0				
2	负债及所有者权益	9 687 695.9	2 941 229.3	5 306 478.2	6 784 468.7	7 045 941.5	7 010 553.9	6 841 145.2	6 599 908.1	6 360 621.3	6 126 485.9	5 894 300.9	5 664 066.2
2.1	流动负债总额					129 721.4	194 582.1	216 202.4	216 202.4	216 202.4	216 202.4	216 202.4	216 202.4
2.1.1	短期借款												
2.1.2	应付账款					129 721.4	194 582.1	216 202.4	216 202.4	216 202.4	216 202.4	216 202.4	216 202.4
2.1.3	预收账款												
2.1.4	其他												
2.2	建设投资借款	570 780.0	1 712 340.0	3 044 160.0	3 805 200.0	3 329 550.0	2 853 900.0	2 378 250.0	1 902 600.0	1 426 950.0	950 300.0	475 650.0	
2.3	流动资金借款					305 984.9	417 768.0	454 278.9	454 278.9	454 278.9	454 278.9	454 278.9	454 278.9
2.4	负债小计 (2.1 +2.2 +2.3)	570 780.0	1 712 340.0	3 044 160.0	3 805 200.0	3 765 256.3	3 466 250.1	3 048 731.3	2 573 081.3	2 097 431.3	1 621 781.3	1 146 131.3	670 481.3
2.5	所有者权益	397 985.9	1 228 889.3	2 262 318.2	2 979 268.7	3 280 685.2	3 544 303.8	3 792 413.9	4 026 826.8	4 263 190.0	4 504 704.6	4 748 169.6	4 993 584.9
2.5.1	权益资本	397 985.9	1 228 889.3	2 262 318.2	2 979 268.7	3 110 405.1	3 158 312.1	3 173 959.6	3 173 959.6	3 173 959.6	3 173 959.6	3 173 959.6	3 173 959.6
2.5.2	资本公积												
2.5.3	累计盈余公积和公益金					19 892.4	85 216.2	167 291.0	251 316.2	337 291.7	425 418.6	515 495.8	607 523.4
2.5.4	累计未分配利润					150 387.7	300 775.5	451 163.2	601 551.0	751 938.7	905 326.4	1 058 714.2	1 212 101.9
	计算指标： 资产负债率(%)	58.9	58.2	57.4	56.1	53.3	49.3	44.5	38.9	32.9	26.4	19.4	

续附表 12-6

序号	项目	计算期											
		13	14	15	16	17	18	19	20	21	22	23	24
1	资产	5 773 044.1	5 867 022.1	5 961 000.0	6 054 978.07	6 148 955.9	6 242 933.8	6 336 911.8	6 430 889.7	6 524 867.6	6 618 845.6	6 712 823.5	6 390 561.2
1.1	流动资产总额	1 888 935.8	2 305 176.0	2 721 416.2	3 137 656.4	3 553 896.6	3 970 136.8	4 386 377.0	4 802 617.2	5 218 857.4	5 635 097.6	6 051 337.8	6 051 337.8
1.1.1	货币资金	1 066 529.1	1 482 769.3	1 899 009.5	2 315 249.7	2 731 489.9	3 147 730.1	3 563 970.3	3 980 210.5	4 396 450.7	4 812 690.9	5 228 931.1	5 228 931.1
1.1.2	应收账款	295 938.3	295 938.3	295 938.3	295 938.3	295 938.3	295 938.3	295 938.3	295 938.3	295 938.3	295 938.3	295 938.3	295 938.3
1.1.3	预付账款												
1.1.4	存货	526 468.4	526 468.4	526 468.4	526 468.4	526 468.4	526 468.4	526 468.4	526 468.4	526 468.4	526 468.4	526 468.4	526 468.4
1.1.5	其他												
1.2	在建工程												
1.3	固定资产净值	3 884 108.3	3 561 846.0	3 239 583.8	2 917 321.5	2 595 059.3	2 272 797.0	1 950 534.7	1 628 272.5	1 306 010.2	9 837 48.0	661 485.7	339 223.4
1.4	无形及其他资产净值												
2	负债及所有者权益	5 758 044.1	5 852 022.1	5 946 000.0	6 039 978.0	6 133 955.9	6 227 933.8	6 321 911.8	6 415 889.7	6 509 867.6	6 603 845.6	6 697 823.5	6 375 561.2
2.1	流动负债总额	216 202.4	216 202.4	216 202.4	216 202.4	216 202.4	216 202.4	216 202.4	216 202.4	216 202.4	216 202.4	216 202.4	216 202.4
2.1.1	短期借款												
2.1.2	应付账款	216 202.4	216 202.4	216 202.4	216 202.4	216 202.4	216 202.4	216 202.4	216 202.4	216 202.4	216 202.4	216 202.4	216 202.4
2.1.3	预收账款												
2.1.4	其他												
2.2	建设投资借款												
2.3	流动资金借款	454 278.9	454 278.9	454 278.9	454 278.9	454 278.9	454 278.9	454 278.9	454 278.9	454 278.9	454 278.9	454 278.9	
2.4	负债小计(2.1 +2.2 +2.3)	670 481.3	670 481.3	670 481.3	670 481.3	670 481.3	670 481.3	670 481.3	670 481.3	670 481.3	670 481.3	670 481.3	216 202.4
2.5	所有者权益	5 087 562.9	5 181 540.8	5 275 518.7	5 369 496.7	5 463 474.6	5 557 452.5	5 651 430.5	5 745 408.4	839 386.3	5 933 364.3	6 027 342.2	6 159 358.9
2.5.1	权益资本	3 173 959.6	3 173 959.6	3 173 959.6	3 173 959.6	3 173 959.6	3 173 959.6	3 173 959.6	3 173 959.6	3 173 959.6	3 173 959.6	3 173 959.6	3 173 959.6
2.5.2	资本公积												
2.5.3	累计盈余公积和公益金	701 501.3	795 479.3	889 457.2	983 435.1	1 077 413.1	1 171 391.0	1 265 368.9	1 359 346.9	1 453 324.8	1 547 302.7	1 641 280.7	1 641 280.7
2.5.4	累计未分配利润	1 212 101.9	1 212 101.9	1 212 101.9	1 212 101.9	1 212 101.9	1 212 101.9	1 212 101.9	1 212 101.9	1 212 101.9	1 212 101.9	1 212 101.9	1 344 118.6
	计算指标: 资产负债率(%)												

附表 12-7　财务分析报表 7——财务计划现金流量表

（单位：万元）

序号	项目	合计	计算期											
			1	2	3	4	5	6	7	8	9	10	11	12
1	经营活动净现金流量(1.1 -1.2)						774 138.2	1 205 580.8	1 346 017.7	1 336 411.5	1 326 805.3	1 316 209.1	1 306 602.8	1 296 996.6
1.1	现金流入						3 185 922.6	4 778 883.9	5 309 871.0	5 309 871.0	5 309 871.0	5 309 871.0	5 309 871.0	5 309 871.0
1.1.1	营业收入						2 723 010.8	4 084 516.2	4 538 351.3	4 538 351.3	4 538 351.3	4 538 351.3	4 538 351.3	4 538 351.3
1.1.2	增值税销项税额						462 911.8	694 367.7	771 519.7	771 519.7	771 519.7	771 519.7	771 519.7	771 519.7
1.1.3	补贴收入													
1.1.4	其他流入													
1.2	现金流出						2 411 784.4	3 573 303.1	3 963 853.3	3 973 459.5	3 983 065.7	3 993 661.9	4 003 268.2	4 012 874.4
1.2.1	经营成本						1 820 233.9	2 511 199.0	2 736 982.3	2 736 982.3	2 736 982.3	2 736 982.3	2 736 982.3	2 736 982.3
1.2.2	增值税进项税额						184 172.5	276 258.7	306 954.1	306 954.1	306 954.1	306 954.1	306 954.1	306 954.1
1.2.3	销售税金及附加						30 661.3	45 992.0	51 102.2	51 102.2	51 102.2	51 102.2	51 102.2	51 102.2
1.2.4	增值税						278 739.4	418 109.1	464 565.6	464 565.6	464 565.6	464 565.6	464 565.6	464 565.6
1.2.5	所得税						97 977.4	321 744.4	404 249.0	413 855.3	423 461.5	434 057.7	443 663.9	453 270.2
1.2.6	其他流出													
2	投资活动净现金流量(2.1 -2.2)													
2.1	现金流入													
2.2	现金流出													

续附表 12-7

序号	项目	合计	计算期											
			1	2	3	4	5	6	7	8	9	10	11	12
2.2.1	建设投资													
2.2.2	维持运营投资													
2.2.3	流动资金													
2.2.4	其他流出													
3	筹资活动净现金流量（3.1－3.2）		951 300.0	2 473 380.0	3 932 040.0	4 312 560.0	3 012 425.5	2 179 318.1	1 584 233.5	1 104 492.6	640 399.1	177 496.7	－286 596.7	－750 690.1
3.1	现金流入		968 765.9	2 543 243.5	4 077 588.9	4 522 150.4	3 766 671.3	3 319 575.0	2 848 176.5	2 356 878.9	1 881 228.9	1 405 578.9	929 928.9	454 278.9
3.1.1	项目资本金投入		397 985.9	830 903.5	1 033 428.9	716 950.4	131 136.4	47 907.0	15 647.5					
3.1.2	建设投资借款		570 780.0	1 712 340.0	3 044 160.0	3 805 200.0	3 329 550.0	2 853 900.0	2 378 250.0	1 902 600.0	1 426 950.0	951 300.0	475 650.0	
3.1.3	流动资金借款						305 984.9	417 768.0	454 278.9	454 278.9	454 278.9	454 278.9	454 278.9	454 278.9
3.1.4	债券													
3.1.5	短期借款													
3.1.6	其他流入													
3.2	现金流出		17 465.9	69 863.5	145 548.9	209 590.4	754 245.8	1 140 256.9	1 263 942.9	1 252 386.4	1 240 829.8	1 228 082.2	1 216 525.6	1 204 969.0
3.2.1	各种利息支出		17 465.9	69 863.5	145 548.9	209 590.4	249 952.2	227 079.9	200 007.4	170 897.7	141 787.9	112 678.1	83 568.3	54 458.5
3.2.2	偿还债务本金						475 650.0	475 650.0	475 650.0	475 650.0	475 650.0	475 650.0	475 650.0	475 650.0
3.2.3	应付利润(股利分配)						28 643.6	437 527.0	588 285.5	605 838.7	623 391.9	639 754.1	657 307.3	674 860.5
3.2.4	其他流出													
4	净现金流量(盈余资金)（1＋2＋3）		951 300.0	2 473 380.0	3 932 040.0	4 312 560.0	3 786 563.7	3 384 898.9	2 930 251.3	2 440 904.1	1 967 204.4	1 493 705.8	1 020 006.1	546 306.5
5	累计盈余资金		951 300.0	3 424 680.0	7 356 720.0	11 669 280.0	15 455 843.7	18 840 742.6	21 770 993.8	24 211 897.9	26 179 102.4	27 672 808.2	28 692 814.3	29 239 120.8

续附表 12-7

序号	项目	计算期											
		13	14	15	16	17	18	19	20	21	22	23	24
1	经营活动净现金流量(1.1－1.2)	1 287 390.4	1 287 390.4	1 287 390.4	1 287 390.4	1 287 390.4	1 287 390.4	1 287 390.4	1 287 390.4	1 287 390.4	1 287 390.4	1 287 390.4	1 287 390.4
1.1	现金流入	5 309 871.0	5 309 871.0	5 309 871.0	5 309 871.0	5 309 871.0	5 309 871.0	5 309 871.0	5 309 871.0	5 309 871.0	5 309 871.0	5 309 871.0	5 309 871.0
1.1.1	营业收入	4 538 351.3	4 538 351.3	4 538 351.3	4 538 351.3	4 538 351.3	4 538 351.3	4 538 351.3	4 538 351.3	4 538 351.3	4 538 351.3	4 538 351.3	4 538 351.3
1.1.2	增值税销项税额	771 519.7	771 519.7	771 519.7	771 519.7	771 519.7	771 519.7	771 519.7	771 519.7	771 519.7	771 519.7	771 519.7	771 519.7
1.1.3	补贴收入												
1.1.4	其他流入												
1.2	现金流出	4 022 480.6	4 022 480.6	4 022 480.6	4 022 480.6	4 022 480.6	4 022 480.6	4 022 480.6	4 022 480.6	4 022 480.6	4 022 480.6	4 022 480.6	4 022 480.6
1.2.1	经营成本	2 736 982.3	2 736 982.3	2 736 982.3	2 736 982.3	2 736 982.3	2 736 982.3	2 736 982.3	2 736 982.3	2 736 982.3	2 736 982.3	2 736 982.3	2 736 982.3
1.2.2	增值税进项税额	306 954.1	306 954.1	306 954.1	306 954.1	306 954.1	306 954.1	306 954.1	306 954.1	306 954.1	306 954.1	306 954.1	306 954.1
1.2.3	销售税金及附加	51 102.2	51 102.2	51 102.2	51 102.2	51 102.2	51 102.2	51 102.2	51 102.2	51 102.2	51 102.2	51 102.2	51 102.2
1.2.4	增值税	464 565.6	464 565.6	464 565.6	464 565.6	464 565.6	464 565.6	464 565.6	464 565.6	464 565.6	464 565.6	464 565.6	464 565.6
1.2.5	所得税	462 876.4	462 876.4	462 876.4	462 876.4	462 876.4	462 876.4	462 876.4	462 876.4	462 876.4	462 876.4	462 876.4	462 876.4
1.2.6	其他流出												
2	投资活动净现金流量(2.1－2.2)												
2.1	现金流入												
2.2	现金流出												
2.2.1	建设投资												
2.2.2	维持运营投资												
2.2.3	流动资金												
2.2.4	其他流出												

续附表 12-7

序号	项目	计算期											
		13	14	15	16	17	18	19	20	21	22	23	24
3	筹资活动净现金流量(3.1－3.2)	-416 871.3	-416 871.3	-416 871.3	-416 871.3	-416 871.3	-416 871.3	-416 871.3	-416 871.3	-416 871.3	-416 871.3	-416 871.3	-416 871.3
3.1	现金流入	454 278.9	454 278.9	454 278.9	454 278.9	454 278.9	454 278.9	454 278.9	454 278.9	454 278.9	454 278.9	454 278.9	
3.1.1	项目资本金投入												
3.1.2	建设投资借款												
3.1.3	流动资金借款	454 278.9	454 278.9	454 278.9	454 278.9	454 278.9	454 278.9	454 278.9	454 278.9	454 278.9	454 278.9	454 278.9	
3.1.4	债券												
3.1.5	短期借款												
3.1.6	其他流入												
3.2	现金流出	871 150.2	871 150.2	871 150.2	871 150.2	871 150.2	871 150.2	871 150.2	871 150.2	871 150.2	871 150.2	871 150.2	833 111.5
3.2.1	各种利息支出	25 348.8	25 348.8	25 348.8	25 348.8	25 348.8	25 348.8	25 348.8	25 348.8	25 348.8	25 348.8	25 348.8	25 348.8
3.2.2	偿还债务本金												
3.2.3	应付利润(股利分配)	845 801.4	845 801.4	845 801.4	845 801.4	845 801.4	845 801.4	845 801.4	845 801.4	845 801.4	845 801.4	845 801.4	807 762.7
3.2.4	其他流出												
4	净现金流量(盈余资金)(1＋2＋3)	870 519.1	870 519.1	870 519.1	870 519.1	870 519.1	870 519.1	870 519.1	870 519.1	870 519.1	870 519.1	870 519.1	454 278.9
5	累计盈余资金	30 109 639.9	3 098 0159.0	31 850 678.2	32 721 197.3	33 591 716.4	34 462 235.5	35 332 754.6	36 263 273.8	37 073 792.1	37 944 312.0	3 881 483.1	39 269 110.0

附表 12-8　财务分析辅助报表 1——建设投资估算表

序号	项目名称	估算价值(万元)				
		建筑工程	安装工程	设备	其他	合计
1	料场及原料运输	11 000.0	4 000.0	100 000.0		115 000.0
2	(2×600 m^2)烧结	57 000.0	13 000.0	86 000.0		156 000.0
3	球团	8 000.0	4 000.0	19 000.0		31 000.0
4	(4×60 孔)焦炉	188 000.0	18 000.0	194 000.0		400 000.0
5	压差发电系统	5 000.0	2 000.0	11 000.0		18 000.0
6	白灰窑	3 000.0	2 000.0	10 000.0		15 000.0
7	(2×5 500 m^3)高炉炼铁系统	182 000.0	38 000.0	310 000.0		530 000.0
8	废钢加工	6 000.0	1 000.0	9 000.0		16 000.0
9	(1×300 t+3×300 t)转炉炼钢系统	144 000.0	22 000.0	254 000.0		420 000.0
10	(2×2 流)常规板坯连铸系统	26 000.0	6 000.0	96 000.0		128 000.0
11	(2×2 流)常规板坯连铸系统	20 000.0	5 000.0	103 000.0		128 000.0
12	2 250 mm 热连轧系统	72 000.0	35 000.0	320 000.0		427 000.0
13	1 780 mm 热连轧系统	58 000.0	30 000.0	256 000.0		344 000.0
14	2 230 mm 冷连轧系统	98 000.0	42 000.0	533 000.0		673 000.0
15	1 700 mm 冷连轧系统	86 000.0	34 000.0	410 000.0		530 000.0
16	1 550 mm 冷连轧系统	54 000.0	19 000.0	207 000.0		280 000.0
17	冷轧硅钢轧机车间	61 000.0	52 000.0	227 000.0		340 000.0
18	全场公用与辅助设施	301 000.0	65 000.0	474 000.0		840 000.0
19	总图运输设施	140 000.0	0.0	0.0		140 000.0
20	厂区土方工程及地基处理	180 000.0	0.0	0.0		180 000.0
	合计(1 ~ 20)	1 700 000.0	392 000.0	3 619 000.0		5 711 000.0
21	工程建设其他费用(含摊销费 15 000.0 万元)				343 000.0	343 000.0
22	预备费				303 000.0	303 000.0
	建设投资合计(1 ~ 22)	1 700 000.0	392 000.0	3 619 000.0	646 000.0	6 357 000.0

附表 12-9　财务分析辅助报表 2——项目总投资使用计划与资金筹措表

（单位：万元，万美元）

序号	项目	合　计			1			2			3		
		人民币	外币	小计	人民币	外币	小计	人民币	外币	小计	人民币	外币	小计
1	总投资	7 433 438.5			968 765.9			1 972 463.5			2 365 248.9		
1.1	建设投资	6 342 000.0			951 300.0			1 902 600.0			2 219 700.0		
1.2	建设期利息	442 468.7			17 465.9			69 863.5			145 548.9		
1.3	流动资金	648 969.9											
2	资金筹措	7 433 438.5			968 765.9			1 972 463.5			2 365 248.9		
2.1	项目资本金	3 173 959.6			397 985.9			830 903.5			1 033 428.9		
2.1.1	用于建设投资	2 536 800.0			380 520.0			761 040.0			887 880.0		
2.1.2	用于流动资金	194 691.0											
2.1.3	用于建设期利息	442 468.7			17 465.9			69 863.5			145 548.9		
2.2	债务资金	4 259 478.9			570 780.0			1 141 560.0			1 331 820.0		
2.2.1	用于建设投资	3 805 200.0			570 780.0			1 141 560.0			1 331 820.0		
	C 贷款额	3 805 200.0			570 780.0			1 141 560.0			1 331 820.0		
	D 贷款额												
2.2.2	用于建设期利息												
2.2.3	用于流动资金	454 278.9											

续附表 12-9

序号	项目	4			5			6			7		
		人民币	外币	小计	人民币	外币	小计	人民币	外币	小计	人民币	外币	小计
1	总投资	1 477 990.4			437 121.3			159 690.1			52 158.5		
1.1	建设投资	1 268 400.0											
1.2	建设期利息	209 590.4											
1.3	流动资金				437 121.3			159 690.1			52 158.5		
2	资金筹措	1 477 990.4			437 121.3			159 690.1			52 158.5		
2.1	项目资本金	716 950.4			131 136.4			47 907.0			15 647.5		
2.1.1	用于建设投资	507 360.0											
2.1.2	用于流动资金				131 136.4			47 907.0			15 647.5		
2.1.3	用于建设期利息	209 590.4											
2.2	债务资金	761 040.0			305 984.9			111 783.1			36 510.9		
2.2.1	用于建设投资	761 040.0											
	C 贷款额	761 040.0											
	D 贷款额												
2.2.2	用于建设期利息												
2.2.3	用于流动资金				305 984.9			111 783.1			36 510.9		

附表 12-10 财务分析辅助报表 3——流动资金估算表

（单位:万元）

序号	项目	周转次数	计算期											
			1	2	3	4	5	6	7	8	9	10	11	12
1	流动资产						566 342.7	790 893.5	864 672.3	864 672.3	864 672.3	864 672.3	864 672.3	864 672.3
1.1	应收账款	10.3					194 872.8	271 002.8	295 938.3	295 938.3	295 938.3	295 938.3	295 938.3	295 938.3
1.2	存货						330 973.5	477 408.8	525 968.4	525 968.4	525 968.4	525 968.4	525 968.4	525 968.4
1.2.1	原材料	8.0					99 789.0	149 683.5	166 315.0	166 315.0	166 315.0	166 315.0	166 315.0	166 315.0
1.2.2	辅助材料	14.4					13 997.3	20 996.0	23 328.8	23 328.8	23 328.8	23 328.8	23 328.8	23 328.8
1.2.3	燃料	18.0					28 809.8	43 214.7	48 016.4	48 016.4	48 016.4	48 016.4	48 016.4	48 016.4
1.2.4	在产品	24.0					77 021.5	108 655.9	119 200.7	119 200.7	119 200.7	119 200.7	119 200.7	119 200.7
1.2.5	产成品	18.0					111 355.9	154 858.8	169 107.6	169 107.6	169 107.6	169 107.6	169 107.6	169 107.6
1.3	现金	12.0					40 496.4	42 481.9	42 765.5	42 765.5	42 765.5	42 765.5	42 765.5	42 765.5
1.4	预付账款													
2	流动负债						129 721.4	194 582.1	216 202.4	216 202.4	216 202.4	216 202.4	216 202.4	216 202.4
2.1	应付账款	10.3					129 721.4	194 582.1	216 202.4	216 202.4	216 202.4	216 202.4	216 202.4	216 202.4
2.2	预收账款													
3	流动资金 1－2						436 621.3	596 311.4	648 469.9	648 469.9	648 469.9	648 469.9	648 469.9	648 469.9
4	流动资金当期增加额	648 469.9					648 469.9	159 690.1	52 158.5					

续附表 12-10

序号	项目	计算期											
		13	14	15	16	17	18	19	20	21	22	23	24
1	流动资产	864 672.3	864 672.3	864 672.3	864 672.3	864 672.3	864 672.3	864 672.3	864 672.3	864 672.3	864 672.3	864 672.3	864 672.3
1.1	应收账款	295 938.3	295 938.3	295 938.3	295 938.3	295 938.3	295 938.3	295 938.3	295 938.3	295 938.3	295 938.3	295 938.3	295 938.3
1.2	存货	525 968.4	525 968.4	525 968.4	525 968.4	525 968.4	525 968.4	525 968.4	525 968.4	525 968.4	525 968.4	525 968.4	525 968.4
1.2.1	原材料	166 315.0	166 315.0	166 315.0	166 315.0	166 315.0	166 315.0	166 315.0	166 315.0	166 315.0	166 315.0	166 315.0	166 315.0
1.2.2	辅助材料	23 328.8	23 328.8	23 328.8	23 328.8	23 328.8	23 328.8	23 328.8	23 328.8	23 328.8	23 328.8	23 328.8	23 328.8
1.2.3	燃料	48 016.4	48 016.4	48 016.4	48 016.4	48 016.4	48 016.4	48 016.4	48 016.4	48 016.4	48 016.4	48 016.4	48 016.4
1.2.4	在产品	119 200.7	119 200.7	119 200.7	119 200.7	119 200.7	119 200.7	119 200.7	119 200.7	119 200.7	119 200.7	119 200.7	119 200.7
1.2.5	产成品	169 107.6	169 107.6	169 107.6	169 107.6	169 107.6	169 107.6	169 107.6	169 107.6	169 107.6	169 107.6	169 107.6	169 107.6
1.3	现金	42 765.5	42 765.5	42 765.5	42 765.5	42 765.5	42 765.5	42 765.5	42 765.5	42 765.5	42 765.5	42 765.5	42 765.5
1.4	预付账款												
2	流动负债	216 202.4	216 202.4	216 202.4	216 202.4	216 202.4	216 202.4	216 202.4	216 202.4	216 202.4	216 202.4	216 202.4	216 202.4
2.1	应付账款	216 202.4	216 202.4	216 202.4	216 202.4	216 202.4	216 202.4	216 202.4	216 202.4	216 202.4	216 202.4	216 202.4	216 202.4
2.2	预收账款												
3	流动资金 1 - 2	648 469.9	648 469.9	648 469.9	648 469.9	648 469.9	648 469.9	648 469.9	648 469.9	648 469.9	648 469.9	648 469.9	648 469.9
4	流动资金当期增加额												

附录　复利系数表

复利系数表 1($i=1\%$)

n	$(F/P,i,n)$	$(P/F,i,n)$	$(F/A,i,n)$	$(A/F,i,n)$	$(A/P,i,n)$	$(P/A,i,n)$	$(F/G,i,n)$	$(A/G,i,n)$	n
1	1.010 0	0.990 1	1.000 0	1.000 0	1.010 0	0.990 1	0.000 0	0.000 0	1
2	1.020 1	0.980 3	2.010 0	0.497 5	0.507 5	1.970 4	1.000 0	0.497 5	2
3	1.030 3	0.970 6	3.030 1	0.330 0	0.340 0	2.941 0	3.010 0	0.993 4	3
4	1.040 6	0.961 0	4.060 4	0.246 3	0.256 3	3.902 0	6.040 1	1.487 6	4
5	1.051 0	0.951 5	5.101 0	0.196 0	0.206 0	4.853 4	10.100 5	1.980 1	5
6	1.061 5	0.942 0	6.152 0	0.162 5	0.172 5	5.795 5	15.201 5	2.471 0	6
7	1.072 1	0.932 7	7.213 5	0.138 6	0.148 6	6.728 2	21.353 5	2.960 2	7
8	1.082 9	0.923 5	8.285 7	0.120 7	0.130 7	7.651 7	28.567 1	3.447 8	8
9	1.093 7	0.914 3	9.368 5	0.106 7	0.116 7	8.566 0	36.852 7	3.933 7	9
10	1.104 6	0.905 3	10.462 2	0.095 6	0.105 6	9.471 3	46.221 3	4.417 9	10
11	1.115 7	0.896 3	11.566 8	0.086 5	0.096 5	10.367 6	56.683 5	4.900 5	11
12	1.126 8	0.887 4	12.682 5	0.078 8	0.088 8	11.255 1	68.250 3	5.381 5	12
13	1.138 1	0.878 7	13.809 3	0.072 4	0.082 4	12.133 7	80.932 8	5.860 7	13
14	1.149 5	0.870 0	14.947 4	0.066 9	0.076 9	13.003 7	94.742 1	6.338 4	14
15	1.161 0	0.861 3	16.096 9	0.062 1	0.072 1	13.865 1	109.689 6	6.814 3	15
16	1.172 6	0.852 8	17.257 9	0.057 9	0.067 9	14.717 9	125.786 4	7.288 6	16
17	1.184 3	0.844 4	18.430 4	0.054 3	0.064 3	15.562 3	143.044 3	7.761 3	17
18	1.196 1	0.836 0	19.614 7	0.051 0	0.061 0	16.398 3	161.474 8	8.232 3	18
19	1.208 1	0.827 7	20.810 9	0.048 1	0.058 1	17.226 0	181.089 5	8.701 7	19
20	1.220 2	0.819 5	22.019 0	0.045 4	0.055 4	18.045 6	201.900 4	9.169 4	20
21	1.232 4	0.811 4	23.239 2	0.043 0	0.053 0	18.857 0	223.919 4	9.635 4	21
22	1.244 7	0.803 4	24.471 6	0.040 9	0.050 9	19.660 4	247.158 6	10.099 8	22
23	1.257 2	0.795 4	25.716 3	0.038 9	0.048 9	20.455 8	271.630 2	10.562 6	23
24	1.269 7	0.787 6	26.973 5	0.037 1	0.047 1	21.243 4	297.346 5	11.023 7	24
25	1.282 4	0.779 8	28.243 2	0.035 4	0.045 4	22.023 2	324.320 0	11.483 1	25
26	1.295 3	0.772 0	29.525 6	0.033 9	0.043 9	22.795 2	352.563 1	11.940 9	26
27	1.308 2	0.764 4	30.820 9	0.032 4	0.042 4	23.559 6	382.088 8	12.397 1	27
28	1.321 3	0.756 8	32.129 1	0.031 1	0.041 1	24.316 4	412.909 7	12.851 6	28
29	1.334 5	0.749 3	33.450 4	0.029 9	0.039 9	25.065 8	445.038 8	13.304 4	29
30	1.347 8	0.741 9	34.784 9	0.028 7	0.038 7	25.807 7	478.489 2	13.755 7	30
35	1.416 6	0.705 9	41.660 3	0.024 0	0.034 0	29.408 6	666.027 6	15.987 1	35
40	1.488 9	0.671 7	48.886 4	0.020 5	0.030 5	32.834 7	888.637 3	18.177 6	40
45	1.564 8	0.639 1	56.481 1	0.017 7	0.027 7	36.094 5	1 148.107 5	20.327 3	45
50	1.644 6	0.608 0	64.463 2	0.015 5	0.025 5	39.196 1	1 446.318 2	22.436 3	50

复利系数表2($i=2\%$)

n	$(F/P,i,n)$	$(P/F,i,n)$	$(F/A,i,n)$	$(A/F,i,n)$	$(A/P,i,n)$	$(P/A,i,n)$	$(F/G,i,n)$	$(A/G,i,n)$	n
1	1.020 0	0.980 4	1.000 0	1.000 0	1.020 0	0.980 4	0.000 0	0.000 0	1
2	1.040 4	0.961 2	2.020 0	0.495 0	0.515 0	1.941 6	1.000 0	0.495 0	2
3	1.061 2	0.942 3	3.060 4	0.326 8	0.346 8	2.883 9	3.020 0	0.986 8	3
4	1.082 4	0.923 8	4.121 6	0.242 6	0.262 6	3.807 7	6.080 4	1.475 2	4
5	1.104 1	0.905 7	5.204 0	0.192 2	0.212 2	4.713 5	10.202 0	1.960 4	5
6	1.126 2	0.888 0	6.308 1	0.158 5	0.178 5	5.601 4	15.406 0	2.442 3	6
7	1.148 7	0.870 6	7.434 3	0.134 5	0.154 5	6.472 0	21.714 2	2.920 8	7
8	1.171 7	0.853 5	8.583 0	0.116 5	0.136 5	7.325 5	29.148 5	3.396 1	8
9	1.195 1	0.836 8	9.754 6	0.102 5	0.122 5	8.162 2	37.731 4	3.868 1	9
10	1.219 0	0.820 3	10.949 7	0.091 3	0.111 3	8.982 6	47.486 0	4.336 7	10
11	1.243 4	0.804 3	12.168 7	0.082 2	0.102 2	9.786 8	58.435 8	4.802 1	11
12	1.268 2	0.788 5	13.412 1	0.074 6	0.094 6	10.575 3	70.604 5	5.264 2	12
13	1.293 6	0.773 0	14.680 3	0.068 1	0.088 1	11.348 4	84.016 6	5.723 1	13
14	1.319 5	0.757 9	15.973 9	0.062 6	0.082 6	12.106 2	98.696 9	6.178 6	14
15	1.345 9	0.743 0	17.293 4	0.057 8	0.077 8	12.849 3	114.670 8	6.630 9	15
16	1.372 8	0.728 4	18.639 3	0.053 7	0.073 7	13.577 7	131.964 3	7.079 9	16
17	1.400 2	0.714 2	20.012 1	0.050 0	0.070 0	14.291 9	150.603 5	7.525 6	17
18	1.428 2	0.700 2	21.412 3	0.046 7	0.066 7	14.992 0	170.615 6	7.968 1	18
19	1.456 8	0.686 4	22.840 6	0.043 8	0.063 8	15.678 5	192.027 9	8.407 3	19
20	1.485 9	0.673 0	24.297 4	0.041 2	0.061 2	16.351 4	214.868 5	8.843 3	20
21	1.515 7	0.659 8	25.783 3	0.038 8	0.058 8	17.011 2	239.165 9	9.276 0	21
22	1.546 0	0.646 8	27.299 0	0.036 6	0.056 6	17.658 0	264.949 2	9.705 5	22
23	1.576 9	0.634 2	28.845 0	0.034 7	0.054 7	18.292 2	292.248 2	10.131 7	23
24	1.608 4	0.621 7	30.421 9	0.032 9	0.052 9	18.913 9	321.093 1	10.554 7	24
25	1.640 6	0.609 5	32.030 3	0.031 2	0.051 2	19.523 5	351.515 0	10.974 5	25
26	1.673 4	0.597 6	33.670 9	0.029 7	0.049 7	20.121 0	383.545 3	11.391 0	26
27	1.706 9	0.585 9	35.344 3	0.028 3	0.048 3	20.706 9	417.216 2	11.804 3	27
28	1.741 0	0.574 4	37.051 2	0.027 0	0.047 0	21.281 3	452.560 5	12.214 5	28
29	1.775 8	0.563 1	38.792 2	0.025 8	0.045 8	21.844 4	489.611 7	12.621 4	29
30	1.811 4	0.552 1	40.568 1	0.024 6	0.044 6	22.396 5	528.404 0	13.025 1	30
35	1.999 9	0.500 0	49.994 5	0.020 0	0.040 0	24.998 6	749.723 9	14.996 1	35
40	2.208 0	0.452 9	60.402 0	0.016 6	0.036 6	27.355 5	1 020.099 2	16.888 5	40
45	2.437 9	0.410 2	71.892 7	0.013 9	0.033 9	29.490 2	1 344.635 5	18.703 4	45
50	2.691 6	0.371 5	84.579 4	0.011 8	0.031 8	31.423 6	1 728.970 1	20.442 0	50

复利系数表3($i=3\%$)

n	$(F/P,i,n)$	$(P/F,i,n)$	$(F/A,i,n)$	$(A/F,i,n)$	$(A/P,i,n)$	$(P/A,i,n)$	$(F/G,i,n)$	$(A/G,i,n)$	n
1	1.030 0	0.970 9	1.000 0	1.000 0	1.030 0	0.970 9	0.000 0	0.000 0	1
2	1.060 9	0.942 6	2.030 0	0.492 6	0.522 6	1.913 5	1.000 0	0.492 6	2
3	1.092 7	0.915 1	3.090 9	0.323 5	0.353 5	2.828 6	3.030 0	0.980 3	3
4	1.125 5	0.888 5	4.183 6	0.239 0	0.269 0	3.717 1	6.120 9	1.463 1	4
5	1.159 3	0.862 6	5.309 1	0.188 4	0.218 4	4.579 7	10.304 5	1.940 9	5
6	1.194 1	0.837 5	6.468 4	0.154 6	0.184 6	5.417 2	15.613 7	2.413 8	6
7	1.229 9	0.813 1	7.662 5	0.130 5	0.160 5	6.230 3	22.082 1	2.881 9	7
8	1.266 8	0.789 4	8.892 3	0.112 5	0.142 5	7.019 7	29.744 5	3.345 0	8
9	1.304 8	0.766 4	10.159 1	0.098 4	0.128 4	7.786 1	38.636 9	3.803 2	9
10	1.343 9	0.744 1	11.463 9	0.087 2	0.117 2	8.530 2	48.796 0	4.256 5	10
11	1.384 2	0.722 4	12.807 8	0.078 1	0.108 1	9.252 6	60.259 9	4.704 9	11
12	1.425 8	0.701 4	14.192 0	0.070 5	0.100 5	9.954 0	73.067 7	5.148 5	12
13	1.468 5	0.681 0	15.617 8	0.064 0	0.094 0	10.635 0	87.259 7	5.587 2	13
14	1.512 6	0.661 1	17.086 3	0.058 5	0.088 5	11.296 1	102.877 5	6.021 0	14
15	1.558 0	0.641 9	18.598 9	0.053 8	0.083 8	11.937 9	119.963 8	6.450 0	15
16	1.604 7	0.623 2	20.156 9	0.049 6	0.079 6	12.561 1	138.562 7	6.874 2	16
17	1.652 8	0.605 0	21.761 6	0.046 0	0.076 0	13.166 1	158.719 6	7.293 6	17
18	1.702 4	0.587 4	23.414 4	0.042 7	0.072 7	13.753 5	180.481 2	7.708 1	18
19	1.753 5	0.570 3	25.116 9	0.039 8	0.069 8	14.323 8	203.895 6	8.117 9	19
20	1.806 1	0.553 7	26.870 4	0.037 2	0.067 2	14.877 5	229.012 5	8.522 9	20
21	1.860 3	0.537 5	28.676 5	0.034 9	0.064 9	15.415 0	255.882 9	8.923 1	21
22	1.916 1	0.521 9	30.536 8	0.032 7	0.062 7	15.936 9	284.559 3	9.318 6	22
23	1.973 6	0.506 7	32.452 9	0.030 8	0.060 8	16.443 6	315.096 1	9.709 3	23
24	2.032 8	0.491 9	34.426 5	0.029 0	0.059 0	16.935 5	347.549 0	10.095 4	24
25	2.093 8	0.477 6	36.459 3	0.027 4	0.057 4	17.413 1	381.975 5	10.476 8	25
26	2.156 6	0.463 7	38.553 0	0.025 9	0.055 9	17.876 8	418.434 7	10.853 5	26
27	2.221 3	0.450 2	40.709 6	0.024 6	0.054 6	18.327 0	456.987 8	11.225 5	27
28	2.287 9	0.437 1	42.930 9	0.023 3	0.053 3	18.764 1	497.697 4	11.593 0	28
29	2.356 6	0.424 3	45.218 9	0.022 1	0.052 1	19.188 5	540.628 3	11.955 8	29
30	2.427 3	0.412 0	47.575 4	0.021 0	0.051 0	19.600 4	585.847 2	12.314 1	30
35	2.813 9	0.355 4	60.462 1	0.016 5	0.046 5	21.487 2	848.736 1	14.037 5	35
40	3.262 0	0.306 6	75.401 3	0.013 3	0.043 3	23.114 8	1 180.042 0	15.650 2	40
45	3.781 6	0.264 4	92.719 9	0.010 8	0.040 8	24.518 7	1 590.662 0	17.155 6	45
50	4.383 9	0.228 1	112.796 9	0.008 9	0.038 9	25.729 8	2 093.228 9	18.557 5	50

复利系数表 4($i=4\%$)

n	$(F/P,i,n)$	$(P/F,i,n)$	$(F/A,i,n)$	$(A/F,i,n)$	$(A/P,i,n)$	$(P/A,i,n)$	$(F/G,i,n)$	$(A/G,i,n)$	n
1	1.040 0	0.961 5	1.000 0	1.000 0	1.040 0	0.961 5	0.000 0	0.000 0	1
2	1.081 6	0.924 6	2.040 0	0.490 2	0.530 2	1.886 1	1.000 0	0.490 2	2
3	1.124 9	0.889 0	3.121 6	0.320 3	0.360 3	2.775 1	3.040 0	0.973 9	3
4	1.169 9	0.854 8	4.246 5	0.235 5	0.275 5	3.629 9	6.161 6	1.451 0	4
5	1.216 7	0.821 9	5.416 3	0.184 6	0.224 6	4.451 8	10.408 1	1.921 6	5
6	1.265 3	0.790 3	6.633 0	0.150 8	0.190 8	5.242 1	15.824 4	2.385 7	6
7	1.315 9	0.759 9	7.898 3	0.126 6	0.166 6	6.002 1	22.457 4	2.843 3	7
8	1.368 6	0.730 7	9.214 2	0.108 5	0.148 5	6.732 7	30.355 7	3.294 4	8
9	1.423 3	0.702 6	10.582 8	0.094 5	0.134 5	7.435 3	39.569 9	3.739 1	9
10	1.480 2	0.675 6	12.006 1	0.083 3	0.123 3	8.110 9	50.152 7	4.177 3	10
11	1.539 5	0.649 6	13.486 4	0.074 1	0.114 1	8.760 5	62.158 8	4.609 0	11
12	1.601 0	0.624 6	15.025 8	0.066 6	0.106 6	9.385 1	75.645 1	5.034 3	12
13	1.665 1	0.600 6	16.626 8	0.060 1	0.100 1	9.985 6	90.670 9	5.453 3	13
14	1.731 7	0.577 5	18.291 9	0.054 7	0.094 7	10.563 1	107.297 8	5.865 9	14
15	1.800 9	0.555 3	20.023 6	0.049 9	0.089 9	11.118 4	125.589 7	6.272 1	15
16	1.873 0	0.533 9	21.824 5	0.045 8	0.085 8	11.652 3	145.613 3	6.672 0	16
17	1.947 9	0.513 4	23.697 5	0.042 2	0.082 2	12.165 7	167.437 8	7.065 6	17
18	2.025 8	0.493 6	25.645 4	0.039 0	0.079 0	12.659 3	191.135 3	7.453 0	18
19	2.106 8	0.474 6	27.671 2	0.036 1	0.076 1	13.133 9	216.780 7	7.834 2	19
20	2.191 1	0.456 4	29.778 1	0.033 6	0.073 6	13.590 3	244.452 0	8.209 1	20
21	2.278 8	0.438 8	31.969 2	0.031 3	0.071 3	14.029 2	274.230 0	8.577 9	21
22	2.369 9	0.422 0	34.248 0	0.029 2	0.069 2	14.451 1	306.199 2	8.940 7	22
23	2.464 7	0.405 7	36.617 9	0.027 3	0.067 3	14.856 8	340.447 2	9.297 3	23
24	2.563 3	0.390 1	39.082 6	0.025 6	0.065 6	15.247 0	377.065 1	9.647 9	24
25	2.665 8	0.375 1	41.645 9	0.024 0	0.064 0	15.622 1	416.147 7	9.992 5	25
26	2.772 5	0.360 7	44.311 7	0.022 6	0.062 6	15.982 8	457.793 6	10.331 2	26
27	2.883 4	0.346 8	47.084 2	0.021 2	0.061 2	16.329 6	502.105 4	10.664 0	27
28	2.998 7	0.333 5	49.967 6	0.020 0	0.060 0	16.663 1	549.189 6	10.990 9	28
29	3.118 7	0.320 7	52.966 3	0.018 9	0.058 9	16.983 7	599.157 2	11.312 0	29
30	3.243 4	0.308 3	56.084 9	0.017 8	0.057 8	17.292 0	652.123 4	11.627 4	30
35	3.946 1	0.253 4	73.652 2	0.013 6	0.053 6	18.664 6	966.305 6	13.119 8	35
40	4.801 0	0.208 3	95.025 5	0.010 5	0.050 5	19.792 8	1 375.637 9	14.476 5	40
45	5.841 2	0.171 2	121.029 4	0.008 3	0.048 3	20.720 0	1 900.734 8	15.704 7	45
50	7.106 7	0.140 7	152.667 1	0.006 6	0.046 6	21.482 2	2 566.677 1	16.812 2	50

复利系数表 5（$i=5\%$）

n	$(F/P,i,n)$	$(P/F,i,n)$	$(F/A,i,n)$	$(A/F,i,n)$	$(A/P,i,n)$	$(P/A,i,n)$	$(F/G,i,n)$	$(A/G,i,n)$	n
1	1.050 0	0.952 4	1.000 0	1.000 0	1.050 0	0.952 4	0.000 0	0.000 0	1
2	1.102 5	0.907 0	2.050 0	0.487 8	0.537 8	1.859 4	1.000 0	0.487 8	2
3	1.157 6	0.863 8	3.152 5	0.317 2	0.367 2	2.723 2	3.050 0	0.967 5	3
4	1.215 5	0.822 7	4.310 1	0.232 0	0.282 0	3.546 0	6.202 5	1.439 1	4
5	1.276 3	0.783 5	5.525 6	0.181 0	0.231 0	4.329 5	10.512 6	1.902 5	5
6	1.340 1	0.746 2	6.801 9	0.147 0	0.197 0	5.075 7	16.038 3	2.357 9	6
7	1.407 1	0.710 7	8.142 0	0.122 8	0.172 8	5.786 4	22.840 2	2.805 2	7
8	1.477 5	0.676 8	9.549 1	0.104 7	0.154 7	6.463 2	30.982 2	3.244 5	8
9	1.551 3	0.644 6	11.026 6	0.090 7	0.140 7	7.107 8	40.531 3	3.675 8	9
10	1.628 9	0.613 9	12.577 9	0.079 5	0.129 5	7.721 7	51.557 9	4.099 1	10
11	1.710 3	0.584 7	14.206 8	0.070 4	0.120 4	8.306 4	64.135 7	4.514 4	11
12	1.795 9	0.556 8	15.917 1	0.062 8	0.112 8	8.863 3	78.342 5	4.921 9	12
13	1.885 6	0.530 3	17.713 0	0.056 5	0.106 5	9.393 6	94.259 7	5.321 5	13
14	1.979 9	0.505 1	19.598 6	0.051 0	0.101 0	9.898 6	111.972 6	5.713 3	14
15	2.078 9	0.481 0	21.578 6	0.046 3	0.096 3	10.379 7	131.571 3	6.097 3	15
16	2.182 9	0.458 1	23.657 5	0.042 3	0.092 3	10.837 8	153.149 8	6.473 6	16
17	2.292 0	0.436 3	25.840 4	0.038 7	0.088 7	11.274 1	176.807 3	6.842 3	17
18	2.406 6	0.415 5	28.132 4	0.035 5	0.085 5	11.689 6	202.647 7	7.203 4	18
19	2.527 0	0.395 7	30.539 0	0.032 7	0.082 7	12.085 3	230.780 1	7.556 9	19
20	2.653 3	0.376 9	33.066 0	0.030 2	0.080 2	12.462 2	261.319 1	7.903 0	20
21	2.786 0	0.358 9	35.719 3	0.028 0	0.078 0	12.821 2	294.385 0	8.241 6	21
22	2.925 3	0.341 8	38.505 2	0.026 0	0.076 0	13.163 0	330.104 3	8.573 0	22
23	3.071 5	0.325 6	41.430 5	0.024 1	0.074 1	13.488 6	368.609 5	8.897 1	23
24	3.225 1	0.310 1	44.502 0	0.022 5	0.072 5	13.798 6	410.040 0	9.214 0	24
25	3.386 4	0.295 3	47.727 1	0.021 0	0.071 0	14.093 9	454.542 0	9.523 8	25
26	3.555 7	0.281 2	51.113 5	0.019 6	0.069 6	14.375 2	502.269 1	9.826 6	26
27	3.733 5	0.267 8	54.669 1	0.018 3	0.068 3	14.643 0	553.382 5	10.122 4	27
28	3.920 1	0.255 1	58.402 6	0.017 1	0.067 1	14.898 1	608.051 7	10.411 4	28
29	4.116 1	0.242 9	62.322 7	0.016 0	0.066 0	15.141 1	666.454 2	10.693 6	29
30	4.321 9	0.231 4	66.438 8	0.015 1	0.065 1	15.372 5	728.777 0	10.969 1	30
35	5.516 0	0.181 3	90.320 3	0.011 1	0.061 1	16.374 2	1 106.406 1	12.249 8	35
40	7.040 0	0.142 0	120.799 8	0.008 3	0.058 3	17.159 1	1 615.995 5	13.377 5	40
45	8.985 0	0.111 3	159.700 2	0.006 3	0.056 3	17.774 1	2 294.003 1	14.364 4	45
50	11.467 4	0.087 2	209.348 0	0.004 8	0.054 8	18.255 9	3 186.959 9	15.223 3	50

复利系数表 6($i=6\%$)

n	$(F/P,i,n)$	$(P/F,i,n)$	$(F/A,i,n)$	$(A/F,i,n)$	$(A/P,i,n)$	$(P/A,i,n)$	$(F/G,i,n)$	$(A/G,i,n)$	n
1	1.060 0	0.943 4	1.000 0	1.000 0	1.060 0	0.943 4	0.000 0	0.000 0	1
2	1.123 6	0.890 0	2.060 0	0.485 4	0.545 4	1.833 4	1.000 0	0.485 4	2
3	1.191 0	0.839 6	3.183 6	0.314 1	0.374 1	2.673 0	3.060 0	0.961 2	3
4	1.262 5	0.792 1	4.374 6	0.228 6	0.288 6	3.465 1	6.243 6	1.427 2	4
5	1.338 2	0.747 3	5.637 1	0.177 4	0.237 4	4.212 4	10.618 2	1.883 6	5
6	1.418 5	0.705 0	6.975 3	0.143 4	0.203 4	4.917 3	16.255 3	2.330 4	6
7	1.503 6	0.665 1	8.393 8	0.119 1	0.179 1	5.582 4	23.230 6	2.767 6	7
8	1.593 8	0.627 4	9.897 5	0.101 0	0.161 0	6.209 8	31.624 5	3.195 2	8
9	1.689 5	0.591 9	11.491 3	0.087 0	0.147 0	6.801 7	41.521 9	3.613 3	9
10	1.790 8	0.558 4	13.180 8	0.075 9	0.135 9	7.360 1	53.013 2	4.022 0	10
11	1.898 3	0.526 8	14.971 6	0.066 8	0.126 8	7.886 9	66.194 0	4.421 3	11
12	2.012 2	0.497 0	16.869 9	0.059 3	0.119 3	8.383 8	81.165 7	4.811 3	12
13	2.132 9	0.468 8	18.882 1	0.053 0	0.113 0	8.852 7	98.035 6	5.192 0	13
14	2.260 9	0.442 3	21.015 1	0.047 6	0.107 6	9.295 0	116.917 8	5.563 5	14
15	2.396 6	0.417 3	23.276 0	0.043 0	0.103 0	9.712 2	137.932 8	5.926 0	15
16	2.540 4	0.393 6	25.672 5	0.039 0	0.099 0	10.105 9	161.208 8	6.279 4	16
17	2.692 8	0.371 4	28.212 9	0.035 4	0.095 4	10.477 3	186.881 3	6.624 0	17
18	2.854 3	0.350 3	30.905 7	0.032 4	0.092 4	10.827 6	215.094 2	6.959 7	18
19	3.025 6	0.330 5	33.760 0	0.029 6	0.089 6	11.158 1	245.999 9	7.286 7	19
20	3.207 1	0.311 8	36.785 6	0.027 2	0.087 2	11.469 9	279.759 9	7.605 1	20
21	3.399 6	0.294 2	39.992 7	0.025 0	0.085 0	11.764 1	316.545 4	7.915 1	21
22	3.603 5	0.277 5	43.392 3	0.023 0	0.083 0	12.041 6	356.538 2	8.216 6	22
23	3.819 7	0.261 8	46.995 8	0.021 3	0.081 3	12.303 4	399.930 5	8.509 9	23
24	4.048 9	0.247 0	50.815 6	0.019 7	0.079 7	12.550 4	446.926 3	8.795 1	24
25	4.291 9	0.233 0	54.864 5	0.018 2	0.078 2	12.783 4	497.741 9	9.072 2	25
26	4.549 4	0.219 8	59.156 4	0.016 9	0.076 9	13.003 2	552.606 4	9.341 4	26
27	4.822 3	0.207 4	63.705 8	0.015 7	0.075 7	13.210 5	611.762 8	9.602 9	27
28	5.111 7	0.195 6	68.528 1	0.014 6	0.074 6	13.406 2	675.468 5	9.856 8	28
29	5.418 4	0.184 6	73.639 8	0.013 6	0.073 6	13.590 7	743.996 6	10.103 2	29
30	5.743 5	0.174 1	79.058 2	0.012 6	0.072 6	13.764 8	817.636 4	10.342 2	30
35	7.686 1	0.130 1	111.434 8	0.009 0	0.069 0	14.498 2	1 273.913 0	11.431 9	35
40	10.285 7	0.097 2	154.762 0	0.006 5	0.066 5	15.046 3	1 912.699 4	12.359 0	40
45	13.764 6	0.072 7	212.743 5	0.004 7	0.064 7	15.455 8	2 795.725 2	13.141 3	45
50	18.420 2	0.054 3	290.335 9	0.003 4	0.063 4	15.761 9	4 005.598 4	13.796 4	50

复利系数表 7($i=7\%$)

n	$(F/P,i,n)$	$(P/F,i,n)$	$(F/A,i,n)$	$(A/F,i,n)$	$(A/P,i,n)$	$(P/A,i,n)$	$(F/G,i,n)$	$(A/G,i,n)$	n
1	1.070 0	0.934 6	1.000 0	1.000 0	1.070 0	0.934 6	0.000 0	0.000 0	1
2	1.144 9	0.873 4	2.070 0	0.483 1	0.553 1	1.808 0	1.000 0	0.483 1	2
3	1.225 0	0.816 3	3.214 9	0.311 1	0.381 1	2.624 3	3.070 0	0.954 9	3
4	1.310 8	0.762 9	4.439 9	0.225 2	0.295 2	3.387 2	6.284 9	1.415 5	4
5	1.402 6	0.713 0	5.750 7	0.173 9	0.243 9	4.100 2	10.724 8	1.865 0	5
6	1.500 7	0.666 3	7.153 3	0.139 8	0.209 8	4.766 5	16.475 6	2.303 2	6
7	1.605 8	0.622 7	8.654 0	0.115 6	0.185 6	5.389 3	23.628 9	2.730 4	7
8	1.718 2	0.582 0	10.259 8	0.097 5	0.167 5	5.971 3	32.282 9	3.146 5	8
9	1.838 5	0.543 9	11.978 0	0.083 5	0.153 5	6.515 2	42.542 7	3.551 7	9
10	1.967 2	0.508 3	13.816 4	0.072 4	0.142 4	7.023 6	54.520 7	3.946 1	10
11	2.104 9	0.475 1	15.783 6	0.063 4	0.133 4	7.498 7	68.337 1	4.329 6	11
12	2.252 2	0.444 0	17.888 5	0.055 9	0.125 9	7.942 7	84.120 7	4.702 5	12
13	2.409 8	0.415 0	20.140 6	0.049 7	0.119 7	8.357 7	102.009 2	5.064 8	13
14	2.578 5	0.387 8	22.550 5	0.044 3	0.114 3	8.745 5	122.149 8	5.416 7	14
15	2.759 0	0.362 4	25.129 0	0.039 8	0.109 8	9.107 9	144.700 3	5.758 3	15
16	2.952 2	0.338 7	27.888 1	0.035 9	0.105 9	9.446 6	169.829 3	6.089 7	16
17	3.158 8	0.316 6	30.840 2	0.032 4	0.102 4	9.763 2	197.717 4	6.411 0	17
18	3.379 9	0.295 9	33.999 0	0.029 4	0.099 4	10.059 1	228.557 6	6.722 5	18
19	3.616 5	0.276 5	37.379 0	0.026 8	0.096 8	10.335 6	262.556 6	7.024 2	19
20	3.869 7	0.258 4	40.995 5	0.024 4	0.094 4	10.594 0	299.935 6	7.316 3	20
21	4.140 6	0.241 5	44.865 2	0.022 3	0.092 3	10.835 5	340.931 1	7.599 0	21
22	4.430 4	0.225 7	49.005 7	0.020 4	0.090 4	11.061 2	385.796 3	7.872 5	22
23	4.740 5	0.210 9	53.436 1	0.018 7	0.088 7	11.272 2	434.802 0	8.136 9	23
24	5.072 4	0.197 1	58.176 7	0.017 2	0.087 2	11.469 3	488.238 2	8.392 3	24
25	5.427 4	0.184 2	63.249 0	0.015 8	0.085 8	11.653 6	546.414 8	8.639 1	25
26	5.807 4	0.172 2	68.676 5	0.014 6	0.084 6	11.825 8	609.663 9	8.877 3	26
27	6.213 9	0.160 9	74.483 8	0.013 4	0.083 4	11.986 7	678.340 3	9.107 2	27
28	6.648 8	0.150 4	80.697 7	0.012 4	0.082 4	12.137 1	752.824 2	9.328 9	28
29	7.114 3	0.140 6	87.346 5	0.011 4	0.081 4	12.277 7	833.521 8	9.542 7	29
30	7.612 3	0.131 4	94.460 8	0.010 6	0.080 6	12.409 0	920.868 4	9.748 7	30
35	10.676 6	0.093 7	138.236 9	0.007 2	0.077 2	12.947 7	1 474.812 5	10.668 7	35
40	14.974 5	0.066 8	199.635 1	0.005 0	0.075 0	13.331 7	2 280.501 6	11.423 3	40
45	21.002 5	0.047 6	285.749 3	0.003 5	0.073 5	13.605 5	3 439.275 9	12.036 0	45
50	29.457 0	0.033 9	406.528 9	0.002 5	0.072 5	13.800 7	5 093.270 4	12.528 7	50

复利系数表 8($i=8\%$)

n	$(F/P,i,n)$	$(P/F,i,n)$	$(F/A,i,n)$	$(A/F,i,n)$	$(A/P,i,n)$	$(P/A,i,n)$	$(F/G,i,n)$	$(A/G,i,n)$	n
1	1. 080 0	0. 925 9	1. 000 0	1. 000 0	1. 080 0	0. 925 9	0. 000 0	0. 000 0	1
2	1. 166 4	0. 857 3	2. 080 0	0. 480 8	0. 560 8	1. 783 3	1. 000 0	0. 480 8	2
3	1. 259 7	0. 793 8	3. 246 4	0. 308 0	0. 388 0	2. 577 1	3. 080 0	0. 948 7	3
4	1. 360 5	0. 735 0	4. 506 1	0. 221 9	0. 301 9	3. 312 1	6. 326 4	1. 404 0	4
5	1. 469 3	0. 680 6	5. 866 6	0. 170 5	0. 250 5	3. 992 7	10. 832 5	1. 846 5	5
6	1. 586 9	0. 630 2	7. 335 9	0. 136 3	0. 216 3	4. 622 9	16. 699 1	2. 276 3	6
7	1. 713 8	0. 583 5	8. 922 8	0. 112 1	0. 192 1	5. 206 4	24. 035 0	2. 693 7	7
8	1. 850 9	0. 540 3	10. 636 6	0. 094 0	0. 174 0	5. 746 6	32. 957 8	3. 098 5	8
9	1. 999 0	0. 500 2	12. 487 6	0. 080 1	0. 160 1	6. 246 9	43. 594 5	3. 491 0	9
10	2. 158 9	0. 463 2	14. 486 6	0. 069 0	0. 149 0	6. 710 1	56. 082 0	3. 871 3	10
11	2. 331 6	0. 428 9	16. 645 5	0. 060 1	0. 140 1	7. 139 0	70. 568 6	4. 239 5	11
12	2. 518 2	0. 397 1	18. 977 1	0. 052 7	0. 132 7	7. 536 1	87. 214 1	4. 595 7	12
13	2. 719 6	0. 367 7	21. 495 3	0. 046 5	0. 126 5	7. 903 8	106. 191 2	4. 940 2	13
14	2. 937 2	0. 340 5	24. 214 9	0. 041 3	0. 121 3	8. 244 2	127. 686 5	5. 273 1	14
15	3. 172 2	0. 315 2	27. 152 1	0. 036 8	0. 116 8	8. 559 5	151. 901 4	5. 594 5	15
16	3. 425 9	0. 291 9	30. 324 3	0. 033 0	0. 113 0	8. 851 4	179. 053 5	5. 904 6	16
17	3. 700 0	0. 270 3	33. 750 2	0. 029 6	0. 109 6	9. 121 6	209. 377 8	6. 203 7	17
18	3. 996 0	0. 250 2	37. 450 2	0. 026 7	0. 106 7	9. 371 9	243. 128 0	6. 492 0	18
19	4. 315 7	0. 231 7	41. 446 3	0. 024 1	0. 104 1	9. 603 6	280. 578 3	6. 769 7	19
20	4. 661 0	0. 214 5	45. 762 0	0. 021 9	0. 101 9	9. 818 1	322. 024 6	7. 036 9	20
21	5. 033 8	0. 198 7	50. 422 9	0. 019 8	0. 099 8	10. 016 8	367. 786 5	7. 294 0	21
22	5. 436 5	0. 183 9	55. 456 8	0. 018 0	0. 098 0	10. 200 7	418. 209 4	7. 541 2	22
23	5. 871 5	0. 170 3	60. 893 3	0. 016 4	0. 096 4	10. 371 1	473. 666 2	7. 778 6	23
24	6. 341 2	0. 157 7	66. 764 8	0. 015 0	0. 095 0	10. 528 8	534. 559 5	8. 006 6	24
25	6. 848 5	0. 146 0	73. 105 9	0. 013 7	0. 093 7	10. 674 8	601. 324 2	8. 225 4	25
26	7. 396 4	0. 135 2	79. 954 4	0. 012 5	0. 092 5	10. 810 0	674. 430 2	8. 435 2	26
27	7. 988 1	0. 125 2	87. 350 8	0. 011 4	0. 091 4	10. 935 2	754. 384 6	8. 636 3	27
28	8. 627 1	0. 115 9	95. 338 8	0. 010 5	0. 090 5	11. 051 1	841. 735 4	8. 828 9	28
29	9. 317 3	0. 107 3	103. 965 9	0. 009 6	0. 089 6	11. 158 4	937. 074 2	9. 013 3	29
30	10. 062 7	0. 099 4	113. 283 2	0. 008 8	0. 088 8	11. 257 8	1 041. 040 1	9. 189 7	30
35	14. 785 3	0. 067 6	172. 316 8	0. 005 8	0. 085 8	11. 654 6	1 716. 460 0	9. 961 1	35
40	21. 724 5	0. 046 0	259. 056 5	0. 003 9	0. 083 9	11. 924 6	2 738. 206 5	10. 569 9	40
45	31. 920 4	0. 031 3	386. 505 6	0. 002 6	0. 082 6	12. 108 4	4 268. 820 2	11. 044 7	45
50	46. 901 6	0. 021 3	573. 770 2	0. 001 7	0. 081 7	12. 233 5	6 547. 127 0	11. 410 7	50

复利系数表 9($i=9\%$)

n	$(F/P,i,n)$	$(P/F,i,n)$	$(F/A,i,n)$	$(A/F,i,n)$	$(A/P,i,n)$	$(P/A,i,n)$	$(F/G,i,n)$	$(A/G,i,n)$	n
1	1.090 0	0.917 4	1.000 0	1.000 0	1.090 0	0.917 4	0.000 0	0.000 0	1
2	1.188 1	0.841 7	2.090 0	0.478 5	0.568 5	1.759 1	1.000 0	0.478 5	2
3	1.295 0	0.772 2	3.278 1	0.305 1	0.395 1	2.531 3	3.090 0	0.942 6	3
4	1.411 6	0.708 4	4.573 1	0.218 7	0.308 7	3.239 7	6.368 1	1.392 5	4
5	1.538 6	0.649 9	5.984 7	0.167 1	0.257 1	3.889 7	10.941 2	1.828 2	5
6	1.677 1	0.596 3	7.523 3	0.132 9	0.222 9	4.485 9	16.925 9	2.249 8	6
7	1.828 0	0.547 0	9.200 4	0.108 7	0.198 7	5.033 0	24.449 3	2.657 4	7
8	1.992 6	0.501 9	11.028 5	0.090 7	0.180 7	5.534 8	33.649 7	3.051 2	8
9	2.171 9	0.460 4	13.021 0	0.076 8	0.166 8	5.995 2	44.678 2	3.431 2	9
10	2.367 4	0.422 4	15.192 9	0.065 8	0.155 8	6.417 7	57.699 2	3.797 8	10
11	2.580 4	0.387 5	17.560 3	0.056 9	0.146 9	6.805 2	72.892 1	4.151 0	11
12	2.812 7	0.355 5	20.140 7	0.049 7	0.139 7	7.160 7	90.452 4	4.491 0	12
13	3.065 8	0.326 2	22.953 4	0.043 6	0.133 6	7.486 9	110.593 2	4.818 2	13
14	3.341 7	0.299 2	26.019 2	0.038 4	0.128 4	7.786 2	133.546 5	5.132 6	14
15	3.642 5	0.274 5	29.360 9	0.034 1	0.124 1	8.060 7	159.565 7	5.434 6	15
16	3.970 3	0.251 9	33.003 4	0.030 3	0.120 3	8.312 6	188.926 7	5.724 5	16
17	4.327 6	0.231 1	36.973 7	0.027 0	0.117 0	8.543 6	221.930 1	6.002 4	17
18	4.717 1	0.212 0	41.301 3	0.024 2	0.114 2	8.755 6	258.903 8	6.268 7	18
19	5.141 7	0.194 5	46.018 5	0.021 7	0.111 7	8.950 1	300.205 1	6.523 6	19
20	5.604 4	0.178 4	51.160 1	0.019 5	0.109 5	9.128 5	346.223 6	6.767 4	20
21	6.108 8	0.163 7	56.764 5	0.017 6	0.107 6	9.292 2	397.383 7	7.000 6	21
22	6.658 6	0.150 2	62.873 3	0.015 9	0.105 9	9.442 4	454.148 2	7.223 2	22
23	7.257 9	0.137 8	69.531 9	0.014 4	0.104 4	9.580 2	517.021 5	7.435 7	23
24	7.911 1	0.126 4	76.789 8	0.013 0	0.103 0	9.706 6	586.553 5	7.638 4	24
25	8.623 1	0.116 0	84.700 9	0.011 8	0.101 8	9.822 6	663.343 3	7.831 6	25
26	9.399 2	0.106 4	93.324 0	0.010 7	0.100 7	9.929 0	748.044 2	8.015 6	26
27	10.245 1	0.097 6	102.723 1	0.009 7	0.099 7	10.026 6	841.368 2	8.190 6	27
28	11.167 1	0.089 5	112.968 2	0.008 9	0.098 9	10.116 1	944.091 3	8.357 1	28
29	12.172 2	0.082 2	124.135 4	0.008 1	0.098 1	10.198 3	1 057.059 5	8.515 4	29
30	13.267 7	0.075 4	136.307 5	0.007 3	0.097 3	10.273 7	1 181.194 9	8.665 7	30
35	20.414 0	0.049 0	215.710 8	0.004 6	0.094 6	10.566 8	2 007.897 3	9.308 3	35
40	31.409 4	0.031 8	337.882 4	0.003 0	0.093 0	10.757 4	3 309.804 9	9.795 7	40
45	48.327 3	0.020 7	525.858 7	0.001 9	0.091 9	10.881 2	5 342.874 8	10.160 3	45
50	74.357 5	0.013 4	815.083 6	0.001 2	0.091 2	10.961 7	8 500.928 4	10.429 5	50

复利系数表 10($i=10\%$)

n	$(F/P,i,n)$	$(P/F,i,n)$	$(F/A,i,n)$	$(A/F,i,n)$	$(A/P,i,n)$	$(P/A,i,n)$	$(F/G,i,n)$	$(A/G,i,n)$	n
1	1.100 0	0.909 1	1.000 0	1.000 0	1.100 0	0.909 1	0.000 0	0.000 0	1
2	1.210 0	0.826 4	2.100 0	0.476 2	0.576 2	1.735 5	1.000 0	0.476 2	2
3	1.331 0	0.751 3	3.310 0	0.302 1	0.402 1	2.486 9	3.100 0	0.936 6	3
4	1.464 1	0.683 0	4.641 0	0.215 5	0.315 5	3.169 9	6.410 0	1.381 2	4
5	1.610 5	0.620 9	6.105 1	0.163 8	0.263 8	3.790 8	11.051 0	1.810 1	5
6	1.771 6	0.564 5	7.715 6	0.129 6	0.229 6	4.355 3	17.156 1	2.223 6	6
7	1.948 7	0.513 2	9.487 2	0.105 4	0.205 4	4.868 4	24.871 7	2.621 6	7
8	2.143 6	0.466 5	11.435 9	0.087 4	0.187 4	5.334 9	34.358 9	3.004 5	8
9	2.357 9	0.424 1	13.579 5	0.073 6	0.173 6	5.759 0	45.794 8	3.372 4	9
10	2.593 7	0.385 5	15.937 4	0.062 7	0.162 7	6.144 6	59.374 2	3.725 5	10
11	2.853 1	0.350 5	18.531 2	0.054 0	0.154 0	6.495 1	75.311 7	4.064 1	11
12	3.138 4	0.318 6	21.384 3	0.046 8	0.146 8	6.813 7	93.842 8	4.388 4	12
13	3.452 3	0.289 7	24.522 7	0.040 8	0.140 8	7.103 4	115.227 1	4.698 8	13
14	3.797 5	0.263 3	27.975 0	0.035 7	0.135 7	7.366 7	139.749 8	4.995 5	14
15	4.177 2	0.239 4	31.772 5	0.031 5	0.131 5	7.606 1	167.724 8	5.278 9	15
16	4.595 0	0.217 6	35.949 7	0.027 8	0.127 8	7.823 7	199.497 3	5.549 3	16
17	5.054 5	0.197 8	40.544 7	0.024 7	0.124 7	8.021 6	235.447 0	5.807 1	17
18	5.559 9	0.179 9	45.599 2	0.021 9	0.121 9	8.201 4	275.991 7	6.052 6	18
19	6.115 9	0.163 5	51.159 1	0.019 5	0.119 5	8.364 9	321.590 9	6.286 1	19
20	6.727 5	0.148 6	57.275 0	0.017 5	0.117 5	8.513 6	372.750 0	6.508 1	20
21	7.400 2	0.135 1	64.002 5	0.015 6	0.115 6	8.648 7	430.025 0	6.718 9	21
22	8.140 3	0.122 8	71.402 7	0.014 0	0.114 0	8.771 5	494.027 5	6.918 9	22
23	8.954 3	0.111 7	79.543 0	0.012 6	0.112 6	8.883 2	565.430 2	7.108 5	23
24	9.849 7	0.101 5	88.497 3	0.011 3	0.111 3	8.984 7	644.973 3	7.288 1	24
25	10.834 7	0.092 3	98.347 1	0.010 2	0.110 2	9.077 0	733.470 6	7.458 0	25
26	11.918 2	0.083 9	109.181 8	0.009 2	0.109 2	9.160 9	831.817 7	7.618 6	26
27	13.110 0	0.076 3	121.099 9	0.008 3	0.108 3	9.237 2	940.999 4	7.770 4	27
28	14.421 0	0.069 3	134.209 9	0.007 5	0.107 5	9.306 6	1 062.099 4	7.913 7	28
29	15.863 1	0.063 0	148.630 9	0.006 7	0.106 7	9.369 6	1 196.309 3	8.048 9	29
30	17.449 4	0.057 3	164.494 0	0.006 1	0.106 1	9.426 9	1 344.940 2	8.176 2	30
35	28.102 4	0.035 6	271.024 4	0.003 7	0.103 7	9.644 2	2 360.243 7	8.708 6	35
40	45.259 3	0.022 1	442.592 6	0.002 3	0.102 3	9.779 1	4 025.925 6	9.096 2	40
45	72.890 5	0.013 7	718.904 8	0.001 4	0.101 4	9.862 8	6 739.048 4	9.374 0	45
50	117.390 9	0.008 5	1 163.908 5	0.000 9	0.100 9	9.914 8	11 139.085 3	9.570 4	50

复利系数表 11（$i=12\%$）

n	$(F/P,i,n)$	$(P/F,i,n)$	$(F/A,i,n)$	$(A/F,i,n)$	$(A/P,i,n)$	$(P/A,i,n)$	$(F/G,i,n)$	$(A/G,i,n)$	n
1	1.120 0	0.892 9	1.000 0	1.000 0	1.120 0	0.892 9	0.000 0	0.000 0	1
2	1.254 4	0.797 2	2.120 0	0.471 7	0.591 7	1.690 1	1.000 0	0.471 7	2
3	1.404 9	0.711 8	3.374 4	0.296 3	0.416 3	2.401 8	3.120 0	0.924 6	3
4	1.573 5	0.635 5	4.779 3	0.209 2	0.329 2	3.037 3	6.494 4	1.358 9	4
5	1.762 3	0.567 4	6.352 8	0.157 4	0.277 4	3.604 8	11.273 7	1.774 6	5
6	1.973 8	0.506 6	8.115 2	0.123 2	0.243 2	4.111 4	17.626 6	2.172 0	6
7	2.210 7	0.452 3	10.089 0	0.099 1	0.219 1	4.563 8	25.741 8	2.551 5	7
8	2.476 0	0.403 9	12.299 7	0.081 3	0.201 3	4.967 6	35.830 8	2.913 1	8
9	2.773 1	0.360 6	14.775 7	0.067 7	0.187 7	5.328 2	48.130 5	3.257 4	9
10	3.105 8	0.322 0	17.548 7	0.057 0	0.177 0	5.650 2	62.906 1	3.584 7	10
11	3.478 5	0.287 5	20.654 6	0.048 4	0.168 4	5.937 7	80.454 9	3.895 3	11
12	3.896 0	0.256 7	24.133 1	0.041 4	0.161 4	6.194 4	101.109 4	4.189 7	12
13	4.363 5	0.229 2	28.029 1	0.035 7	0.155 7	6.423 5	125.242 6	4.468 3	13
14	4.887 1	0.204 6	32.392 6	0.030 9	0.150 9	6.628 2	153.271 7	4.731 7	14
15	5.473 6	0.182 7	37.279 7	0.026 8	0.146 8	6.810 9	185.664 3	4.980 3	15
16	6.130 4	0.163 1	42.753 3	0.023 4	0.143 4	6.974 0	222.944 0	5.214 7	16
17	6.866 0	0.145 6	48.883 7	0.020 5	0.140 5	7.119 6	265.697 3	5.435 3	17
18	7.690 0	0.130 0	55.749 7	0.017 9	0.137 9	7.249 7	314.581 0	5.642 7	18
19	8.612 8	0.116 1	63.439 7	0.015 8	0.135 8	7.365 8	370.330 7	5.837 5	19
20	9.646 3	0.103 7	72.052 4	0.013 9	0.133 9	7.469 4	433.770 4	6.020 2	20
21	10.803 8	0.092 6	81.698 7	0.012 2	0.132 2	7.562 0	505.822 8	6.191 3	21
22	12.100 3	0.082 6	92.502 6	0.010 8	0.130 8	7.644 6	587.521 5	6.351 4	22
23	13.552 3	0.073 8	104.602 9	0.009 6	0.129 6	7.718 4	680.024 1	6.501 0	23
24	15.178 6	0.065 9	118.155 2	0.008 5	0.128 5	7.784 3	784.627 0	6.640 6	24
25	17.000 1	0.058 8	133.333 9	0.007 5	0.127 5	7.843 1	902.782 3	6.770 8	25
26	19.040 1	0.052 5	150.333 9	0.006 7	0.126 7	7.895 7	1 036.116 1	6.892 1	26
27	21.324 9	0.046 9	169.374 0	0.005 9	0.125 9	7.942 6	1 186.450 1	7.004 9	27
28	23.883 9	0.041 9	190.698 9	0.005 2	0.125 2	7.984 4	1 355.824 1	7.109 8	28
29	26.749 9	0.037 4	214.582 8	0.004 7	0.124 7	8.021 8	1 546.522 9	7.207 1	29
30	29.959 9	0.033 4	241.332 7	0.004 1	0.124 1	8.055 2	1 761.105 7	7.297 4	30
35	52.799 6	0.018 9	431.663 5	0.002 3	0.122 3	8.175 5	3 305.529 1	7.657 7	35
40	93.051 0	0.010 7	767.091 4	0.001 3	0.121 3	8.243 8	6 059.095 2	7.898 8	40
45	163.987 6	0.006 1	1358.230 0	0.000 7	0.120 7	8.282 5	10 943.583 6	8.057 2	45
50	289.002 2	0.003 5	2 400.018 2	0.000 4	0.120 4	8.304 5	19 583.485 4	8.159 7	50

复利系数表 12($i=15\%$)

n	$(F/P,i,n)$	$(P/F,i,n)$	$(F/A,i,n)$	$(A/F,i,n)$	$(A/P,i,n)$	$(P/A,i,n)$	$(F/G,i,n)$	$(A/G,i,n)$	n
1	1. 150 0	0. 869 6	1. 000 0	1. 000 0	1. 150 0	0. 869 6	0. 000 0	0. 000 0	1
2	1. 322 5	0. 756 1	2. 150 0	0. 465 1	0. 615 1	1. 625 7	1. 000 0	0. 465 1	2
3	1. 520 9	0. 657 5	3. 472 5	0. 288 0	0. 438 0	2. 283 2	3. 150 0	0. 907 1	3
4	1. 749 0	0. 571 8	4. 993 4	0. 200 3	0. 350 3	2. 855 0	6. 622 5	1. 326 3	4
5	2. 011 4	0. 497 2	6. 742 4	0. 148 3	0. 298 3	3. 352 2	11. 615 9	1. 722 8	5
6	2. 313 1	0. 432 3	8. 753 7	0. 114 2	0. 264 2	3. 784 5	18. 358 3	2. 097 2	6
7	2. 660 0	0. 375 9	11. 066 8	0. 090 4	0. 240 4	4. 160 4	27. 112 0	2. 449 8	7
8	3. 059 0	0. 326 9	13. 726 8	0. 072 9	0. 222 9	4. 487 3	38. 178 8	2. 781 3	8
9	3. 517 9	0. 284 3	16. 785 8	0. 059 6	0. 209 6	4. 771 6	51. 905 6	3. 092 2	9
10	4. 045 6	0. 247 2	20. 303 7	0. 049 3	0. 199 3	5. 018 8	68. 691 5	3. 383 2	10
11	4. 652 4	0. 214 9	24. 349 3	0. 041 1	0. 191 1	5. 233 7	88. 995 2	3. 654 9	11
12	5. 350 3	0. 186 9	29. 001 7	0. 034 5	0. 184 5	5. 420 6	113. 344 4	3. 908 2	12
13	6. 152 8	0. 162 5	34. 351 9	0. 029 1	0. 179 1	5. 583 1	142. 346 1	4. 143 8	13
14	7. 075 7	0. 141 3	40. 504 7	0. 024 7	0. 174 7	5. 724 5	176. 698 0	4. 362 4	14
15	8. 137 1	0. 122 9	47. 580 4	0. 021 0	0. 171 0	5. 847 4	217. 202 7	4. 565 0	15
16	9. 357 6	0. 106 9	55. 717 5	0. 017 9	0. 167 9	5. 954 2	264. 783 1	4. 752 2	16
17	10. 761 3	0. 092 9	65. 075 1	0. 015 4	0. 165 4	6. 047 2	320. 500 6	4. 925 1	17
18	12. 375 5	0. 080 8	75. 836 4	0. 013 2	0. 163 2	6. 128 0	385. 575 7	5. 084 3	18
19	14. 231 8	0. 070 3	88. 211 8	0. 011 3	0. 161 3	6. 198 2	461. 412 1	5. 230 7	19
20	16. 366 5	0. 061 1	102. 443 6	0. 009 8	0. 159 8	6. 259 3	549. 623 9	5. 365 1	20
21	18. 821 5	0. 053 1	118. 810 1	0. 008 4	0. 158 4	6. 312 5	652. 067 5	5. 488 3	21
22	21. 644 7	0. 046 2	137. 631 6	0. 007 3	0. 157 3	6. 358 7	770. 877 6	5. 601 0	22
23	24. 891 5	0. 040 2	159. 276 4	0. 006 3	0. 156 3	6. 398 8	908. 509 2	5. 704 0	23
24	28. 625 2	0. 034 9	184. 167 8	0. 005 4	0. 155 4	6. 433 8	1 067. 785 6	5. 797 9	24
25	32. 919 0	0. 030 4	212. 793 0	0. 004 7	0. 154 7	6. 464 1	1 251. 953 4	5. 883 4	25
26	37. 856 8	0. 026 4	245. 712 0	0. 004 1	0. 154 1	6. 490 6	1 464. 746 5	5. 961 2	26
27	43. 535 3	0. 023 0	283. 568 8	0. 003 5	0. 153 5	6. 513 5	1 710. 458 4	6. 031 9	27
28	50. 065 6	0. 020 0	327. 104 1	0. 003 1	0. 153 1	6. 533 5	1 994. 027 2	6. 096 0	28
29	57. 575 5	0. 017 4	377. 169 7	0. 002 7	0. 152 7	6. 550 9	2 321. 131 3	6. 154 1	29
30	66. 211 8	0. 015 1	434. 745 1	0. 002 3	0. 152 3	6. 566 0	2 698. 301 0	6. 206 6	30
35	133. 175 5	0. 007 5	881. 170 2	0. 001 1	0. 151 1	6. 616 6	5 641. 134 4	6. 401 9	35
40	267. 863 5	0. 003 7	1 779. 090 3	0. 000 6	0. 150 6	6. 641 8	11 593. 935 4	6. 516 8	40
45	538. 769 3	0. 001 9	3 585. 128 5	0. 000 3	0. 150 3	6. 654 3	23 600. 856 4	6. 583 0	45
50	1 083. 657 4	0. 000 9	7 217. 716 3	0. 000 1	0. 150 1	6. 660 5	47 784. 775 2	6. 620 5	50

复利系数表13（$i=20\%$）

n	$(F/P,i,n)$	$(P/F,i,n)$	$(F/A,i,n)$	$(A/F,i,n)$	$(A/P,i,n)$	$(P/A,i,n)$	$(F/G,i,n)$	$(A/G,i,n)$	n
1	1. 200 0	0. 833 3	1. 000 0	1. 000 0	1. 200 0	0. 833 3	0. 000 0	0. 000 0	1
2	1. 440 0	0. 694 4	2. 200 0	0. 454 5	0. 654 5	1. 527 8	1. 000 0	0. 454 5	2
3	1. 728 0	0. 578 7	3. 640 0	0. 274 7	0. 474 7	2. 106 5	3. 200 0	0. 879 1	3
4	2. 073 6	0. 482 3	5. 368 0	0. 186 3	0. 386 3	2. 588 7	6. 840 0	1. 274 2	4
5	2. 488 3	0. 401 9	7. 441 6	0. 134 4	0. 334 4	2. 990 6	12. 208 0	1. 640 5	5
6	2. 986 0	0. 334 9	9. 929 9	0. 100 7	0. 300 7	3. 325 5	19. 649 6	1. 978 8	6
7	3. 583 2	0. 279 1	12. 915 9	0. 077 4	0. 277 4	3. 604 6	29. 579 5	2. 290 2	7
8	4. 299 8	0. 232 6	16. 499 1	0. 060 6	0. 260 6	3. 837 2	42. 495 4	2. 575 6	8
9	5. 159 8	0. 193 8	20. 798 9	0. 048 1	0. 248 1	4. 031 0	58. 994 5	2. 836 4	9
10	6. 191 7	0. 161 5	25. 958 7	0. 038 5	0. 238 5	4. 192 5	79. 793 4	3. 073 9	10
11	7. 430 1	0. 134 6	32. 150 4	0. 031 1	0. 231 1	4. 327 1	105. 752 1	3. 289 3	11
12	8. 916 1	0. 112 2	39. 580 5	0. 025 3	0. 225 3	4. 439 2	137. 902 5	3. 484 1	12
13	10. 699 3	0. 093 5	48. 496 6	0. 020 6	0. 220 6	4. 532 7	177. 483 0	3. 659 7	13
14	12. 839 2	0. 077 9	59. 195 9	0. 016 9	0. 216 9	4. 610 6	225. 979 6	3. 817 5	14
15	15. 407 0	0. 064 9	72. 035 1	0. 013 9	0. 213 9	4. 675 5	285. 175 5	3. 958 8	15
16	18. 488 4	0. 054 1	87. 442 1	0. 011 4	0. 211 4	4. 729 6	357. 210 6	4. 085 1	16
17	22. 186 1	0. 045 1	105. 930 6	0. 009 4	0. 209 4	4. 774 6	444. 652 8	4. 197 6	17
18	26. 623 3	0. 037 6	128. 116 7	0. 007 8	0. 207 8	4. 812 2	550. 583 3	4. 297 5	18
19	31. 948 0	0. 031 3	154. 740 0	0. 006 5	0. 206 5	4. 843 5	678. 700 0	4. 386 1	19
20	38. 337 6	0. 026 1	186. 688 0	0. 005 4	0. 205 4	4. 869 6	833. 440 0	4. 464 3	20
21	46. 005 1	0. 021 7	225. 025 6	0. 004 4	0. 204 4	4. 891 3	1 020. 128 0	4. 533 4	21
22	55. 206 1	0. 018 1	271. 030 7	0. 003 7	0. 203 7	4. 909 4	1 245. 153 6	4. 594 1	22
23	66. 247 4	0. 015 1	326. 236 9	0. 003 1	0. 203 1	4. 924 5	1 516. 184 3	4. 647 5	23
24	79. 496 8	0. 012 6	392. 484 2	0. 002 5	0. 202 5	4. 937 1	1 842. 421 2	4. 694 3	24
25	95. 396 2	0. 010 5	471. 981 1	0. 002 1	0. 202 1	4. 947 6	2 234. 905 4	4. 735 2	25
26	114. 475 5	0. 008 7	567. 377 3	0. 001 8	0. 201 8	4. 956 3	2 706. 886 5	4. 770 9	26
27	137. 370 6	0. 007 3	681. 852 8	0. 001 5	0. 201 5	4. 963 6	3 274. 263 8	4. 802 0	27
28	164. 844 7	0. 006 1	819. 223 3	0. 001 2	0. 201 2	4. 969 7	3 956. 116 6	4. 829 1	28
29	197. 813 6	0. 005 1	984. 068 0	0. 001 0	0. 201 0	4. 974 7	4 775. 339 9	4. 852 7	29
30	237. 376 3	0. 004 2	1 181. 881 6	0. 000 8	0. 200 8	4. 978 9	5 759. 407 8	4. 873 1	30
35	590. 668 2	0. 001 7	2 948. 341 1	0. 000 3	0. 200 3	4. 991 5	14 566. 705 7	4. 940 6	35
40	1 469. 771 6	0. 000 7	7 343. 857 8	0. 000 1	0. 200 1	4. 996 6	36 519. 289 2	4. 972 8	40
45	3 657. 262 0	0. 000 3	18 281. 309 9	0. 000 1	0. 200 1	4. 998 6	91 181. 549 7	4. 987 7	45
50	9 100. 438 2	0. 000 1	45 497. 190 8	0. 000 0	0. 200 0	4. 999 5	227 235. 953 8	4. 994 5	50

复利系数表 14($i=25\%$)

n	$(F/P,i,n)$	$(P/F,i,n)$	$(F/A,i,n)$	$(A/F,i,n)$	$(A/P,i,n)$	$(P/A,i,n)$	$(F/G,i,n)$	$(A/G,i,n)$	n
1	1.250 0	0.800 0	1.000 0	1.000 0	1.250 0	0.800 0	0.000 0	0.000 0	1
2	1.562 5	0.640 0	2.250 0	0.444 4	0.694 4	1.440 0	1.000 0	0.444 4	2
3	1.953 1	0.512 0	3.812 5	0.262 3	0.512 3	1.952 0	3.250 0	0.852 5	3
4	2.441 4	0.409 6	5.765 6	0.173 4	0.423 4	2.361 6	7.062 5	1.224 9	4
5	3.051 8	0.327 7	8.207 0	0.121 8	0.371 8	2.689 3	12.828 1	1.563 1	5
6	3.814 7	0.262 1	11.258 8	0.088 8	0.338 8	2.951 4	21.035 2	1.868 3	6
7	4.768 4	0.209 7	15.073 5	0.066 3	0.316 3	3.161 1	32.293 9	2.142 4	7
8	5.960 5	0.167 8	19.841 9	0.050 4	0.300 4	3.328 9	47.367 4	2.387 2	8
9	7.450 6	0.134 2	25.802 3	0.038 8	0.288 8	3.463 1	67.209 3	2.604 8	9
10	9.313 2	0.107 4	33.252 9	0.030 1	0.280 1	3.570 5	93.011 6	2.797 1	10
11	11.641 5	0.085 9	42.566 1	0.023 5	0.273 5	3.656 4	126.264 5	2.966 3	11
12	14.551 9	0.068 7	54.207 7	0.018 4	0.268 4	3.725 1	168.830 6	3.114 5	12
13	18.189 9	0.055 0	68.759 6	0.014 5	0.264 5	3.780 1	223.038 3	3.243 7	13
14	22.737 4	0.044 0	86.949 5	0.011 5	0.261 5	3.824 1	291.797 9	3.355 9	14
15	28.421 7	0.035 2	109.686 8	0.009 1	0.259 1	3.859 3	378.747 4	3.453 0	15
16	35.527 1	0.028 1	138.108 5	0.007 2	0.257 2	3.887 4	488.434 2	3.536 6	16
17	44.408 9	0.022 5	173.635 7	0.005 8	0.255 8	3.909 9	626.542 7	3.608 4	17
18	55.511 2	0.018 0	218.044 6	0.004 6	0.254 6	3.927 9	800.178 4	3.669 8	18
19	69.388 9	0.014 4	273.555 8	0.003 7	0.253 7	3.942 4	1 018.223 0	3.722 2	19
20	86.736 2	0.011 5	342.944 7	0.002 9	0.252 9	3.953 9	1 291.778 8	3.766 7	20
21	108.420 2	0.009 2	429.680 9	0.002 3	0.252 3	3.963 1	1 634.723 5	3.804 5	21
22	135.525 3	0.007 4	538.101 1	0.001 9	0.251 9	3.970 5	2 064.404 3	3.836 5	22
23	169.406 6	0.005 9	673.626 4	0.001 5	0.251 5	3.976 4	2 602.505 4	3.863 4	23
24	211.758 2	0.004 7	843.032 9	0.001 2	0.251 2	3.981 1	3 276.131 8	3.886 1	24
25	264.697 8	0.003 8	1 054.791 2	0.000 9	0.250 9	3.984 9	4 119.164 7	3.905 2	25
26	330.872 2	0.003 0	1 319.489 0	0.000 8	0.250 8	3.987 9	5 173.955 9	3.921 2	26
27	413.590 3	0.002 4	1 650.361 2	0.000 6	0.250 6	3.990 3	6 493.444 9	3.934 6	27
28	516.987 9	0.001 9	2 063.951 5	0.000 5	0.250 5	3.992 3	8 143.806 1	3.945 7	28
29	646.234 9	0.001 5	2 580.939 4	0.000 4	0.250 4	3.993 8	10 207.757 7	3.955 1	29
30	807.793 6	0.001 2	3 227.174 3	0.000 3	0.250 3	3.995 0	12 788.697 1	3.962 8	30
35	2 465.190 3	0.000 4	9 856.761 3	0.000 1	0.250 1	3.998 4	39 287.045 3	3.985 8	35
40	7 523.163 8	0.000 1	30 088.655 4	0.000 0	0.250 0	3.999 5	120 194.621 5	3.994 7	40
45	22 958.874 0	0.000 0	91 831.496 2	0.000 0	0.250 0	3.999 8	367 145.984 6	3.998 0	45
50	70 064.923 2	0.000 0	280 255.692 9	0.000 0	0.250 0	3.999 9	1 120 822.771 5	3.999 3	50

复利系数表 15（$i=30\%$）

n	$(F/P,i,n)$	$(P/F,i,n)$	$(F/A,i,n)$	$(A/F,i,n)$	$(A/P,i,n)$	$(P/A,i,n)$	$(F/G,i,n)$	$(A/G,i,n)$	n
1	1.300 0	0.769 2	1.000 0	1.000 0	1.300 0	0.769 2	0.000 0	0.000 0	1
2	1.690 0	0.591 7	2.300 0	0.434 8	0.734 8	1.360 9	1.000 0	0.434 8	2
3	2.197 0	0.455 2	3.990 0	0.250 6	0.550 6	1.816 1	3.300 0	0.827 1	3
4	2.856 1	0.350 1	6.187 0	0.161 6	0.461 6	2.166 2	7.290 0	1.178 3	4
5	3.712 9	0.269 3	9.043 1	0.110 6	0.410 6	2.435 6	13.477 0	1.490 3	5
6	4.826 8	0.207 2	12.756 0	0.078 4	0.378 4	2.642 7	22.520 1	1.765 4	6
7	6.274 9	0.159 4	17.582 8	0.056 9	0.356 9	2.802 1	35.276 1	2.006 3	7
8	8.157 3	0.122 6	23.857 7	0.041 9	0.341 9	2.924 7	52.859 0	2.215 6	8
9	10.604 5	0.094 3	32.015 0	0.031 2	0.331 2	3.019 0	76.716 7	2.396 3	9
10	13.785 8	0.072 5	42.619 5	0.023 5	0.323 5	3.091 5	108.731 7	2.551 2	10
11	17.921 6	0.055 8	56.405 3	0.017 7	0.317 7	3.147 3	151.351 2	2.683 3	11
12	23.298 1	0.042 9	74.327 0	0.013 5	0.313 5	3.190 3	207.756 5	2.795 2	12
13	30.287 5	0.033 0	97.625 0	0.010 2	0.310 2	3.223 3	282.083 5	2.889 5	13
14	39.373 8	0.025 4	127.912 5	0.007 8	0.307 8	3.248 7	379.708 5	2.968 5	14
15	51.185 9	0.019 5	167.286 3	0.006 0	0.306 0	3.268 2	507.621 0	3.034 4	15
16	66.541 7	0.015 0	218.472 2	0.004 6	0.304 6	3.283 2	674.907 3	3.089 2	16
17	86.504 2	0.011 6	285.013 9	0.003 5	0.303 5	3.294 8	893.379 5	3.134 5	17
18	112.455 4	0.008 9	371.518 0	0.002 7	0.302 7	3.303 7	1 178.393 4	3.171 8	18
19	146.192 0	0.006 8	483.973 4	0.002 1	0.302 1	3.310 5	1 549.911 4	3.202 5	19
20	190.049 6	0.005 3	630.165 5	0.001 6	0.301 6	3.315 8	2 033.884 9	3.227 5	20
21	247.064 5	0.004 0	820.215 1	0.001 2	0.301 2	3.319 8	2 664.050 3	3.248 0	21
22	321.183 9	0.003 1	1 067.279 6	0.000 9	0.300 9	3.323 0	3 484.265 4	3.264 6	22
23	417.539 1	0.002 4	1 388.463 5	0.000 7	0.300 7	3.325 4	4 551.545 0	3.278 1	23
24	542.800 8	0.001 8	1 806.002 6	0.000 6	0.300 6	3.327 2	5 940.008 6	3.289 0	24
25	705.641 0	0.001 4	2 348.803 3	0.000 4	0.300 4	3.328 6	7 746.011 1	3.297 9	25
26	917.333 3	0.001 1	3 054.444 3	0.000 3	0.300 3	3.329 7	10 094.814 5	3.305 0	26
27	1 192.533 3	0.000 8	3 971.777 6	0.000 3	0.300 3	3.330 5	13 149.258 8	3.310 7	27
28	1 550.293 3	0.000 6	5 164.310 9	0.000 2	0.300 2	3.331 2	17 121.036 4	3.315 3	28
29	2 015.381 3	0.000 5	6 714.604 2	0.000 1	0.300 1	3.331 7	22 285.347 4	3.318 9	29
30	2 619.995 6	0.000 4	8 729.985 5	0.000 1	0.300 1	3.332 1	28 999.951 6	3.321 9	30
35	9 727.860 4	0.000 1	32 422.868 1	0.000 0	0.300 0	3.333 0	107 959.560 3	3.329 7	35
40	36 118.864 8	0.000 0	120 392.882 7	0.000 0	0.300 0	3.333 2	401 176.275 6	3.332 2	40

复利系数表 16($i=35\%$)

n	$(F/P,i,n)$	$(P/F,i,n)$	$(F/A,i,n)$	$(A/F,i,n)$	$(A/P,i,n)$	$(P/A,i,n)$	$(F/G,i,n)$	$(A/G,i,n)$	n
1	1.350 0	0.740 7	1.000 0	1.000 0	1.350 0	0.740 7	0.000 0	0.000 0	1
2	1.822 5	0.548 7	2.350 0	0.425 5	0.775 5	1.289 4	1.000 0	0.425 5	2
3	2.460 4	0.406 4	4.172 5	0.239 7	0.589 7	1.695 9	3.350 0	0.802 9	3
4	3.321 5	0.301 1	6.632 9	0.150 8	0.500 8	1.996 9	7.522 5	1.134 1	4
5	4.484 0	0.223 0	9.954 4	0.100 5	0.450 5	2.220 0	14.155 4	1.422 0	5
6	6.053 4	0.165 2	14.438 4	0.069 3	0.419 3	2.385 2	24.109 8	1.669 8	6
7	8.172 2	0.122 4	20.491 9	0.048 8	0.398 8	2.507 5	38.548 2	1.881 1	7
8	11.032 4	0.090 6	28.664 0	0.034 9	0.384 9	2.598 2	59.040 0	2.059 7	8
9	14.893 7	0.067 1	39.696 4	0.025 2	0.375 2	2.665 3	87.704 0	2.209 4	9
10	20.106 6	0.049 7	54.590 2	0.018 3	0.368 3	2.715 0	127.400 5	2.333 8	10
11	27.143 9	0.036 8	74.696 7	0.013 4	0.363 4	2.751 9	181.990 6	2.436 4	11
12	36.644 2	0.027 3	101.840 6	0.009 8	0.359 8	2.779 2	256.687 3	2.520 5	12
13	49.469 7	0.020 2	138.484 8	0.007 2	0.357 2	2.799 4	358.527 9	2.588 9	13
14	66.784 1	0.015 0	187.954 4	0.005 3	0.355 3	2.814 4	497.012 7	2.644 3	14
15	90.158 5	0.011 1	254.738 5	0.003 9	0.353 9	2.825 5	684.967 1	2.688 9	15
16	121.713 9	0.008 2	344.897 0	0.002 9	0.352 9	2.833 7	939.705 6	2.724 6	16
17	164.313 8	0.006 1	466.610 9	0.002 1	0.352 1	2.839 8	1 284.602 5	2.753 0	17
18	221.823 6	0.004 5	630.924 7	0.001 6	0.351 6	2.844 3	1 751.213 4	2.775 6	18
19	299.461 9	0.003 3	852.748 3	0.001 2	0.351 2	2.847 6	2 382.138 1	2.793 5	19
20	404.273 6	0.002 5	1 152.210 3	0.000 9	0.350 9	2.850 1	3 234.886 4	2.807 5	20

复利系数表 17（$i=40\%$）

n	$(F/P,i,n)$	$(P/F,i,n)$	$(F/A,i,n)$	$(A/F,i,n)$	$(A/P,i,n)$	$(P/A,i,n)$	$(F/G,i,n)$	$(A/G,i,n)$	n
1	1.400 0	0.714 3	1.000 0	1.000 0	1.400 0	0.714 3	0.000 0	0.000 0	1
2	1.960 0	0.510 2	2.400 0	0.416 7	0.816 7	1.224 5	1.000 0	0.416 7	2
3	2.744 0	0.364 4	4.360 0	0.229 4	0.629 4	1.588 9	3.400 0	0.779 8	3
4	3.841 6	0.260 3	7.104 0	0.140 8	0.540 8	1.849 2	7.760 0	1.092 3	4
5	5.378 2	0.185 9	10.945 6	0.091 4	0.491 4	2.035 2	14.864 0	1.358 0	5
6	7.529 5	0.132 8	16.323 8	0.061 3	0.461 3	2.168 0	25.809 6	1.581 1	6
7	10.541 4	0.094 9	23.853 4	0.041 9	0.441 9	2.262 8	42.133 4	1.766 4	7
8	14.757 9	0.067 8	34.394 7	0.029 1	0.429 1	2.330 6	65.986 8	1.918 5	8
9	20.661 0	0.048 4	49.152 6	0.020 3	0.420 3	2.379 0	100.381 5	2.042 2	9
10	28.925 5	0.034 6	69.813 7	0.014 3	0.414 3	2.413 6	149.534 2	2.141 9	10
11	40.495 7	0.024 7	98.739 1	0.010 1	0.410 1	2.438 3	219.347 8	2.221 5	11
12	56.693 9	0.017 6	139.234 8	0.007 2	0.407 2	2.455 9	318.087 0	2.284 5	12
13	79.371 5	0.012 6	195.928 7	0.005 1	0.405 1	2.468 5	457.321 7	2.334 1	13
14	111.120 1	0.009 0	275.300 2	0.003 6	0.403 6	2.477 5	653.250 4	2.372 9	14
15	155.568 1	0.006 4	386.420 2	0.002 6	0.402 6	2.483 9	928.550 6	2.403 0	15
16	217.795 3	0.004 6	541.988 3	0.001 8	0.401 8	2.488 5	1 314.970 8	2.426 2	16
17	304.913 5	0.003 3	759.783 7	0.001 3	0.401 3	2.491 8	1 856.959 2	2.444 1	17
18	426.878 9	0.002 3	1 064.697 1	0.000 9	0.400 9	2.494 1	2 616.742 8	2.457 7	18
19	597.630 4	0.001 7	1 491.576 0	0.000 7	0.400 7	2.495 8	3 681.440 0	2.468 2	19
20	836.682 6	0.001 2	2 089.206 4	0.000 5	0.400 5	2.497 0	5 173.016 0	2.476 1	20

参 考 文 献

[1] 建设部标准定额研究所,等.建设项目经济评价方法与参数[M].3版.北京:中国计划出版社,2006.
[2] 黄渝祥,邢爱芳.工程经济学[M].3版.上海:同济大学出版社,2005.
[3] J·L·里格斯.工程经济学[M].北京:中国财政经济出版社,1989.
[4] 时思.工程经济学[M].北京:科学出版社,2004.
[5] 陈锡璞.工程经济教材[M].北京:机械工业出版社, 2000.
[6] 田恒久.工程经济[M].武汉:武汉理工大学出版社,2008.
[7] 渠晓伟.建筑工程经济[M].北京:机械工业出版社,2007.
[8] 田恒久.工程经济学[M].武汉:武汉理工大学出版社,2004.
[9] 刘晓君.工程经济学[M].北京:中国建筑工业出版社,2003.
[10] 潘艳珠,侯聪霞.工程经济学[M].北京:清华大学出版社,2006.
[11] 杜葵.工程经济学[M].重庆:重庆大学出版社,2000.
[12] 施熙灿.水利工程经济[M].3版.北京:中国水利水电出版社,2008.
[13] 吴全利.建筑工程经济[M].重庆:重庆大学出版社,2007.
[14] 陶燕瑜,张宜松.工程技术经济[M].重庆:重庆大学出版社,2002.
[15] 武献华,石振武.工程经济学[M].北京:科学出版社,2006.
[16] 刘玉明.工程经济学[M].北京:清华大学出版社,北京交通大学出版社,2006.
[17] 李相然.工程经济学[M].北京:中国建材工业出版社,2005.
[18] 张勤,张建高.水工程经济[M].北京:中国建筑工业出版社,2002.
[19] 叶义仁.建筑工程经济[M].北京:中国建筑工业出版社,2006.
[20] 建设部标准定额研究所.建设项目经济评价案例[M].北京:中国计划出版社,2006.